冻结法温度场理论与应用

李顺群　夏锦红　高凌霞　著

中国建筑工业出版社

图书在版编目（CIP）数据

冻结法温度场理论与应用/李顺群，夏锦红，高凌霞著. —北京：中国建筑工业出版社，2023.3
ISBN 978-7-112-28458-0

Ⅰ. ①冻… Ⅱ. ①李… ②夏… ③高… Ⅲ. ①冻结法施工-研究 Ⅳ. ①TU753.7

中国国家版本馆 CIP 数据核字（2023）第 039103 号

责任编辑：刘颖超　李静伟
责任校对：张惠雯

冻结法温度场理论与应用
李顺群　夏锦红　高凌霞　著
*
中国建筑工业出版社出版、发行（北京海淀三里河路 9 号）
各地新华书店、建筑书店经销
霸州市顺浩图文科技发展有限公司制版
建工社（河北）印刷有限公司印刷
*
开本：880 毫米×1230 毫米　1/32　印张：9¾　字数：288 千字
2023 年 6 月第一版　2023 年 6 月第一次印刷
定价：**46.00** 元
ISBN 978-7-112-28458-0
(40879)

如有印装质量问题，可寄本社图书出版中心退换
（邮政编码　100037）

本书是作者在总结冻土热参数、温度场模型试验和数学模拟、冻胀和开挖效应以及相关工程应用等成果基础之上编写而成的，是国内外为数不多的针对冻结法施工的温度场预测、计算和应用的参考书。本书在系统介绍未冻水含量、比热容、导热系数、相似准则与模型试验、温度场数值模拟、冻胀力、开挖效应等基本问题和应用方法的基础上，力图以开阔的视野和开放思维向读者展示冻结法施工温度场研究所涉及的领域、热点、方法和成果。希望读者不仅了解和体会本书的内容，而且能全面认识冻土与常温土的差别，了解人工冻土与天然冻土的联系，理解室内外试验和测试方法的局限性，加强对冻土力学性质和工程应用的研究，以便更好地服务经济建设和社会发展。

全书共分 11 章，内容包括冻结壁、未冻水含量、冻土的比热容和导热系数、温度场相似准则和模型试验、温度场预测与计算、冻胀力和冻胀变形以及工程案例等。

本书可作为土木工程、水利工程、铁道工程、桥隧工程、交通工程、工程地质等专业研究生的参考书，也可作为广大科研、工程技术人员的进修读物和参考书。

前　言

地下空间开发和地下资源利用，是经济高质量发展和环境高水平保护的必由之路。软弱土层、特殊或不良地质环境中的地下工程施工，常常采用冻结法作为岩土层加固和地下水封堵的最后方案，具有不可替代的作用。

冻结法是利用人工制冷技术，使地层中的水结冰，将松散含水岩土变成冻土，以提高其强度、防渗性和稳定性，在冻结壁的保护下进行地下工程掘砌作业的一种地层处置方法。冻结法自诞生以来，因其隔水性好、强度提升幅度高、无新化学物质引入、不受土孔隙封闭程度影响、可避免加固盲区、对加固目标区形状和环境适应性高、加固程度可靠、可控性强等优势，越来越普遍地应用于矿山凿井、联络通道、盾构始发和接收等工程。在软弱土等特殊地层中，逐渐成为联络通道、矿山竖井等工程加固的首选甚至唯一选项。

在冻结法加固地层工程中，降温、渗流、冻结、开挖、构筑、解冻、混凝土凝固、注浆等过程交替发生。当土体温度达到冰点以下时，孔隙水和迁移水逐渐冻结，结晶体、透镜体、冰夹层等侵入体逐渐增加。当积极冻结停止后，土的温度不断上升，冻结土体逐渐融化，液态水体积增大，土体处于饱和或过饱和状态，承载力降低。

当工程地质、水文地质条件一定时，冻结岩土层的物理力学性质取决于其温度，即冻结温度越低其强度越高、防渗性能越好。冻结圈承受的外荷载由冻结圈、周围土体、结构物的物理力学性质和几何形式以及上部荷载决定，并与土的冻融状态相关。因此，冻结圈的承载能力、防渗能力和稳定性取决于其几何形状、温度分布。因此，揭示冻结岩土层温度场的特点及其发展过程是评价冻结工程质量的重要任务。

冻结温度场是一个相变、移动边界，具有内热源不稳定导热问题，因此冻结法中的温度场预测是一个极具挑战性的工作。其原因包括但不限于冻土热参数的复杂性和热边界条件的模糊性。热参数的复杂性在于：(1) 土中水的相变发生在一个负温区间而不像纯水那样发生在0℃，即土中液态水含量随负温降低逐渐减少，而不是在0℃突然变为0；(2) 水和冰的比热容分别为4.2kJ/(kg·℃)和2.1kJ/(kg·℃)，导热系数分别为0.55W/(m·K)和2.22W/(m·K)；(3) 水/冰相变潜热为335kJ/kg。因此，同一土样在不同负温时的热参数差异悬殊。加之冷冻过程涉及第三类和第四类边界条件，冻结法施工中的温度场一直是理论研究和工程应用的难点。

由于孔隙水冻结后有9%的体积膨胀和地下水向冻结缘的加速迁移，岩土体冻结后均有一定程度的膨胀或膨胀趋势，即冻胀。冻胀不仅能改变冻结圈本身的力学性质，还对周边未冻土有挤密趋势并最终影响其力学指标和整体稳定性，或者产生较大冻胀应力或冻胀变形。因此，在冻结法施工中，既不是冻结区域越大越好，也不是冻结温度越低越好。冻结温度和冻结区域理论上由冷能来源、工程地质条件、水文地质条件、几何尺寸及埋深等因素控制。但限于对冻融过程、冻土参数、冻结区域及其温度场认识的不足，在施工过程中为了所谓“绝对安全”往往采取过大的冻结区和过低的冻结温度。从而不但引起大冻胀和大融沉，还会导致工期拉长和能源消耗增大。因此，在保证安全的前提下，合理确定冻结区域和冻温非常重要。

科学合理应用冻结法的前提是充分认识冻土的物理力学性质、冻结圈或冻结壁结构和受力方式、冻胀和融沉机理及控制技术等。而以上工作的前提是充分认识温度场发展规律和准确控制温度场发展过程。这就要求对未冻水含量、比热容、导热系数等热物理参数、热边界条件和时间条件、物理方程、模型试验、测试方法等的科学性及合理性有清晰的认识。

本书主要包括未冻水含量、比热容、导热系数、模型试验、冻土力学性质、冻胀力和冻胀变形以及开挖效应等内容。资料来源包括作者承担的国家自然科学基金项目（51178290/41472253/41877251）、天津市自然科学基金重点项目（16JCZDJC39000）、辽宁省自然基金指导计划项目（2019-ZD-0187）、中煤第三建设（集团）有限责任公司科研项目以及作者指导的研究生研究成果。

借此机会，感谢陈之祥、王彦洋、张勋程、冯彦芳、张少峰、张翻、王杏杏、王凯、陈雪豹等研究生为本书付出的努力。

限于作者水平和精力，书中难免存在错误、偏颇和遗漏，恳请同行专家不吝赐教和批评指正，以期共同丰富和完善冻结法理论与技术体系，推动我国地下工程设计和施工不断进步。

目　　录

第1章

绪论

1.1 地层冻结法

地层冻结法是利用人工制冷方法，将低温冷媒送入开挖体周围的含水地层中，使岩土体中的水在低于其冰点的条件下不断冻结成冰，从而把岩土体的固体成分胶结在一起，形成一个不透水整体结构（冻结壁），以抵抗荷载或隔绝地下水[1]，在此基础上进行岩土体开挖和混凝土等结构施工的一种地下工程施工方法。该法适用于松散不稳定土层、裂隙性含水岩层、松软泥岩等岩土层[2]。

地层冻结法源于天然冻结现象，其核心是利用人工制冷方法，通过埋设在拟冻结地层中的冻结器（或通道）传递冷媒，与所处地层进行热交换，把地层温度降到所含水的冰点温度（该冰点温度受是否含盐或其他条件影响）以下，形成冻土体，从而使地层的强度和弹性模量都比未冻时增大许多（图1-1）。与换填法、深层水泥搅拌法、灌浆法等方法一样，冻结法是地基处理方法之一[3]。目前，土层冻结技术已被广泛应用于煤矿建井[4]，含水软弱困难地层中的地铁、过江隧道等工程施工之中，解决了其他地基处理方法难以解决的许多工程难题。

地铁等地下工程建设多集中在分布着深厚饱和黏土层的中东部地区，其共同特点是土层强度低、变形大、稳定性差[5]。位于该类土层中的联络通道（也称旁通道）、盾构出口等无支护条件的特殊工程，必须在开挖前进行加固。虽然地基加固方法有固结法、水

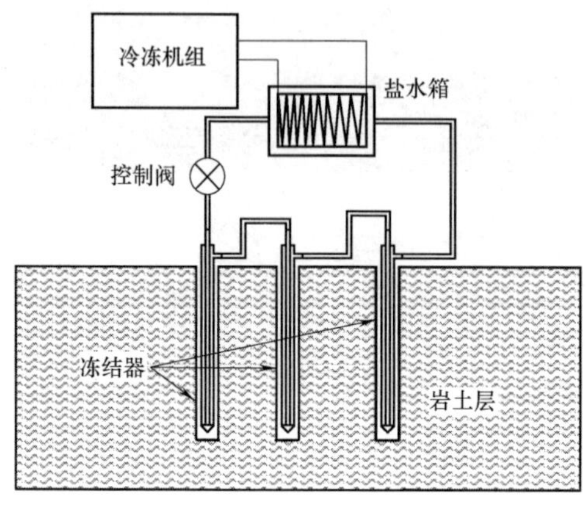

图 1-1　岩土冻结示意图

泥搅拌法、注浆法等，但是能用于深部土层加固的方法却较少[6]。而且为数不多的可用选项比如高压喷射注浆法等，对死角部位的加固质量无法保障，因而存在重大隐患。

经过一百多年的发展，冻结法的应用范围不断扩大，逐渐成为高含水率土层临时工程性质改善的绿色高效方案[7]。其原因不仅在于该方法隔水性好、强度提升幅度高、无新化学物质引入、不受土孔隙封闭程度影响、可避免加固盲区等，而且还在于具有对加固目标区形状和环境的高度适应性和加固程度可靠、可控等独到优势。

图 1-2 为竖井与隧道中冻结法的应用示意图。近年来，冻结法成功应用的工程案例很多，如 2019 年 4 月完成的福州地铁 2 号线乌龙江江底联络通道，采用冻结法施工，成功解决了地下水流速大、地层渗透性高、多个联络通道同时施工等风险难题[8]。兰州地铁 2 号线联络通道，位于含水率高、松散、稳定性差的黄土地层，一般施工方法极易出现坍塌现象。2020 年 6 月采用冻结法施工，成功解决了该项难题。佛山地铁 3 号线北滘新城—高村区间 1 号联络通道，原设计采用三轴搅拌桩满堂加固，后在施工过程中发现安全隐患，遂于 2021 年 12 月采用冻结法对土层进行了加固，该联络通道于 2022 年 1 月 6 日顺利贯通。

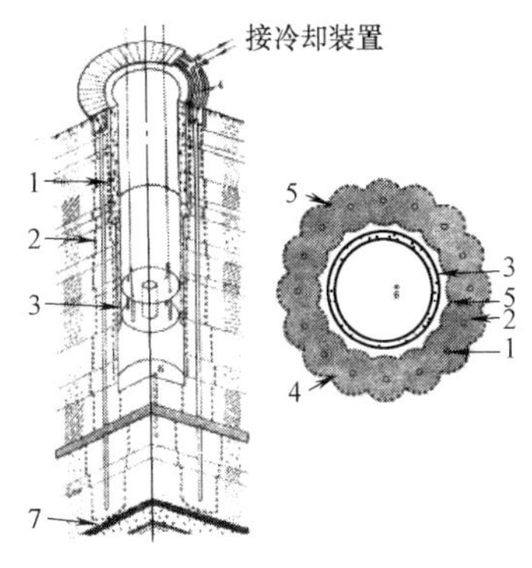

(a)竖井加固

(b) 隧道加固

图 1-2 冻结法的应用

（资料来源：互联网）

图 1-3 地铁联络通道冻结法施工

目前，冻结法已广泛应用于隧道、地基、矿山、市政和水利等工程领域[9]，并成为联络通道、基坑、矿山竖井等工程加固的首选甚至唯一选项[10]。与此同时，冻结法存在冻胀影响大、开挖风险高等问题。比如，北京地铁 8 号线王府井站—前门站 2 号、3 号联络通道，由于开挖深度大（深 43m）、周边文物建筑和重要管线密布，以及距既有线路近（至 2 号线水平距离 15m）等，面临的一个主要风险就是冻胀对周边环境的影响问题[11]。

冻结法加固地层被越来越广泛地应用于地铁联络通道建设（图 1-3）和深基坑工程。

在冻结法加固地层工程中，降温、渗流、冻结、开挖、构筑、解冻、混凝土凝固、注浆等过程交替发生[12]。随着地层温度的下降，热交换过程不断进行。当土体温度达到冰点时，土中孔隙水和迁移水冻结形成的结晶体、透镜体、冰夹层等侵入体逐渐形成，体积不断增加，使土体产生冻胀现象。反之，当施工结束积极冻结停止后，土的温度不断上升，冻结土体逐渐融化。随着土体中冰侵入体的消融，液态水体积逐渐增大，土体处于饱和或过饱和状态，承载力降低。在自重和上覆荷载作用下，融土会经历排水固结过程，从而引起融沉[13]。如图 1-4 所示为冻结法施工引起的变形。

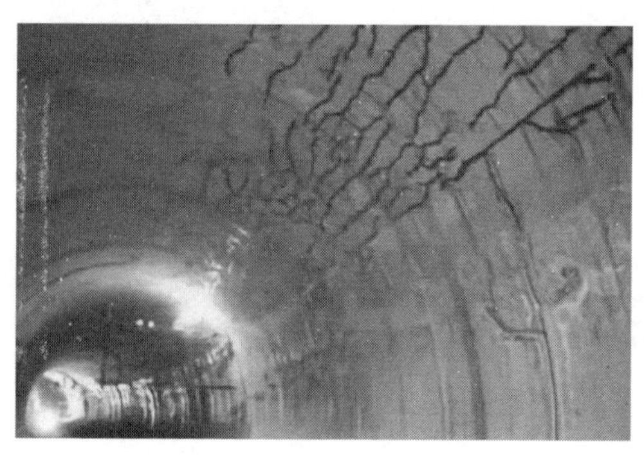

图 1-4　冻结法施工引起的变形

（资料来源：互联网）

冻结法施工技术涉及冻土物理力学性质、冻结过程温度场发展规律及范围控制、冻胀和融沉机理及控制技术、冻结壁受力体系组成和受力机理、冻土结构与永久结构的相互作用、冻结壁开挖效应、工后沉降注浆补偿及处理措施等内容[14]。涉及非线性传热学、工程地质水文地质、岩土力学、地下结构等学科，具有典型的学科交叉属性[15]。设计和施工难度大，若设计与施工安排不合理可能出现重大事故与安全隐患。作者认为，有必要从非线性传热学、力学体系构成与原理、温度场和冻结壁评估、施工和安全风险控制与管理等方面将上述问题澄清[16]，供工程技术人员借鉴，以期在应用该工法时尽可能减少或避免出现工程事故，促进地下工程行业发展[17]。

1.2 冻结法的特点

与所有施工方法一样，冻结法施工既有其突出的优点，又有其缺陷和不足。在实际工程中应考虑各方面因素综合判断，作出是否采用该工法的决定。

1.2.1 主要优点

1. 强度高

地层冻结后，其强度较未冻时有极大提高且强度增加值均匀。含水松软地层经过低温冻结后形成一个整体，地层的强度因水结冰而有很大提高[18]。

2. 变形小

土冻结后，其弹性模量、变形模量都有很大提高，结构和土层在施工过程中的变形大幅度减小。

3. 加固体的整体性强

不同地层连同夹层水形成连续的冻结结构。孔隙水冻结成冰后，将不同颗粒等固体成分全部粘结在一起，形成一个连续的整体[19]。岩土中的孔洞、节理等缺陷得到削弱。

4. 接触性好

与相邻混凝土等构造物具有很好的密结性。冻结后，地层中的水变成冰，会使冻土与相邻构造物紧贴胶结在一起，从而形成连续结构。

5. 安全性高

因解冻需要一个较长时间，形成的冻结地层即使遭遇电力中断等情况，也不至于短期内失去作用。因此，有采用其他弥补方案的足够时间。

6. 可靠性高

类似于自然界的冻结现象，冻结法采用人工制冷技术将孔隙水冻结成冰，原理清晰、明确，手段可靠。

7. 无污染

冻结法通过热交换技术使地层中的水不断降温结冰。在此过程中，没有水泥、水玻璃等其他化学物质进入地层，是一种环保施工方法[20]。

8. 扰动破坏小

通过钻孔布置冻结管，解冻后地层基本恢复原状。与灌浆法、水泥搅拌法等其他加固方法相比，对地层扰动或破坏较小。

9. 水封性好

孔隙水或裂隙水结冰后，均有一定程度的膨胀。孔隙或裂隙中的水变成冰，封闭了渗水通道，岩土体的水封闭性大幅度提高。

10. 便于管理

通过布置的测温孔对地层进行温度监测，就可以判断冻土壁是否形成，就可以确定对应冻土的强度和弹性模量等力学参数。通过设置的水位观测孔，可根据水位变化判断冻结壁形成过程。

11. 对地面干扰小

冻结法施工完全在地面以下进行，不影响地面交通和地面环境，这对于城市尤其是大城市维持正常的生产生活是非常重要的。

1.2.2 缺点和不足

（1）冻土的物理力学性质复杂

冻土的物理力学性质不但取决于其常温时的性质，还依赖于温度。一般情况下，温度越低，其模量和强度越大。另外，冻土物理力学性质随温度的变化规律还受含水率影响。

（2）冻土的热参数复杂

冻土的热参数与含水率和温度关系密切。随着温度变化，其未冻水含量、比热容、导热系数等均呈明显非线性变化。

（3）温度场预测困难

由于冻土热参数的非线性和初始条件与边界条件的复杂性，冻结法施工中的温度场预测存在较大困难。由此给科学确定冻结功率、冻结时间、开挖构筑时间和进度带来挑战。

（4）冻结壁结构性质复杂

冻结壁是一个温度非均匀的地下土工结构，其体系构成、边界条件、工作模式具有很大的不确定性，由此导致冻结壁与周围土体和永久结构的相互作用关系复杂多变。

（5）冻胀和融沉复杂

冻胀和融沉的大小、时间受工程地质条件、水文地质条件、气候条件、施工情况等多种因素影响，很难准确确定。由此，带来环境保护（比如注浆补偿）的不确定性和困难。

（6）工期长

积极冻结需要消耗几个月甚至更长时间，开挖和构筑过程比较耗时，解冻又要耗费一定时间。因此，冻结法施工需要的工期较长。

（7）造价高

积极冻结和强制解冻需要消耗大量电力。另外，时间成本也较高。

1.3 冻结法的应用范围

作为一种地基处理方法，冻结法的成本偏高、工期偏长。但由于具有明显的优点，目前的应用较为普遍，被称为其他所有工法无法使用时的最后一个手段[24]。主要应用于以下情况：

（1）不适合降水的工程（如市区）。

（2）不允许使用水泥浆或其他化学浆液注浆的地方。

（3）注浆法等地基处理方法失效的地方。

（4）深厚软弱地层中的深部加固。

（5）水底施工。

（6）盾构始发和接收。

（7）地下工程施工中的各种止水或抢险。

（8）不规则开挖体加固。

（9）地下水流速较慢土层，一般要求地下水流速不大于5m/24h。

（10）地下水含盐量不能过高，结冰点满足冻结要求。

（11）含水率大于10%的土层、岩层。

1.4　冻结法注意事项

冻结法的核心是通过人工降温把地层中水的温度降到冰点以下使其结冰[25]。要想成功应用冻结法，需要仔细把握下列要素：

（1）土层含水率不宜低于5%，否则宜给地层补水。

（2）土层含盐量未满足要求，否则会导致结冰困难或者无法冻结。

（3）土层内水的流速不能太大，否则会导致冻结时间延长或者无法冻结。

（4）水位变化会导致冷能损失过多而冻结效果不好，甚至无法形成冻结壁。

（5）具备冻结孔施工的条件，尤其是水平冻结孔的施工条件。

（6）在承压水条件下施工冻结孔，要注意钻进设备和孔口密封装置是否满足需要。

（7）冻结壁的温度和尺寸取决于荷载与环境要求，温度过低或尺寸过大会增加成本，延长工期。

（8）形成隔水封闭体的其他结构与冻结壁结合要紧密、可靠。

（9）水位水压观测孔、测温孔布置要周密考虑。

（10）注意冻胀和融陷的影响。

（11）冻结壁温度、变形、环境监测和信息化施工。

第2章

冻结壁及其影响因素

地层冻结主要包含冻结壁和冻结三大系统（制冷系统、冷媒系统和冷却水）的选型和计算。冻结壁选型计算可以直接采用类似结构设计既有的力学模型和对应的计算方法，除了要考虑强度、变形、稳定性、抗滑、抗倾覆、抗隆起和抗渗透外，还需要考虑冻土本身的物理力学特点。冻结系统涉及冻结设备、冷媒及其循环系统、冻结温度和制冷方式等的选型和设计。另外，冻结壁的发展和融化、特殊条件下冻结孔的施工及设备、地层冻胀和融沉控制、施工过程冻结壁稳定性检测监控、冷媒温度往返检测、冻结壁温度检测、冻结壁和衬砌相互作用（温度和力系）、开挖和衬砌施工的温度场演变也是需要关注的重要内容[26]。

2.1 冻结壁

冻结壁属于临时支护设施，就某一具体工程而言，选型和计算有其独特方法。除常规地上结构的影响因素外，冻结壁的选型和计算还受区域和气候影响。

2.1.1 冻结壁参数

冻结壁的功能主要有止水和承载。首先要根据实际情况判断冻结壁所要实现的功能，然后根据所要实现的功能进行冻结壁选型和计算。对于以止水为目的的冻结壁，主要考虑抵抗地下水的渗透压力[27]。对于以承载为目的的冻结壁，主要考虑其抵抗荷载的能力，可按一般力学方法处理。对于既需要承载又需要止水的冻结壁，需要综合考虑其作用效应，如：

（1）冻结壁形状和尺寸。

（2）冻结壁温度分布。

（3）冻结壁承载力和变形验算。

（4）冻结孔布置。

（5）冻结壁温度场演变。

（6）冻结壁形成验算。

（7）制冷系统设计（制冷、冷媒、冷却水三大系统）和检测。

（8）温度、水压力监测。

（9）保护要求及冻胀控制。

（10）冻胀和融沉对周围环境和建（构）筑物的影响。

（11）对周围环境和建（构）筑物的监测与保护。

2.1.2 冻结壁计算

要想成功应用冻结法，应充分认知地层冻结法中的人工冻土物理力学性质、冻土结构受力方式和体系特点、计算理论、冻结系统设计、冻结孔施工工艺、冻结器设置和可靠性、冻结系统安全及监控、土壤冻胀和融沉机理及控制技术、冻结壁质量等[28]。

冻结壁承受的荷载包括土压力和水压力。土压力和水压力对砂性土宜按水土分算原则计算，对黏性土宜按水土合算原则计算。垂直土压力按计算点位以上覆土重量及地面建（构）筑物荷载、地面超载计算[29]。侧向土压力可按静止土压力计算。

冻结壁的选型原则包括：（1）浅埋式可按荷载结构法计算，深埋式可按地层结构法计算；（2）冻结壁宜按受压结构设计；（3）宜采用封闭的冻结壁结构形式；（4）冻结壁的几何形状宜与拟建地下结构轮廓接近，并易于冻结孔布置；（5）冻结壁结构形式选择应有利于控制土层冻胀与融沉对周围环境的影响；（6）对冻结壁有严格变形控制要求时，可采用“冻实”的冻结形式[30]。

由冻土力学性质得知，冻结壁的力学性质与其温度直接相关。

一般根据经验初选冻结壁有效平均温度，然后根据所选温度对应的物理力学指标和特性，修正冻结壁厚度，再结合经济合理性，调整和优化冻结壁有效平均温度和冻结壁厚度。冻结壁平均温度应根据冻结壁承受荷载大小（或开挖深度）、冻胀融沉可能对环境造成的影响及工艺确定。冻结壁承受荷载大、安全要求高的工程宜取较低的冻结壁温度[31]。

无论矩形、方形、圆形（水平、垂直或者倾斜）还是其他任何形状的冻结壁，都可以按现有地下结构计算理论进行计算。不同的是，岩土层的物理力学指标由常温指标变为设定温度的冻结岩土指标。

在开挖过程中，可以通过信息化监测了解冻结壁的形成过程和稳定性，通过调节冻结温度来改善冻结壁的性能。即冻结法是在施工过程中能够根据需要及时调整改变围护结构物理力学指标的工法，这是其他工法无法比拟的。

多数情况下，浅层工程的冻土结构计算模型可简化为均质弹性体，其力学特性参数宜取冻结壁平均温度下的冻土力学指标。同时，宜采用数值方法验算实际非均匀温度场冻结壁的安全性和稳定性。开挖后应及时施工初衬和二衬，冻结壁的空帮时间不宜大于 24h。

当相邻管线、建（构）筑物和环境有特殊要求时，必须加强监测和验算。一般情况下，地铁工程联络通道喇叭口处的冻结壁厚度不应小于 0.8m，其他部位的冻结壁厚度不应小于 1.4m。当冻结壁与隧道管片交接面强度未经计算检验时，冻结壁与隧道管片的交接面宽度不得小于喇叭口处的冻结壁厚度，且冻结壁界面上的最低温度不得高于平均温度[32]。

2.2 冻结壁的影响因素

人工冻土的力学特征由冰主导，水变成冰，在原位其体积要增大约 9.05%。反之，固相冰融化成液相水时，其对应冰的体积要缩小约 8.3%。

2.2.1 工程地质和水文地质条件

（1）地质柱状图，包括岩（土）性、层厚、倾角以及其他主要特征。

（2）地质构造和地温。

（3）岩土层的重度、热容量、比热容、导热系数、渗透系数、含水率、土壤颗粒级配及矿物成分、含盐量、液限和塑限、内摩擦角、不排水强度等。

（4）含水层特征，包括含水层埋深、层厚、水位、渗透系数、流向、流速、水质、水温、含盐量、冰点温度以及各岩土层之间的水力联系等。

2.2.2 人工冻土的物理性质

影响温度场的热物理参数包括比热容、导热系数和导温系数等。对于冻结法施工，影响温度场的热物理参数还包括结冰温度、未冻水含量等[33]。

1. 结冰温度

结冰温度是指土体内部自由水开始冻结的温度。与纯水不同，土体中的水由于受双电层作用，并不是在到达0℃时开始结冰，而是当温度降低至某一小于0℃的温度时开始结冰，并且这一过程可能持续到零下十几度甚至几十度。结冰温度实质上是土中液态水转变为固态冰的起始相变温度，与土的矿物成分、含水率、密度、粒度、水溶液浓度等有关。另外，结冰温度还取决于荷载大小、含盐种类和含盐量等因素。

2. 未冻水含量

土体发生冻结时，并不是所有的水都结冰冻结。由于毛细作用和土粒表面吸附作用，即使温度降至零下几十度，部分孔隙水仍处于未冻结状态。即冻土中始终保留着部分液态水，这部分液态水称为未冻水。未冻水含量与温度、含盐量、矿物成分、密实度等因素有关。但总的趋势是，随温度降低，未冻水含量越来越少，但始终大于0。

3. 比热容

比热容包括质量比热容和体积比热容。质量比热容 c_M 是使 1kg 的冻土温度改变 1K 时所需吸收（或放出）的热量，单位为 kJ/(kg・K)。体积比热容 c_V 为单位体积的冻土温度变化 1K 所需吸收（或放出）的热量，单位为 kJ/(m^3・K)。由此可见，质量比热容和体积比热容在本质上是一样的。

由于土中的未冻水含量随负温是变化的，因此，不同温度的冻土其比热容并不相同。冻土的比热容不仅决定于固相、孔隙水、孔隙冰在某温度点的含量，还取决于未冻水含量在该温度点的相变速度即未冻水的结冰速度（水冰相变产生潜热）。

4. 导热系数

导热系数 λ 定义为当温度梯度为 1K/m 时，单位时间内通过单位面积的热量，单位为 J/(m・h・K)，它是反映传热快慢的指标。导热系数主要取决于土的矿物成分、含水率、含冰量、密度和温度，并与土的结构有关。一般情况下，冻土和融土的导热系数与干密度呈直线关系，并随含水率和含冰量的增大而增大。导热系数与颗粒之间的接触和连续性有关，一般情况下粗颗粒土比细颗粒土的导热系数大。由于冰的导热系数大于水的导热系数，故冻土的导热系数随负温降低而逐渐增大。

5. 导温系数

导温系数 α 是传热过程中的惯性指标，又称热扩散系数，指土中某一点在其相邻点温度变化时改变自身温度的能力，单位为 m^2/h。

$$\alpha=\frac{\lambda}{c_M\rho_s} \tag{2-1}$$

可见，导温系数取决于导热系数、比热容和土的密度，它并不是一个独立的物理量。

2.2.3 冻土的力学性质

要研究冻土的力学性质应进行不同层位岩土层的冻土物理力学性能测试，包括无侧限抗压强度、三轴剪切强度、抗弯强度、蠕变特性、冻胀和融沉特性测试等[34]。人工冻结壁是临时承载支护结构，天然冻土是长期地质体[35]。但由于冻结壁与天然冻土形成的实质都是土中水因温度低于其冰点而结冰，两者的力学性质并无太大差别。

1. 抗压强度

冻土抗压强度是指冻土所能承受的最大压应力，是评价冻结壁强度的重要参数。与非冻状态相比，冻结后土体的抗压强度得到大幅度提高，其值一般在4～20MPa之间。一般情况下，冻土的持久抗压强度约为瞬时抗压强度的50％。

（1）与温度的关系。冻土抗压强度随温度降低而增大。主要原因，一是温度降低导致冻土中未冻水含量减少，含冰量增加；二是冰的强度随温度降低明显增强。因此，随温度降低，岩土颗粒间的胶结力明显增强。在一定温度范围内，冻土抗压强度随负温绝对值变化呈线性关系增长。

（2）与含水率的关系。未冻时的含水率对冻结后土体的抗压强度影响甚大。当含水率未达饱和之前，冻土抗压强度随含水率增加而提高；但当含水率达到饱和后，冻土抗压强度随含水率增加逐渐降低。其原因在于，在含水率小于饱和含水率时，含水率的增加预示着温度的降低能增加冰的胶结作用，故冻土抗压强度随含水率增加而提高。当含水率达到饱和含水率之后，含水率的增加会减小土颗粒的体积含量，而土的强度主要取决于固相颗粒，胶结作用居于次要地位，故冻土抗压强度随含水率增加又逐渐降低。

（3）与颗粒特性的关系。矿物成分对冻土抗压强度影响甚小，而颗粒特性则影响显著。颗粒越大，冻土的抗压强度越大。比如，当其他指标完全相同时，冻砾石土的抗压强度＞冻砂土的抗压强度＞冻黏土的抗压强度。

2. 抗拉强度

抗拉强度是指冻土能承受的最大拉应力。冻土的抗拉强度明显小于其抗压强度，一般是抗压强度的1/3～1/2。影响抗拉强度的因素基本与抗压强度一致。一般情况下，无论低温冻土还是高温冻土，也不管快速加载还是慢速加载，冻土的拉伸破坏都是脆性破坏。冻结黏性土的长期抗拉强度大于冻结砂土的长期抗拉强度，这可能由于细颗粒土的胶结作用较均匀所致。

3. 抗剪强度

冻土抗剪强度是指冻土在一定正应力作用下所能承受的最大剪应力。随着冻土上荷载作用历时的延长，冻土的抗剪强度逐渐降低。一般情况下，冻土的抗剪强度仍然可以用莫尔—库仑定律描述。影响抗剪强度的因素与影响抗压强度的因素基本一致。

冻土的粘结力和内摩擦角均随温度的降低而增大，且粘结力与温度绝对值的关系基本是线性的。在长期荷载作用下，冻土的抗剪强度随时间延续降低较大，其主要是因为粘结力降低较多造成的。

4. 弹性模量

冻土的弹性模量和泊松比与土的类型、颗粒级配（黏粒、砂、石等的含量）、含水率（包括界限含水率）、负温温度、加载方式等密切相关。多数冻结砂的应力-应变曲线在低荷载时呈现一定的弹性变形特性。负温温度较低的冻结黏土其应力-应变曲线在小荷载时也呈现一定的弹性属性。在较大荷载条件下，无论是冻结砂还是温度较低的冻结黏土，其应力-应变曲线都是非线性的。人工冻土的弹性模量是根据其应力-应变关系曲线上“弹性”极限前直线线段的平均斜率得到的，其值一般为100～300MPa。人工冻土的弹性模量随负温的降低呈近似线性增加趋势。

5. 泊松比

冻土的泊松比一般为0.15～0.40，随温度降低而变小且与土的类型密切相关。同样负温条件下，泊松比的关系为冻结淤泥>冻结纯黏土>冻结粉质黏土>冻结砂质黏土>冻结粉砂>冻结细砂>冻结粗砂。另外，负温越高、颗粒越细，则μ越大。在−5～−30℃范围内，多数冻结黏性土μ为0.20～0.40，而冻结砂类土的μ一般为0.15～0.35。

6. 冻土的流变性

由于冰和未冻水的存在，冻土具有明显的流变性。冻土的强度和模量，都会随着时间的延续而降低。

2.3 力学性质影响因素的显著性和交互作用

冻土的力学性质不仅依赖于含水率、温度、应变率、含盐量、围压等因素，也可能依赖于这些因素之间的交互作用。为进一步明确冻土强度、模量等力学指标与以上各因素的依存关系，根据既有试验资料和统计学原理，对冻土力学性质影响因素的显著性和因素间的交互作用进行了研究。

2.3.1 不考虑交互作用的显著性

变差平方和可以表征变差的大小，其定义为：

$$Q=\sum_{i=1}^{n}(x_i-\overline{x})^2 \tag{2-2}$$

式中 $\overline{x}=\frac{1}{n}\sum_{i=1}^{n}x_i$。方差估计值 s^2 为：

$$s^2=\frac{Q}{f} \tag{2-3}$$

式中 f——自由度。下文基于既有试验数据，进行 2 因素 3 水平不考虑交互作用的显著性分析。设影响因素有两个，因素 A 和因素 B。则，总变差平方和 Q_{T}、因素 A 变差平方和 Q_{A}、因素 B 变差平方和 Q_{B} 及误差效应变差平方和 Q_{E} 分别为：

$$Q_{\mathrm{T}}=\sum_{i=1}^{9}x_i^2-\frac{1}{9}\left(\sum_{i=1}^{9}x_i\right)^2 \tag{2-4}$$

若令

$$\psi_1=\frac{1}{9}\left(\sum_{i=1}^{9}x_i\right)^2 \tag{2-5}$$

则

$$Q_{\mathrm{T}}=\sum_{i=1}^{9}x_i^2-\psi_1 \tag{2-6}$$

$$Q_A=\frac{1}{3}\sum_{i=1}^{3}T_{Ai}^2-\psi_1 \tag{2-7}$$

$$Q_B=\frac{1}{3}\sum_{i=1}^{3}T_{Bi}^2-\psi_1 \tag{2-8}$$

$$Q_E=Q_T-Q_A-Q_B \tag{2-9}$$

式中　T_{Ai}、T_{Bi}——分别为因素 A、B 某一水平时的试验值之和。

因素 A、B 的方差估计值 F_A、F_B 分别为：

$$\left.\begin{aligned}F_A=\frac{Q_A/f_A}{Q_E/f_E}\\ F_B=\frac{Q_B/f_B}{Q_E/f_E}\end{aligned}\right\} \tag{2-10}$$

式中　f_A、f_B、f_E——分别为因素 A、B 和误差的自由度。给定显著性水平 α，如果：

$$F_A\geqslant F_\alpha(f_A,f_E) \tag{2-11}$$

则说明因素 A 对指标的影响是显著的，否则不显著。同样的方法，可以对因素 B 进行显著性判断。

1. 温度和围压的显著性

基于青藏高原北麓河试验路基填土，孙星亮等[36] 研究了该种土重塑试样的抗剪强度和变形模量等力学性质与温度和围压的关系，获得了大量数据，部分数据如表 2-1 所示。给定显著性水平 α，根据自由度 $f_A=2$、$f_E=4$，可以得到 F_α（2，4），如表 2-2 所示。

抗剪强度和变形模量与温度和围压的试验关系　　表 2-1

温度 A(℃)	围压 B(MPa)	极限抗剪强度(MPa)	变形模量(MPa)
−3	0.3	3.6	180
	0.6	3.9	190
	1.0	4.0	190
−6	0.3	5.7	280
	0.6	6.0	280
	1.0	6.3	300
−10	0.3	8.2	430
	0.6	8.5	450
	1.0	9.0	450

注：根据文献［37］图 6 和图 9 量取。

F 检验的临界值 F_{α}（f_1，f_2） **表 2-2**

显著性水平	0.1	0.05	0.025	0.01	0.005	0.001
$f_1=2, f_2=4$	4.32	6.94	10.65	18.00	26.28	61.25
$f_1=2, f_2=8$	3.11	4.46	6.06	8.65	11.04	18.49
$f_1=4, f_2=8$	2.81	3.84	5.05	7.01	8.81	14.39

对极限抗剪强度影响因素的显著性进行研究，计算结果如表 2-3 所示。显然，对于表 2-2 中给定的所有显著性水平，温度对极限抗剪强度的影响均是显著的。而对于围压，只有当显著性水平 $\alpha>0.01$ 时，其影响才是显著的。

对变形模量影响因素的显著性检验可以得到类似结果。可见，对于文献［36］中的试验结果，温度和围压对极限抗剪强度和变形模量都存在显著影响，但温度的影响更强烈。

极限抗剪强度影响因素的显著性检验 **表 2-3**

方差来源	平方和	自由度	方差估计值	F 值	显著性
温度 A	33.69	2	16.84	1 263.25	Ⅰ
围压 B	0.54	2	0.27	20.25	Ⅱ
误差	0.05	4	0.01	—	—
总和	34.28	8	—	—	—

2. 温度、含盐量、含水率的显著性

基于含盐饱和重塑粉质黏土，杨成松等[37] 得出了不同含盐量、不同试验温度情况下的应力-应变关系。表 2-4 是根据该研究成果提取到的力学参数。

对初始弹性模量影响因素的方差分析也可以得到类似的结果，见表 2-5。可见，当显著性水平 $\alpha>0.025$ 时，温度对初始弹性模量的影响是显著的；当显著性水平 $\alpha>0.01$ 时，含盐量对初始弹性模量的影响是显著的；当不满足以上显著性水平时，温度和含盐量对初始弹性模量的影响并不显著。

对最大主应力差的显著性检验也可以得到类似结果。由此可见，温度和含盐量对最大主应力差和初始弹性模量都存在影响。但温度对这些力学参数的影响比含盐量的影响更加显著。

最大主应力差和初始弹性模量与温度和含盐量的关系　表 2-4

温度 A(℃)	含盐量 B(%)	$(\sigma_1-\sigma_3)_{max}$(MPa)	初始弹性模量(kPa)
−2	0.3	2.4	22
	0.5	2.0	14
	0.8	1.4	7
−3.5	0.3	1.7	14
	0.5	1.4	11
	0.8	0.9	6
−5	0.3	0.9	7
	0.5	0.6	3
	0.8	0.6	1

初始弹性模量影响因素的显著性检验　表 2-5

方差来源	平方和	自由度	方差估计值	*F* 值	显著性
温度 A	174.22	2	87.11	14.65	Ⅰ
含盐量 B	140.22	2	70.11	11.79	Ⅱ
误差	23.78	4	5.94	—	—
总和	338.22	8	—	—	—

2.3.2 考虑交互作用的显著性

在自然界中，很多物理现象不但受多因素控制，而且各因素之间有交互作用存在。在农业生产中，光照、土壤湿度、温度、土壤养分、种子质量等都对农作物的产量有重要影响，但它们的影响不是独立的，比如光照对农作物的影响程度受其他因素影响，这就是所谓的交互作用。当其他条件完全一致时，分别施加 10kg 氮肥和 10kg 磷肥，每亩地分别增产 20kg 和 35kg，而同时施加 10kg 氮肥和 10kg 磷肥，每亩地可增产 90kg。交互作用对产量的贡献为 90−(20+35)=35kg。文献表明，既有的针对冻土力学性质的研究没有考虑到这种作用。若诸因素不存在交互作用，则理论上可以单独研究单个因素的影响，之后进行叠加即可；若各因素的交互作用明显，则必须考虑交互作用的贡献。

基于重塑饱和黏土试样，李海鹏等[38]作了一系列试验，以研究不同饱和含水率冻结黏土在不同应变率条件下的单轴抗压强度特征，并且认为饱和冻结黏土的单轴抗压强度受温度、应变率、破坏时间及干密度等因素的影响。不同应变率作了 2 次试验，这里取 2 次试验应变速率的平均值作为应变速率，试验结果可以整理为表 2-6。

重塑饱和黏土单轴极限抗压强度试验结果　　表 2-6

温度 A (℃)	应变速率 B(s^{-1})	含水率 C(%)		
		34.0	25.4	16.0
−5	1.04×10^{-4}	1.56	1.74	3.13
	9.10×10^{-6}	0.98	1.12	2.71
	1.10×10^{-6}	0.76	0.88	2.43
−10	1.04×10^{-4}	2.96	3.45	4.76
	9.10×10^{-6}	2.00	2.39	4.53
	1.10×10^{-6}	1.55	1.89	4.11
−15	1.04×10^{-4}	4.28	4.84	6.91
	9.10×10^{-6}	3.07	3.54	5.98
	1.10×10^{-6}	2.28	2.85	5.45

根据正交试验设计的基本思想，采用 L_{27}（3^{13}）正交表安排试验，表头设计如表 2-7 所示。第 1 列安排因素 A；第 2 列安排因素 B；第 3、4 列分别安排因素 A 与因素 B 的第 1 和第 2 交互作用项是（$A\times B)_1$ 和（$A\times B)_2$。以此类推。第 9、10 列和第 12、13 列是空列，用来计算显著性检验（表 2-8）中的误差项。

首先根据试验结果计算 T_i。与前文不同的是，由于因素较多且考虑因素间的交互作用，T_i 的计算比较麻烦，比如 T_{B1} 的计算过程为：

$$T_{B1}=1.56+1.74+3.13+2.96+3.45+4.76+4.28+4.84+6.91=33.63 \tag{2-12}$$

考虑交互作用时的表头设计及 T_i 计算　　表 2-7

因素	1	2	3	4	5	6	7	8	9	10	11	12	13
	A	B	(A×B)$_1$	(A×B)$_2$	C	(A×C)$_1$	(A×C)$_2$	(B×C)$_1$			(B×C)$_2$		
T_1	15.31	33.63	26.57	25.93	19.44	29.37	29.37	27.64	27.21	27.44	27.84	26.86	27.47
T_2	27.64	26.32	26.56	28.39	22.70	26.77	26.77	28.07	27.26	26.96	27.84	27.50	27.13
T_3	39.20	22.20	29.02	27.83	40.01	26.01	26.01	26.44	27.68	27.75	26.47	27.79	27.55

总变差平方和 Q_T、温度效应变差平方和 Q_A、应变速率效应变差平方和 Q_B、含水率效应变差平方和 Q_C、温度与应变速率交互作用效应变差平方和 Q_{AB}、温度与含水率交互作用效应变差平方和 Q_{AC}、应变速率与含水率交互作用效应变差平方和 Q_{BC} 以及误差效应变差平方和 Q_E 分别按下式计算：

$$Q_T=\sum_{i=1}^{27}x_i^2-\frac{1}{27}\left(\sum_{i=1}^{27}x_i\right)^2 \tag{2-13}$$

若令

$$\psi_2=\frac{1}{27}\left(\sum_{i=1}^{27}x_i\right)^2 \tag{2-14}$$

则

$$Q_T=\sum_{i=1}^{27}x_i^2-\psi_2 \tag{2-15}$$

同样

$$Q_A=\frac{1}{9}\sum_{i=1}^{3}T_{Ai}^2-\psi_2 \tag{2-16}$$

$$Q_B=\frac{1}{9}\sum_{i=1}^{3}T_{Bi}^2-\psi_2 \tag{2-17}$$

$$Q_C=\frac{1}{9}\sum_{i=1}^{3}T_{Ci}^2-\psi_2 \tag{2-18}$$

$$Q_{AB}=\frac{1}{9}\left(\sum_{i=1}^{3}T_{(AB1)i}^2+\sum_{i=1}^{3}T_{(AB2)i}^2\right)-2\psi_2 \tag{2-19}$$

$$Q_{AC}=\frac{1}{9}\left(\sum_{i=1}^{3}T_{(AC1)i}^2+\sum_{i=1}^{3}T_{(AC2)i}^2\right)-2\psi_2 \tag{2-20}$$

$$Q_{BC}=\frac{1}{9}\left(\sum_{i=1}^{3}T^2_{(BC1)i}+\sum_{i=1}^{3}T^2_{(BC2)i}\right)-2\psi_2 \tag{2-21}$$

$$Q_E=Q_T-Q_A-Q_B-Q_C-Q_{AB}-Q_{AC}-Q_{BC} \tag{2-22}$$

类似于式（2-10）和式（2-11）进行 F 检验，得到的计算结果如表 2-8 所示。

可见，对于表 2-2 中给定的任何显著性水平，温度、应变速率和含水率对强度的影响都是显著的；交互作用 A×B 和交互作用 A×C 对强度的影响也都是显著的。当显著性水平 $\alpha \geqslant 0.01$ 时，交互作用 B×C 对强度的影响也是显著的。根据表 2-8 的计算结果不难得出，各因素对强度影响的显著性依次为：温度 A、含水率 C、应变速率 B、交互作用 A×C、交互作用 A×B、交互作用 B×C。

考虑交互作用时影响因素的显著性检验　　表 2-8

方差来源	平方和	自由度	方差估计值	F 值	显著性
温度 A	31.72	2	15.86	1 153.36	Ⅰ
应变速率 B	7.45	2	3.72	270.74	Ⅲ
含水率 C	27.16	2	13.58	987.69	Ⅱ
A×B	0.81	4	0.20	14.80	Ⅴ
A×C	1.38	4	0.34	25.05	Ⅳ
B×C	0.30	4	0.07	5.37	Ⅵ
误差	0.11	8	0.01	—	—
总和	68.78	26	—	—	—

因此，除了温度、含水率和应变速率对强度的影响显著外，它们之间的交互作用对强度的影响也是显著的[39]。在研究冻土强度等力学指标时，要综合考虑各因素的影响及其交互作用，而不能简单地考虑各因素的独立作用。

第3章

未冻水含量

土体冻结的实质是孔隙中的液态水在低温条件下结冰、胶结，土强度增大的一种物理现象。在 101.325kPa 条件下，纯水在 0℃条件下结冰。由于土是一种由固相、液相和气相组成的多相介质，土的冻结是在一个较大的负温区间内进行的，且即使温度很低仍然有未冻水存在。

3.1 冻结过程中的温度发展

冻结温度是指土体初始冻结的温度，它是计算冻结壁实际厚度和预测温度场发展的关键指标。冻土形成的实质是土与周围负温环境进行热量交换，土的温度逐渐降到负温，土中水在温度为冰点及以下时逐渐凝结成冰。

研究表明，土中水的冻结温度并不是 0℃，而是在 0℃以下的一个冰点开始结冰，并且发生在一个温度区间上。这是由于土是一种包含土颗粒、水与空气等成分的复杂多相体系。土中孔隙水的冰点温度与土颗粒的矿物成分、结构形式、含水率、含盐量以及干密度等因素有关。

土中水冰点的不同主要源于两个方面：一是土中水受土颗粒表面能作用，要使土中水冻结成冰需要克服表面能做功；二是土中水大多或多或少溶解了一部分矿物，冻结温度一般低于纯水的冰点。通常认为，土中水的冻结温度随土颗粒比表面积的增大而降低，随含水率的增大而增高[40]。

冻土的形成过程可分为以下 4 个不同的阶段，岩土冻结过程中的温度变化曲线见图 3-1。

1. 冷却阶段

土体温度 T_s 从常温逐渐降低到一个过冷温度 T_{sc} 而不冻结，其中 T_{sc} 小于 0℃。

2. 突变阶段

土体温度从低于 0℃的过冷温度 T_{sc} 升高到冻结初始温度 T_f，土中孔隙水开始结冰形成晶核。

3. 稳定阶段

土体温度升高到冰点附近并保持稳定，自由水将全部冻结成冰，土孔隙中晶核不断生长从而产生冰晶。

4. 降温阶段

冻土温度继续降低，大多未冻水结冰后，冻土继续吸收冷量而降温的过程。当土体温度低于 T_e 后，只有少部分结合水仍然处于液态，土中水的结冰现象基本结束。土体温度变化特性将不再受土中水相变时释放的潜热影响，土体温度降低只受冻土材料热物性和能量交换速度影响。

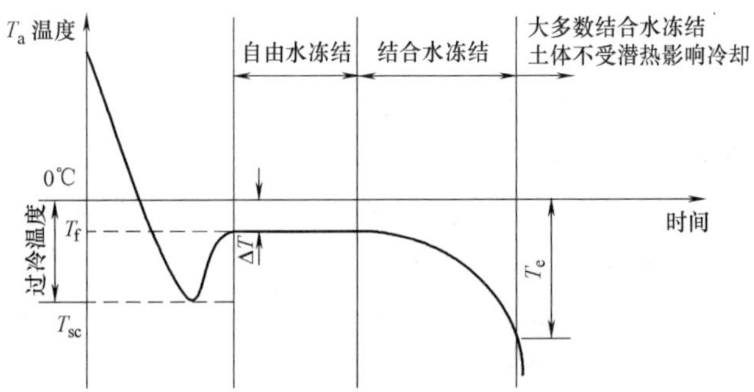

图 3-1　岩土冻结过程中的温度变化曲线

3.2　冻结温度研究

天津地铁 5 号线志诚道—思源道区间联络通道区域附近，钻孔取土，进行原状土的冻结温度试验。

3.2.1　土样准备

针对不同土质，共制备了16组土样。使用削土器切割原状土，试样尺寸为ϕ61.8mm×125mm，原状土样制作过程如图3-2所示。

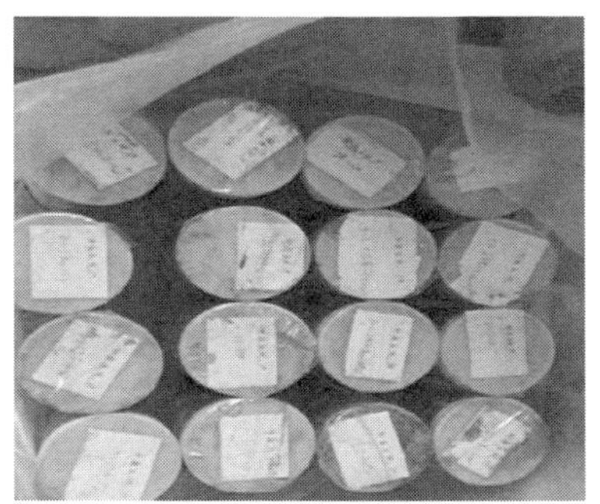

图3-2　制备待测土样

土样制备好后用三瓣模固定，上下放置透水石，并用饱和器框架固定，放置在恒温恒湿养护箱中养护，等待下一步试验。

3.2.2　测试步骤

根据标准试验要求，第一步传感器的标定，开启冻融箱温度设定−30℃；第二步在土样内部插入温度传感器探头；第三步连接温度采集仪，记录土样内部和外部冻结温度。冻结温度试验如图3-3所示。

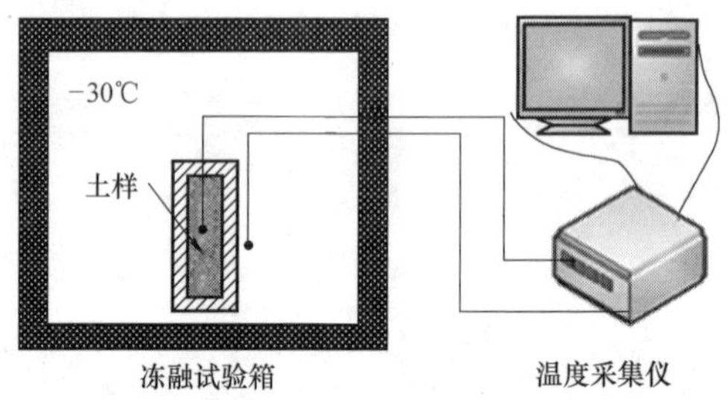

图 3-3　冻结温度试验示意图

3.2.3　试验结果

土样冻结温度曲线如图 3-4 所示。

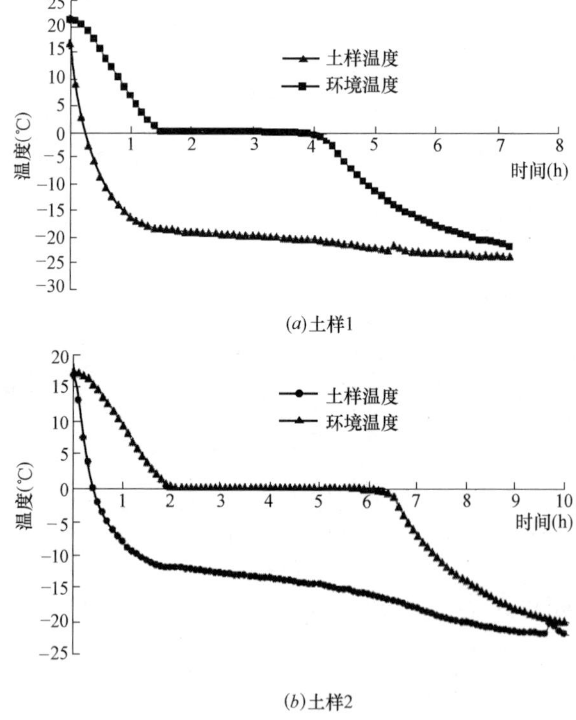

图 3-4　冻结温度曲线（一）

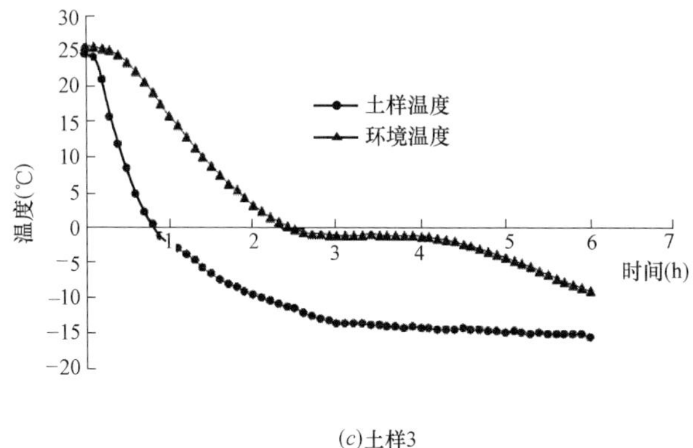

(c)土样3

图 3-4　冻结温度曲线（二）

图 3-4 中曲线反映了土体内部和外部环境温度随时间的变化过程。分析以上 3 条冻结温度时间曲线可见，联络通道位置附近原状粉质黏土试样的结冰温度在−0.38℃左右。

3.2.4　冻结温度的影响因素

现有研究资料表明，影响冻结温度的主要因素分为土的颗粒组成、含水率、含盐量、外界压力、干密度等。本次试验取两种因素即含水率和干密度进行研究。进行两因素多水平冻结试验，分析冻结温度随含水率和干密度的变化规律。干密度分别取 1.55g/cm^3、1.65g/cm^3、1.85g/cm^3，每组土样取 7 个不同含水率 11%、17%、21%、26.3%、31.1%、35.4%、40.8%，如表 3-1 所示。

土样在不同含水率下的冻结温度（℃）　　表 3-1

土样干密度 (g/cm^3)	含水率(%)						
	11	17	21	26.3	31.1	35.4	40.8
1.55	−0.434	−0.403	−0.426	−0.371	−0.331	−0.276	−0.204
1.65	−0.594	−0.456	−0.421	−0.362	−0.349	−0.284	−0.221
1.85	−0.664	−0.481	−0.479	−0.413	−0.290	−0.251	−0.176

如图 3-5 所示，在干密度单一因素条件下，土样冻结温度受不同含水率水平影响较大，二者呈正相关关系。即在一定范围内含水

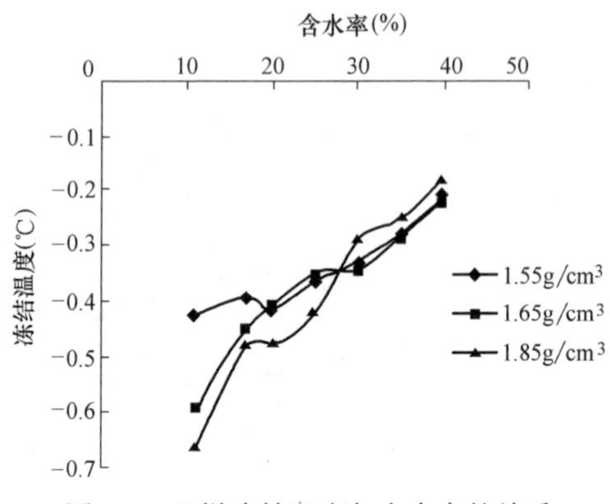

图 3-5 土样冻结温度与含水率的关系

率越高，土体冻结温度越接近 0℃。含水率越大，自由水含量愈多，土的结冰温度越接近 0℃。相反，含水率降低，自由水随之变少，加上水中矿物浓度升高，土体的冻结温度随之降低。

取 3 组含水率（20%、30%、35%）的土样，每组土样取 4 个干密度水平，得到图 3-6 所示曲线。

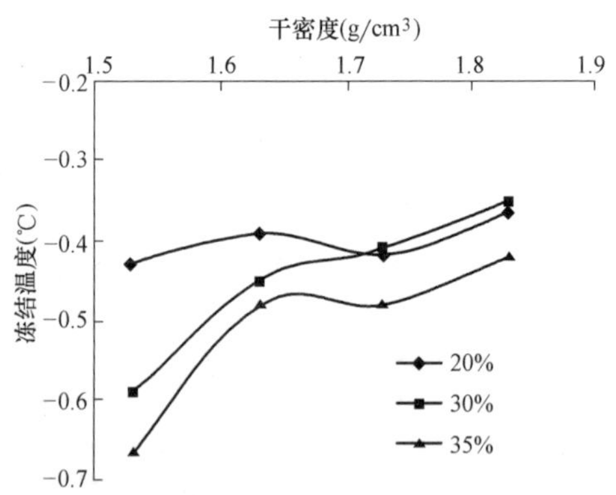

图 3-6 土样冻结温度随干密度的变化趋势

由图 3-6 可得，在同一含水率条件下，随干密度增加，土样的冻结温度有升高趋势。同时干密度对土体冻结温度的影响较含水率影响偏小。当土样的干密度发生改变时，改变的只是单位体积土体内土颗粒的多少及颗粒间的间隙，并不会改变单位体积内的矿物浓度及含水率，因而不会影响土样水分的冻结起始温度。因此，与干密度相比，含水率对土体冻结温度的影响起主导作用。

土体冻结后土颗粒孔隙结构和土颗粒表面能发生变化，导致土中水自由能下降，因此温度低于0℃后冻土内仍然存在部分液态水未发生冻结。冻融过程中土中水和冰的相态转化，导致了冻土内部的物质迁徙和热量变化，水相变为冰使土中水分、矿物成分、胶体颗粒发生重分布，从而冻土的力学性质发生变化。未冻水含量的变化对冻土力学性质影响显著，可能极小的未冻水含量变化就会导致冻土力学性质的剧烈改变。土体的冻结和融化过程中始终存在着未冻水，未冻水的不稳定性对冻土的力学特性、热学特性和水力特性影响显著。因此，研究冻土未冻水含量具有重要的理论意义和工程实践意义。

3.3　未冻水含量

冻土中未冻水含量变化是影响冻土热力学性质的重要因素。研究表明，土在开始冻结后，土中未冻水含量随土中水自由能的下降逐渐结冰，但即使在－10℃仍然有少量未冻水没有相变结冰。

对于细粒土特别是黏土，水—冰相变更是发生在一定的温度区间内。黏性土比表面积较大，土颗粒吸附的强结合水占比较大，若忽略黏性土冻结过程中极少量的水分迁移，黏土在冻结过程中土中水的相变在一个温度区间会持续产生。

一般认为，冻结过程中的土中水相变可划分为三个区间，即剧烈相变区、过渡区和冻透区。因黏土颗粒均匀度高，剧烈相变区和过渡区温度区间持续时间相对较长。

某正冻黏土未冻水含量随负温变化如图3-7所示。温度降到负温 T_f 时，黏性土进入冻结阶段，开始产生剧烈相变，此时黏土中未冻水含量变化较快，未冻水中自由水和一部分弱结合水由液态水变为固态冰[42]。而后未冻水结冰速度越来越慢，开始进入过渡区，相变持续产生。当温度达到负温 T_n 时，土体冻透，土体中水冰等各相成分基本恒定，其热物理性质也趋于稳定。

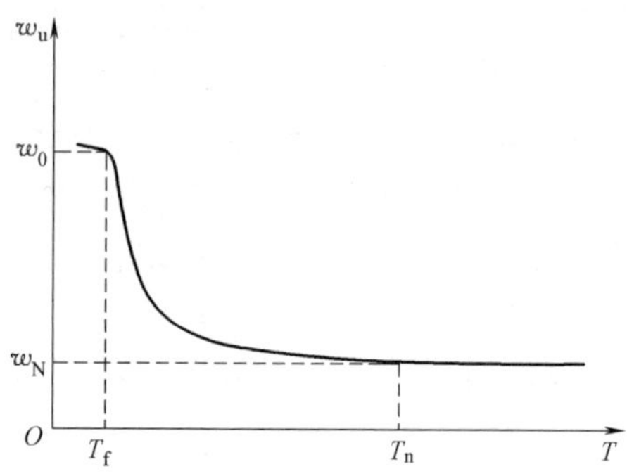

图 3-7　黏土冻结过程中的未冻水含量变化

可见，处于剧烈相变区和过渡区的冻土具有一个共同特点，即都存在相成分可变的孔隙水。此时总的热交换量包括两部分，一部分用以改变各组分的温度，另一部分用以改变孔隙水的相态。因此，依据是否存在相成分可变水，剧烈相变区和过渡区可以合并为一类，并命名为“正冻阶段”。

所以，根据土中水存在的相态变化特点，随温度降低黏土将经历三个阶段，即：(1) 液态水不存在相态变化的融土阶段；(2) 部分液态水转变为固态水的正冻阶段；(3) 不再有液态水转化为固态冰的冻实阶段。

对应于上述三个阶段，可以从热学角度对冻土进行重新分类，即随温度降低，可以将含水黏土划分为三种，即融土、正冻黏土和冻实黏土。

3.4　未冻水含量的测试方法

测量未冻水含量的实验室方法有多种[43-45]，主要包括以下几种。

1. 脉冲核磁共振法（NMR）

该方法操作简单快捷，结果较准确[40]。主要试验仪器包括 DR-2A 型冻融试验箱、Praxis-PR-103 型脉冲核磁共振仪、K 型热电偶和玻璃试管等。试验步骤过程简单描述如下。

首先将热电偶埋入装有土样的试管中心，随后将试管置入冻融箱中，然后设置不同温度，并采集不同温度段的信号强度，最后结合式（3-1）和式（3-2）计算不同负温时的未冻水含量。

$$w_u = w_0 \cdot \frac{y}{y_1} \tag{3-1}$$

$$y_1 = a + b \cdot T \tag{3-2}$$

式中 w_0——土样的初始含水率；

y——信号强度；

y_1——计算的信号强度；

a、b——经验系数。

2. 时域反射法（TDR）

由于在不同介质中电磁波的传播速度存在差异，且介电常数对土中水含量非常敏感，土中水含量与介电常数存在特定函数关系，基于此可以确定土中未冻水含量。该方法的测试结果受岩土成分、温度、密度等因素的影响较大。

3. 差示扫描量热法（DSC）

DSC法测量土中未冻水含量的基本原理是通过测量样品温度升高或降低时，输入到样品中的热量值，根据热量值和初始温度即可计算得到未冻水含量。

4. 量热法

通过量热法测量某温度时的比热容和热交换量，由于土颗粒比热容、水比热容、冰比热容已知，即可计算得到土中未冻水的相变量。再根据相变量的关系即可得到未冻水含量。由于量热法是测量某负温到正温阶段总的热量，不能测量相邻负温阶段的热量值，最终得到的未冻水含量极不精确，不具有实际意义。若采用递推方法测量两个负温的热交换量，即可得到较准确的未冻水含量。

5. 基于压力板仪的冻土未冻水含量测试方法

利用基质吸力控制系统给土样逐级施加气压力，使冻土中的未冻水透过压力室系统中的陶土板，测试通过陶土板的排水量，并换算出不同吸力平衡后的质量含水率，通过计算得到冻土中的未冻水含量。

利用高强气压力使冻土中的未冻水逐渐排出，直至平衡。读出冻土试样的排水量，然后改变气压力待平衡后再记录排水量，多次重复此操作，得到一系列气压力值与冻土试样排水量的数据，排水量与原冻土试样质量之比即为在此气压力值作用下的未冻水含量，最后根据计算数据绘制相应的曲线关系图。

6. 离心法

冻土中的冰和颗粒处于固态，而未冻水处于液态。将冻土样品装入离心管中，然后将离心管放入离心机中。借助高速旋转产生的离心力，可实现液态水的分离，从而得到未冻水含量。该方法成败的关键是，整个测试过程要在尽可能短的时间内完成。

3.5 未冻水含量的经验算法

以下给出了目前未冻水含量的几种经验方法[46]。

1. 未冻水含量与塑性指数、塑限含水率、负温的经验关系

方法如式（3-3）和式（3-4）所示。

$$w_u = KW_r \tag{3-3}$$

$$K = f(W_p, T) \tag{3-4}$$

式中 w_u——表示未冻水含量；

W_r——表示塑限含水率；

W_p——表示塑性指数；

T——负温；

K——塑性指数和温度的函数。

2. 基于土温和比表面积的经验公式

方法如式（3-5）～式（3-7）所示。

$$w_u = \alpha\theta^{-\beta} \tag{3-5}$$

$$\ln\alpha = 0.5519\ln S + 0.2618 \tag{3-6}$$

$$\ln\beta = -0.264\ln S + 0.3711 \tag{3-7}$$

式中 S——代表土样的比表面积（m^2/g）；

α、β——土样特征参数，式（3-6）和式（3-7）为基于比表面积试验的 α 和 β 的经验取值公式；

θ——冻土温度，数值上为负值，为数学计算取绝对值。

3. 基于初始含水率的未冻水含量

徐敩祖基于两个温度点冻土参数给出了未冻水含量经验公式，即：

$$w_u = a\theta^{-b} \tag{3-8}$$

$$b = \frac{\ln w_0 - \ln w_\theta}{\ln\theta - \ln\theta_f} \tag{3-9}$$

$$a = w_0 \theta_f^b \tag{3-10}$$

式中　w_u——表示未冻水含量；

a、b——土样特征参数；

w_0——试样的初始含水率；

w_θ——负温 θ℃时的未冻水含率；

θ_f、θ——分别为土样的起始冻结温度和冻结过程中的某一负温，且为了数学计算均取绝对值。

4. 未冻水含量的三参数模型

计算方法为：

$$w_u = w_b + (w_a - w_b)e^{\alpha(T-T_f)} \tag{3-11}$$

式中　w_u——表示未冻水含量；

w_a、w_b——分别表示土体最大含水率和极小负温时的未冻水含量；

T、T_f——分别表示冻结过程中的某一温度和冻结温度；

α——表示与土质相关的参数。Michalowski R. L. 根据建立的未冻水含量公式，给出了未冻水含量的一般形式，如图 3-8 所示。

5. 黏土的未冻水含量

该方法是半经验公式，即：

$$\begin{cases} w_u = w, T > T_f \\ w_u = w_{nf} + (w - w_{nf})\exp\left[-3.35\left(\dfrac{T_f - T}{T - T_m}\right)^{0.37}\right], T_m < T < T_f \\ w_u = w_{nf}, T \leqslant T_f \end{cases} \tag{3-12}$$

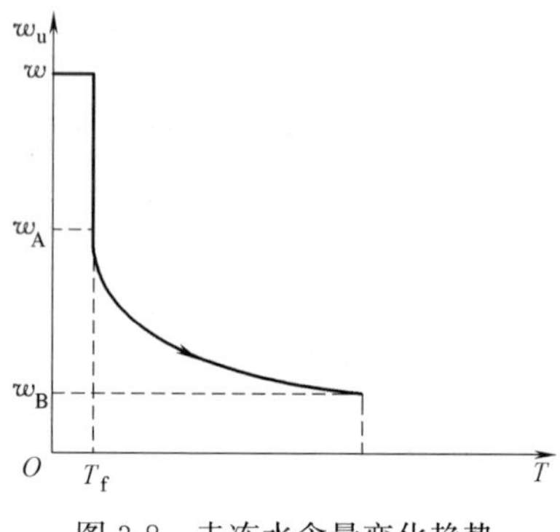

图 3-8 未冻水含量变化趋势

式中 w_u——表示未冻水含量；

w——总含水率；

w_{nf}——不可冻水分含量；

T_f——土体的冻结点；

T——土样冻结温度；

T_m——土体冻实温度，对于黏土来说，在没有试验材料的情况下，一般取 $T_m=-12℃$。

3.6 未冻水含量的影响因素

冻土未冻水含量的影响因素众多，主要可以归结为三类，即土质、外界条件和冻融历史。其中，土质方面的影响因素主要包括矿物成分及分散度、总含水率、干密度、土中水溶液成分和浓度，外界条件主要指温度和压力。研究各因素对冻土未冻水含量的影响，得出以下结论。

1. 矿物成分及分散度的影响

土中矿物成分和土颗粒分散度的不同，导致土颗粒表面能存在一定差异。土颗粒表面吸引力的大小体现了土颗粒表面能的差异，其对未冻水含量有着显著影响。土粒度越细，土颗粒与水接触得越多，土颗粒表面对水分子的吸引力就越大，相应的未冻水含量就越大。研究发现，相同温度条件下，黏土、粉土和砂土的未冻水含量表现为砂土＜粉土＜黏土。

2. 含水率和干密度的影响

未冻水含量随着初始含水率和干密度的变化而变化，但是这种变化幅度很小，远不及土颗粒的矿物化学成分及粒度对未冻水含量的影响。同一温度下未冻水含量随初始含水率增大而增大，但是变化甚微，如图 3-9 所示。而未冻水含量随干密度的变化而变化的幅度较大，如图 3-10 所示。从图中可以明显看出，给定温度下的未冻水含量稳定，温度低于－1℃时，随干密度变化未冻水含量的差值小于 1％。

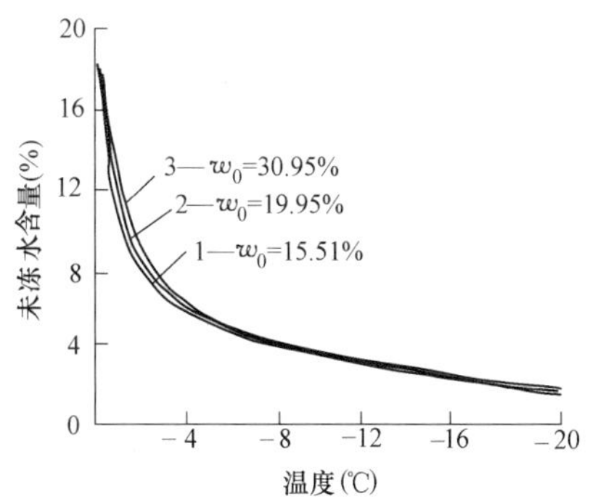

图 3-9 初始含水率对未冻水含量的影响

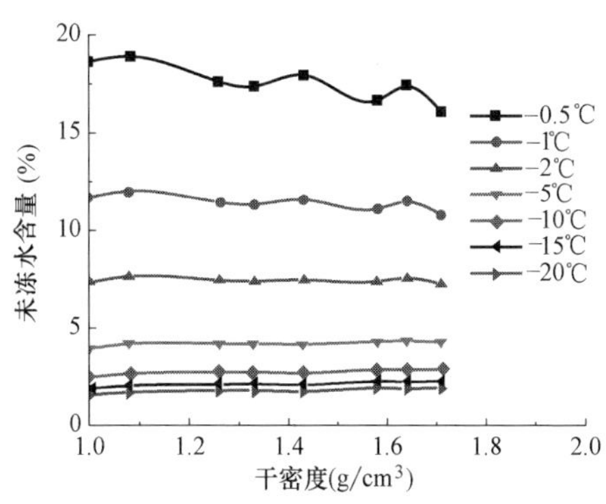

图 3-10 干密度对未冻水含量的影响

3. 离子成分和浓度的影响

土水体系中，水溶液的含盐类型及含盐量影响着未冻水含量。

研究表明，其他条件相同时，随着土中水含盐量的增加未冻水含量大致呈线性急剧增长。这主要是土中水溶液盐分的增加导致冻土冰点明显降低的缘故。土中含盐量超过一定限量时，必须考虑含盐量对冻土未冻水含量的影响，含盐量限量如表 3-2 所示。

含盐量限量　　表 3-2

土质	含盐量限量(%)	土质	含盐量限量(%)
砂砾	0.1	粉质黏土	0.15
粉砂	0.05	黏土	0.25

4. 温度的影响

在土质、荷载、冻融历史等影响因素一致的情况下，未冻水含量受温度的影响很大。当温度低于冻结温度后，土中液态水分子以不同的强度发生凝聚变化[47]。随负温下降，液态水越来越少，0℃以下的土水体系中，水分子主要以薄膜水的形式依附于土骨架上，而温度决定了薄膜水层的厚度，也就是说温度决定了未冻水含量。如图 3-11 所示，为不同土质未冻水含量与温度的关系。

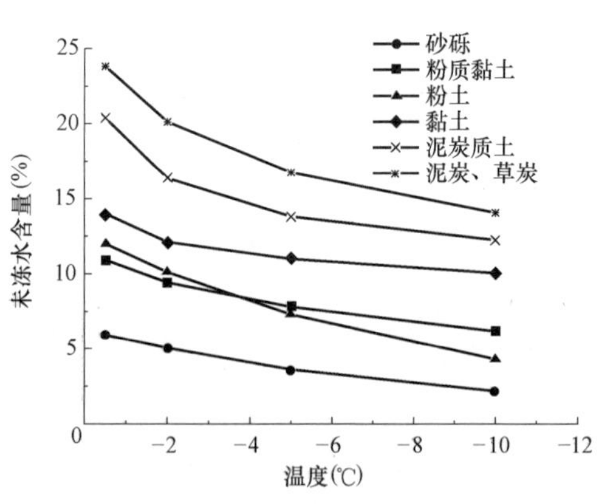

图 3-11　未冻水含量与温度的关系

5. 压力的影响

未冻水含量随着压力的增大而增大，其原因在于压力改变了土的密度[48]。因此，压力对未冻水含量的影响规律可参看密度对未冻水含量的影响规律。

6. 冻融历史的影响

未冻水的冻融滞后现象说明冻融历史影响未冻水含量的变化。相同负温下，冻结过程的未冻水含量总是大于融化过程的未冻水含量，即融化过程的未冻水含量曲线滞后于冻结过程的未冻水含量曲线。图 3-12 给出了兰州砂土冻融过程中未冻水含量的变化曲线。图中 1 号线表示冻结过程线，2 号线表示经历一次冻结的融化过程线，3 号线表示经历 7 次冻融的融化过程线。可见，冻融一次和冻融 7 次的未冻水含量曲线相比，在相同负温下，冻融 7 次的未冻水含量略低于冻融一次的未冻水含量。

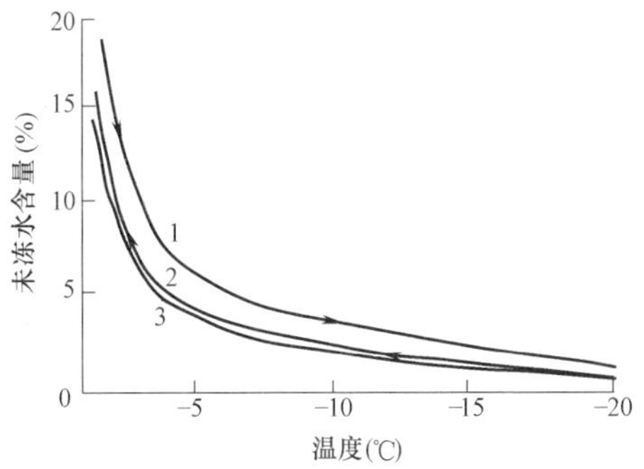

图 3-12　未冻水含量与冻融历史的关系

3.7　基于比热容的未冻水含量算法

基于比热容建立了未冻水含量的递推算法。该算法将某一负温的比热容等量变换为各相成分的比热容及其相应质量占比间的关系，同时考虑了冻土中液态水相变为冰释放的潜热[49]。

3.7.1　原理

根据土中水分子相态的变化过程，将冻结过程分为未冻阶段、相变阶段和冻实阶段。在未冻阶段，即使温度低于 0℃时，未冻水含量也始终等于初始含水率。在相变阶段，土中液态水开始相变为冰，随温度降低，土中水不断发生相变。常根据土中水相变程度划分为三个区，即剧烈相变区、过渡区和冻结稳定区。在冻实阶段，水分冻结趋于平缓，不再随温度的降低而发生相态变化。

因此，冻结过程的未冻水含量变化主要集中在相变阶段。结合未冻阶段和冻实阶段的未冻水含量变化，整个冻结过程的未冻水含量计算过程如下：

（1）通过室内冻结试验确定土样的相变温度范围，即土样相变的起始温度（冻结点）和相变的终止温度。将冻结过程按照测试的温度范围划分为未冻阶段、相变阶段和冻实阶段。

（2）未冻阶段的未冻水含量由土样的初始含水率决定，而冻实阶段的未冻水含量则取决于土样的不可冻水分含量。

（3）相变阶段，根据精度需要取较小的温度间隔。将某一温度间隔点的冻土比热容当作四部分之和，即冻土骨架比热容与其质量占比之积、孔隙水比热容与其质量占比之积、孔隙冰比热容与其质量占比之积、温度间隔内土中水相变为冰释放的潜热转换值。

（4）依据等量关系，推导出相变阶段未冻水含量与比热容间的关系，进而计算得到每一温度测点的未冻水含量。结合冻结过程的其他两个阶段的未冻水含量，建立整个冻结过程的未冻水含量计算公式。

3.7.2 计算步骤

该方法主要包括的步骤如下：

（1）对所取原状土进行室内土工试验，得到其含水率和天然密度。将原状土加工成指定规格土样，分别测量土样质量。

（2）进行室内冻结试验，测量土样的冻结温度，获得土样的温度-时间曲线。由土样的温度-时间曲线确定土样的冻结温度 T_f（冰点）和相变终止温度 T_u。以土样的冻结温度 T_f（冰点）和相变终止温度 T_u 为界，将冻结过程分为不同阶段。

（3）测试土样在相变阶段任意温度 t 时的比热容。基于冻土比热容的递推算法，求解任意温度点的比热容。

（4）由于水相变为冰释放的潜热较大，不可忽略，故从比热容角度计算未冻水含量时应考虑相变潜热。而相变量的变化是由于温度变化引起的，故在温度 t 的一侧取较小的温度间隔 Δt（$\Delta t>0$℃）来近似计算温度 t 时的潜热释放量。显然，Δt 越小结果越精确。

（5）相变阶段冻土是复杂的四相体（忽略气相），将冻土在温度 t 时的比热容看作四部分之和，即冻土骨架比热容与其质量占比之积、孔隙水比热容与其质量占比之积、孔隙冰比热容与其质量占比之积、温度间隔 Δt 内土中水相变为冰释放的潜热转换值。具体等量关系如下：

$$c=c_{s}M_{s}+c_{w}M_{w}+c_{i}M_{i}+\Delta M_{i}L \tag{3-13}$$

$$M_{s}+M_{w}+M_{i}=1 \tag{3-14}$$

式中　c、c_{s}、c_{w}、c_{i}——分别表示温度为 t 时的冻土比热容、冻土骨架比热容、土中水比热容、孔隙冰比热容；

M_{s}——表示温度为 t 时土体中冻土骨架的质量占比，数值上等于冻土骨架的质量除以土样的总质量，可由土样的质量及其初始含水率求得；

M_{w}——表示温度为 t 时未冻水质量占比，数值上等于该温度下冻土未冻水的质量除以土样的总质量；

M_{i}——表示温度为 t 时冰的质量占比，数值上等于冰的质量除以土样的总质量；

ΔM_{i}——表示温度间隔 Δt 内，冰质量变化量的质量占比，数值上等于冰的质量变化量除以土样的总质量；

L——表示水的潜热，一般取 $L=333.7$kJ/kg。

（6）结合式（3-13）和式（3-14），推导得出相变阶段的未冻水含量—比热容的函数关系为：

$$M_{w}=\frac{c-c_{i}-c_{s}M_{s}+c_{i}M_{s}-M_{w}'L}{c_{w}-c_{i}-L} \tag{3-15}$$

$$w_u = \frac{M_w}{M_s} \times 100\% \tag{3-16}$$

式中 w_u——表示温度为 t 时冻土的未冻水含量；

M'_w——表示温度 $t-\Delta t$ 时冻土未冻水的质量占比，数值上等于未冻水质量除以土样的总质量；

其他每一个变量所代表的含义，如步骤（5）中所述。

（7）相变阶段的未冻水含量算法由式（3-15）和式（3-16）表示。而冻结过程其他两个阶段的未冻水含量，由于随温度的变化很小，数值上近似为常数。其中，未冻阶段的未冻水含量为土样的初始含水率，冻实阶段的未冻水含量则等于不可冻水分含量。不可冻水分含量数值上可以近似等于相变阶段冻结稳定区最后的稳定含水率。综上所述，未冻水含量可以表示为

$$\begin{cases} w_u = w, T > T_f \\ w_u = \dfrac{c - c_i - c_s M_s + c_i M_s - M'_w L}{(c_w - c_i - L) M_s} \times 100\%, T_u < T \leqslant T_f \\ w_u = w_{uf}, T \leqslant T_u \end{cases} \tag{3-17}$$

式中 w_u、w、w_{uf}——分别表示未冻水含量、初始含水率、不可冻水分含量；

T_f、T_u——分别表示土样冻结温度、相变终止温度；

其他变量所代表的含义如上所述。

3.7.3 验证

夏锦红等考虑了冻结过程中显热和潜热的双重效应，建立了冻土比热容的计算公式。基于其建立的冻土比热容计算公式，得到了温度为－0.5℃、－1℃、－1.5℃、－2℃、－2.5℃、－3℃、－5℃、－7℃、－10℃的冻土试样相应的比热容，如表 3-3 所列。

不同温度的比热容值　　表 3-3

温度(℃)	−0.5	−1	−1.5	−2	−2.5	−3	−5	−7	−10
比热容[J/(g·℃)]	30.91	4.67	2.84	2.47	2.16	1.72	1.60	1.48	1.39

由不同负温的比热容，结合未冻水含量反演算法的步骤，求得冻土内冻土骨架、孔隙冰和孔隙水三相成分相应的质量占比，进而反演出不同负温的未冻水含量。具体数据如表 3-4 所列。

冻土内各组分质量占比及未冻水含量　　表 3-4

温度(℃)	M_s(%)	M_w(%)	M_i(%)	w_u(%)
−0.5	0.81	0.101	0.089	12.40
−1	0.81	0.09	0.100	11.05
−1.5	0.81	0.084	0.106	10.34
−2	0.81	0.079	0.111	9.69
−2.5	0.81	0.074	0.116	9.18
−3	0.81	0.072	0.118	8.85
−5	0.81	0.070	0.120	8.60
−7	0.81	0.069	0.121	8.38
−10	0.81	0.067	0.123	8.19

为了更明确地显示未冻水含量与温度的关系，绘制了关系图，如图 3-11 所示。在反演算法的未冻水含量变化曲线中，未冻水含量随温度的降低逐渐减少，且递减趋势逐渐减弱。−0.5℃时未冻水含量发生骤降，−0.38～−3℃时未冻水含量递减趋势显著，−3～−7℃时未冻水含量递减趋势趋于平缓，−7℃后未冻水含量接近于稳定。

对比未冻水含量反演算法和量热法的结果可以明显看出，两种算法的未冻水含量变化趋势相同。相变阶段任意温度量热法的未冻水含量都小于反演算法的未冻水含量，这可能是由于反演算法考虑了相变潜热的结果。由此可知，反演算法的未冻水含量更有利于保证工程实践的安全性。

3.8 基于量热法的未冻水含量算法

3.8.1 量热法原理

量热法是基于热量守恒定律建立起来的测量未冻水含量的经典

方法。将冻土试样放入量热器中，由于量热水和冻土试样存在一定温差，两者之间产生热交换。经过一定时间后量热器内混合物温度达到平衡，根据能量守恒定律，冻土试样吸收的热量与量热水及量热器释放的热量相等[50]，即：

$$Q_{放}=Q_{吸} \tag{3-18}$$

式中 $Q_{吸}$——热交换过程中试样吸收的热量；

$Q_{放}$——量热水和量热器释放的热量。

对于含有冻土骨架、孔隙冰和孔隙水的冻土，热交换过程中吸收的能量为三相吸收能量之和。

$$Q_{吸}=Q_{固}+Q_{冰}+Q_{水} \tag{3-19}$$

式中 $Q_{固}$、$Q_{冰}$、$Q_{水}$——分别为冻土骨架、冰相和水相吸收的热量，即：

$$Q_{固}=c_{s}m_{s}(t'-t) \tag{3-20}$$

$$Q_{冰}=c_{i}(wm_{s}-m_{w})(t'-t) \tag{3-21}$$

$$Q_{水}=c_{w}m_{w}(t'-t) \tag{3-22}$$

$$Q_{吸}=(CM+K)(T-t') \tag{3-23}$$

式中 m_{s}、m_{w}、M——分别为冻土骨架、未冻水和量热水的质量；

w——冻土试样的初始含水率；

K——量热器的热容量（kJ/℃）；

t、T、t'——分别为冻土骨架的初始温度、量热水和量热器的初始温度、热交换平衡时的温度。因此，

$$c=c_{d}m_{d}+c_{w}m_{w}+c_{a}m_{a} \tag{3-24}$$

则未冻水含量 w_{u} 为：

$$w_{u}=\frac{m_{w}}{m_{s}}\times 100\% \tag{3-25}$$

3.8.2 步骤

试验用土取自天津曹庄附近原状粉质黏土，呈褐黄色。对所取原状土进行室内土工试验测得天然密度 $\rho=1.91\text{g/cm}^3$、含水率

w=23.37%、土粒相对密度 G_s=2.72、液限 w_L=29.7、塑限 w_P=18.4。

量热试验主要仪器包括 TDR 冻融试验箱、自制量热器（内置热电阻 Resistance Temperature Detector，简称 RTD）、安捷伦温度采集仪（型号 34970A）、K 型热电偶、计算机等。试验仪器连接方式如图 3-13 和图 3-14 所示。

图 3-13　冻融过程主要仪器

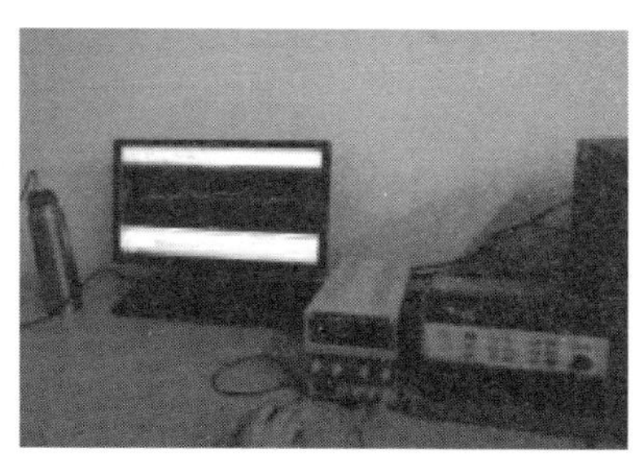

图 3-14　量热过程主要仪器

为了减少试验误差，采用温度传感器（K 型热电偶）实时监测试样内部温度和量热过程中混合物的温度。并且，每一温度点制备三个试样，通过三次平行试验取平均值的办法，减少试验误差，精确试验结果。

冻结法施工时，现场的冻结盐水温度一般为－28～－30℃，室内试验测试土样冻结温度时，将冻融箱温度设置为－30℃。如图 3-15 所示，将土样与试验仪器连接，数据采集系统记录土样内部温度变化情况，测得原状土冻结温度接近－0.38℃。

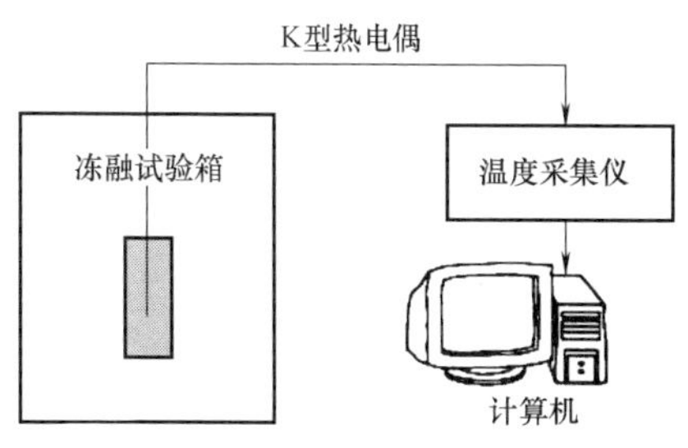

图 3-15　数据采集系统

经测试自制量热器的热容量 $K=0.279$kJ/℃，未冻土骨架比热容和冻土骨架比热容分别为 0.828kJ/(kg·℃) 和 0.762kJ/(kg·℃)。

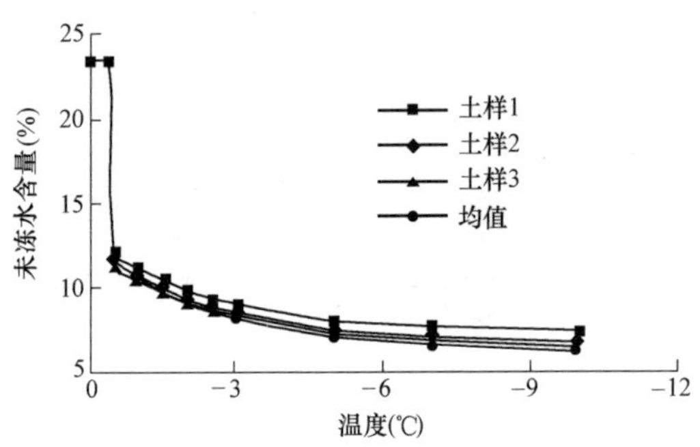

图 3-16 未冻水含量与温度的关系

由于测量的土样冻结温度为−0.38℃，分别制备温度−0.5℃、−1℃、−1.5℃、−2℃、−2.5℃、−3℃、−5℃、−7℃、−10℃的冻土试样。土样为高 60mm、直径 20mm 的圆柱，且每一温度点取三个土样进行量热试验。按照式（3-22）计算未冻水含量，取三次平行试验的均值作为该温度的未冻水含量。

从图 3-16 可以看出，未冻水含量随温度的降低逐渐减少且递减趋势逐渐减弱。−0.5℃时未冻水含量发生骤降，主要是由于温度低于冻结温度−0.38℃后冻土内大部分自由水和弱结合水相变为冰。相变阶段−0.38～−3℃的未冻水含量递减趋势显著，−3～−7℃的未冻水含量递减趋势明显弱于前一个阶段且逐渐趋于平缓，−7℃后未冻水含量趋于稳定。

3.9 基于导热系数的未冻水含量

Johansen、Wiener 分别依据多孔介质中各相所占体积比，建立了导热系数的理论计算方法。Johansen 提出的饱和冻土导热系数 λ 计算式为：

$$\lambda=k_{i}^{p_{i}}k_{w}^{p_{w}}k_{s}^{p_{s}} \tag{3-26}$$

式中　p_s、p_w、p_i——分别为冻土中的土颗粒、未冻水、冰体占总体积的相对密度；

k_s、k_w、k_i——分别为土体矿物、水、冰的导热系数。

Wiener 提出了多孔介质的导热系数存在最大最小值，即最小值 $Wiener_{min}$ 为：

$$\lambda=\left(\sum\frac{p_j}{k_j}\right)^{-1} \tag{3-27}$$

最大值 $Wiener_{max}$ 为：

$$\lambda=\sum p_j k_j \tag{3-28}$$

式中　p_j——第 j 相体积分数；

k_j——第 j 相导热系数。

可见，总含水率一定的情况下冻土中的未冻水含量与冰体发育之间保持着一定的动态平衡关系，即未冻水含量与其热参数之间具有一定的映射关系。

依据 Johansen、Wiener 提出的冻土导热系数理论计算方法，结合导热系数测试结果，可反演出不同负温下的未冻水含量。依据式（3-26）～式（3-28）推导的基于冻土导热系数的未冻水反演公式分别如下。

（1）基于 Johansen 方法的未冻水含量

$$p_w=\frac{\ln\lambda-p_s\ln k_s-(1-p_s)\ln k_i}{\ln k_i-\ln k_w} \tag{3-29}$$

（2）基于 $Wiener_{min}$ 的未冻水含量

$$p_w=\frac{(k_i/\lambda-p_s k_i/k_s+p_s-1)}{k_i-k_w} \tag{3-30}$$

（3）基于 $Wiener_{max}$ 的未冻水含量

$$p_w=\frac{\lambda-p_s-k_s-(1-p_s)k_i}{k_w-k_i} \tag{3-31}$$

未冻水体积含量 p_w 与未冻水含量 W_u 之间可由下式计算：

$$W_u=\left(\frac{m_i}{\rho_i}+\frac{m_s}{d_s}\right)\times\frac{p_w}{1-p_w} \tag{3-32}$$

式中　m_s、m_i——分别为冻土中的土颗粒、冰体占总质量的比重；

ρ_i、d_s——分别为冰的密度和土体的相对密度。

构成土骨架的矿物导热系数一般依据其微观组成预估获取。为了获取土体矿物导热系数 k_s，依据干土的土气二相组成和饱和常温土体的土水二相组成，结合 Johansen 的导热系数预估方法，推导的土体矿物导热系数为：

$$k_s = 10^{\frac{\lg\lambda - V_p \cdot \lg k_p}{V_s}} \tag{3-33}$$

式中 V_s、V_p——分别为饱和土试样中土体矿物和孔隙（水）的体积。

测试获取的两组代表性饱和试样的导热系数整理后如图 3-17（*a*）所示。饱和土样的导热系数测试完毕后，将土样置于烘干箱烘干，而后测试干土试样在不同温度下的导热系数，两组干土试样导热系数的测试平均值如图 3-17（*b*）所示。

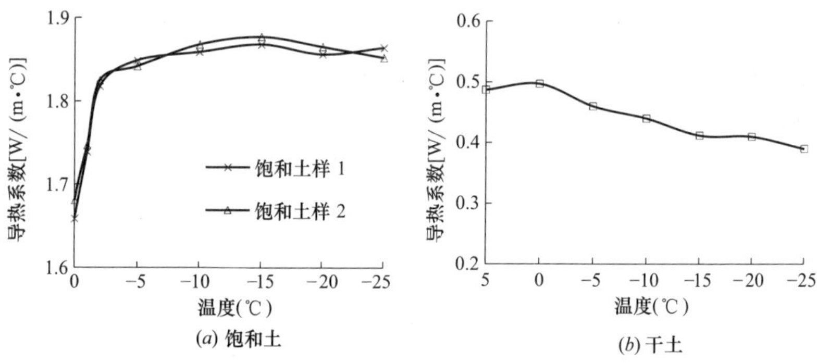

图 3-17 不同温度下土样的导热系数

依据图 3-17（*b*）所示的干土导热系数及饱和土样在正温阶段的导热系数，结合式（3-30）计算得到土体矿物的导热系数均值为 1.904W/(m·℃)。对图 3-17 的两组饱和土样导热系数取均值，依据式（3-29）～式（3-32）对冻土中的未冻水含量进行反演，计算结果如表 3-5 所示。

1. 未冻水含量测试

采用脉冲核磁共振法测试冻土的未冻水含量，测试获取的冻土在不同负温下的未冻水含量如图 3-18 所示。

各计算方法获取的冻土未冻水含量　　表 3-5

温度(℃)	Johansen (%)	$Wiener_{max}$ (%)	$Wiener_{min}$ (%)	Wiener 均值 (%)	混合流法 (%)
0	6.85	10.51	4.64	7.57	5.65
-1	5.04	7.76	3.63	5.70	4.02
-2	3.16	4.77	2.64	3.71	2.73
-5	2.60	3.85	2.35	3.10	2.39
-10	2.41	3.16	2.14	2.65	2.16
-15	1.98	2.81	2.04	2.43	2.05
-20	2.15	3.27	2.18	2.73	2.20

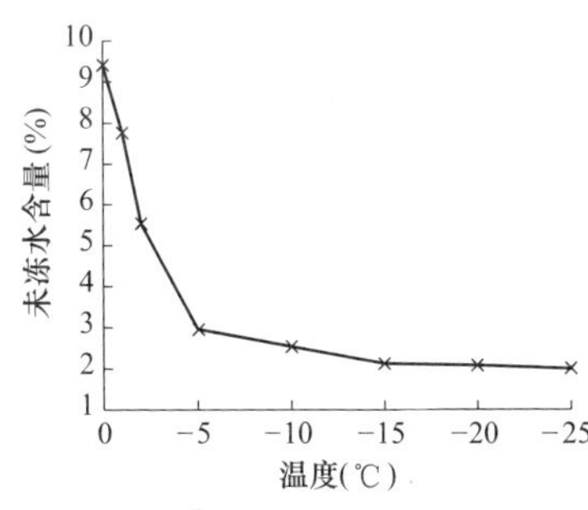

图 3-18　不同负温下土体的未冻水含量

2. 未冻水实测值与计算值对比

将图 3-18 实测获取的饱和粉质黏土在不同负温下的未冻水含量与表 3-4 和表 3-5 中计算获取的未冻水含量进行对比，如图 3-19 所示。

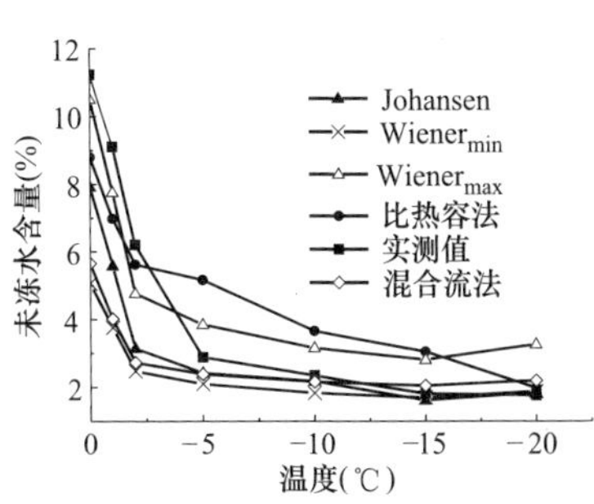

图 3-19　未冻水实测值与计算值

由图 3-19 可知，实测获取的未冻水含量与反演计算值存在一定差别，误差产生的原因主要包括以下几个方面：(1) 操作误差和仪器精度不足；(2) 平行试样制作存在误差；(3) 计算方法有待改进，精度有待提高；(4) 测试理论和测试技术有待完善。

3.10 基于压力板仪的冻土未冻水含量的测试方法

通过轴平移技术给土样施加气压，液态孔隙水在气压作用下通过高进气值陶土板排出，从而达到固液分离的目的。图 3-20 为压力板仪测未冻水含量的原理示意图。主要步骤包括以下环节：

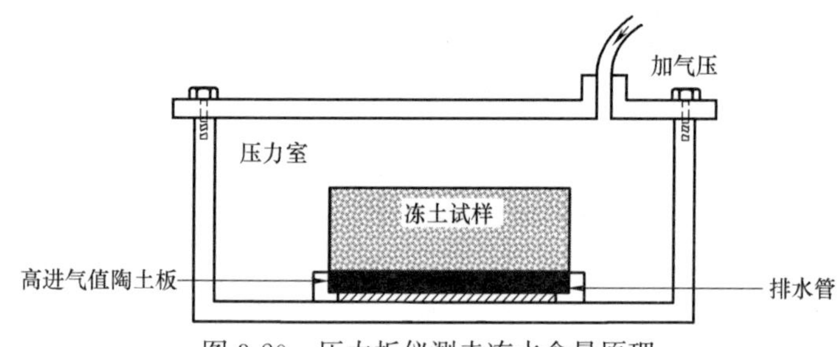

图 3-20 压力板仪测未冻水含量原理

(1) 按土工试验标准取规格为 ϕ61.8mm×10mm 的多个冻土试样，并依次对各土样进行编号，称其质量 m。

(2) 在压力板仪陶土板表面注入无气水，然后施加气压力，直至陶土板下方连接的管路无气泡产生为止，此时陶土板饱和完成。

(3) 将冻土试样放入压力板仪试样区中，给冻土试样施加 20kPa 气压力，待冻土试样内部达到吸力平衡状态后，从量管中读出试样的排水量 m_{wl}。

(4) 重复步骤 (3) 依次施加气压力 P 为 50kPa、100kPa、200kPa、300kPa、400kPa、500kPa，得到各级气压力值与相对的排水量 m_w。

(5) 通过步骤 (3)、(4) 得到冻土试样的排水量，计算各级气压力作用下的未冻水含量排出量，即：

$$w=\frac{m_w}{m_i} \tag{3-34}$$

式中 w——冻土试样中的未冻水含量，精确至0.01%；

m_w——试样排出水的质量（g），精确至0.01g；

m_i——试样的质量（g），精确至0.01g。

计算出各级气压力下冻土试样的未冻水含量排出量，据此得出冻土试样的土水特征曲线。

（6）根据步骤（5）得到的土水特征曲线存在水平渐近线，即随着气压力逐步增大，冻土中未冻水的含量排出量最终趋于0，气压力与未冻水含量之间的关系曲线趋于一条直线，该直线即为水平渐近线，该渐近线对应的排出水量即为冻土试样在此温度条件下的液态水含量$\sum m_w$。

（7）根据$\sum m_w/m$即可得到未冻水含量。

3.11 基于离心法的未冻水含量测试方法

冻土中的冰和颗粒处于固态，而未冻水处于液态。将样品装入离心管中，通过施加离心力作用，实现液态水与固态冰和颗粒体的分离，从而得到未冻水含量，如图3-21所示。

该方法测量准确、操作简单、成本低、重量轻、易携带，为冻土未冻水含量测量提供了一种新方法。需要注意的是，该方法应尽量在较短的时间内完成，以免孔隙冰水发生相态转换。

图3-21 低温离心机

第4章

冻土的比热容

比热容为单位质量的物质升高（或降低）1℃所吸收（或释放）的热量，单位为 kJ/(kg・℃)。潜热是单位质量的某种物质从一种相态转化为另一种相态所吸收或释放的热量，单位为 kJ/kg。在土体冷冻过程中，温度降低会释放热量，同时土中水凝结也要释放潜热。显然，根据比热容的物理定义，潜热与显热都应该纳入比热容范畴之内。

4.1 冻土比热容的常规算法

土是一种三相混合物，根据混合物叠加理论，岩土比热容的大小，取决于土中三相物质的组成比例，未冻土的比热容表达公式为：

$$c=c_d m_d+c_w m_w+c_a m_a \tag{4-1}$$

式中 c、c_d、c_a、c_w——分别为土、干土、土中气、土中水的比热容［kJ/(kg・K)］；

m_d、m_w、m_a——分别表示单位质量的干土、土中水、土中气的质量。

由于土中空气的质量可以忽略不计，因此土的比热容公式又可以表示为：

$$c=\frac{c_d+w_0 c_w}{1+w_0} \tag{4-2}$$

随着温度的降低，开始形成冻土，土中液态水的含量开始降低，并形成一种新的物质——冰。因此，冻土是一种四相混合物。

冻土的比热容取决于冻土中各成分的比热容及其对应含量，同时忽略冻土中的气相成分。当前，常用冻土中所有成分比热容的加权平均值来表示冻土的比热容，即：

$$c=\frac{c_d+(w_0-w_u)c_i+w_u c_w}{1+w_0} \tag{4-3}$$

式中 c、c_d、c_i、c_w——分别为冻土、干土、冰和水的质量比热容［kJ/(kg·K)］，常见岩土颗粒的比热容见表4-1；

w_0、w_u——分别为土的初始含水率与未冻水含量。

常见物质和岩土颗粒的比热容　　表4-1

岩土种类	比热容[kJ/(kg·K)]	岩土种类	比热容[kJ/(kg·K)]
空气	1.00	泥岩	0.59
干泥土	0.84	砂岩	0.58
干砂	0.79	长石	0.71
石英	0.75	大理岩	0.88
混凝土	0.84	花岗岩	0.65

温度对冻土比热容的影响与土中固液相变及固液的含量有关。工程上计算时，采用的是冻土各成分比热容的加权平均值。

对于黏性土和砂土，可以采用式（4-3）计算不同阶段的比热容。式中 c_d、c_i、c_w 可使用表4-1中的干泥土和干砂的比热容值。c_i、c_w 可使用表4-2中20℃时的数值，确定初始含水率和未冻水含量后可直接计算。

水和冰的比热容随温度的变化　　表4-2

水		冰	
温度(℃)	比热容[kJ/(kg·K)]	温度(℃)	比热容[kJ/(kg·K)]
10	4.208	−10	2.008
20	4.194	−20	1.967
30	4.189	−30	1.889

这里采用前章未冻水含量试验土样为例计算比热容。土的初始含水率为26.8%，未冻水含量用式（3-25）计算。0℃以上为常温

土，其中不存在未冻水；－10℃以下为冻实黏土，未冻水含量不再随温度变化而改变。最终的计算结果见表 4-3 和图 4-1。

未冻水含量及土的比热容随温度变化的计算值　　表 4-3

温度(℃)	未冻水含量(%)	含冰量(%)	比热容[kJ/(kg·K)]
5	26.82	0	1.55
0	26.81	0.01	1.55
－1	19.34	7.13	1.42
－2	13.74	13.08	1.32
－3	10.18	16.64	1.26
－4	8.01	18.82	1.22
－5	6.68	20.13	1.20
－7	5.58	21.23	1.18
－10	6.60	20.22	1.20
－20	6.60	20.22	1.20

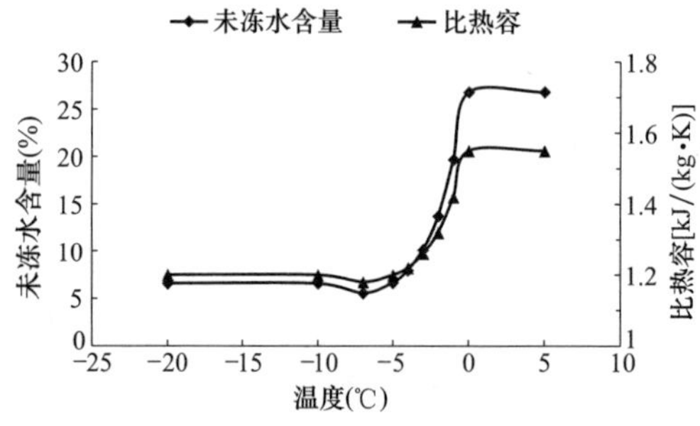

图 4-1　冻土的未冻水及比热容随温度的变化

4.2　比热容测试的 DPHP 法

4.2.1　原理

DPHP 法不仅能测量导热系数，还可以同时测量热扩散率和比热容。常规的线热源法导热系数测试方法只记录探针加热阶段的温度变化。DPHP 法基于单针线热源法，通过记录停止加热后一段时间的温度变化来计算比热容等参数。

通过拟合探针测得的温度增量-时间曲线，可以反算热参数 k 和 α，进而可以得到比热容 c[51]，即：

$$\alpha=\frac{r^2}{4}\left[\frac{1/(t_m-t_0)-1/t_m}{\ln t_m-\ln(t_m-t_0)}\right] \tag{4-4}$$

$$c=\frac{q}{4\pi\rho\alpha\Delta T_m}\left[Ei\left(\frac{-r^2}{4\alpha(t_m-t_0)}\right)-Ei\left(\frac{-r^2}{4\alpha t_m}\right)\right] \tag{4-5}$$

式中　t_m——测量温度达到最大值的时间；

ΔT_m——温度最大值与初始值之差；

ρ——土的密度。

4.2.2　测试结果

经计算后得到的比热容如表 4-4 所示。图 4-2 所示为 DPHP 法测得土的比热容随温度变化散点图。

土的比热容随温度的变化　　表 4-4

温度(℃)	10.98	−0.85	−2.06	−4.05	−9.67
比热容[kJ/(kg·K)]	1.553	1.552	3.413	1.884	1.15

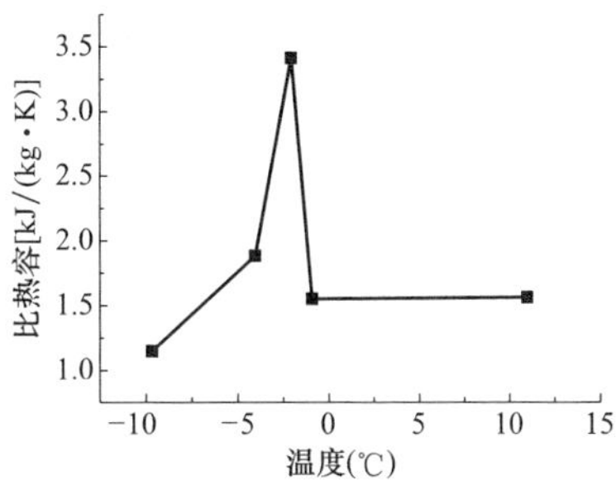

图 4-2　DPHP 法测得土的比热容

由图 4-2 可得，在 0℃以下的某温度阶段比热容会有突变，分析其原因是水变成冰释放相变潜热所致。

4.3 常规混合量热法

由于操作方法简单、原理清晰，在测量常规物质的比热容时，量热法被广泛应用。在现有文献中，量热法也常常用于冻土比热容的测试。

4.3.1 原理

量热法测量比热容是把具有稳定负温的冻土试样放入量热器中，量热器内盛有一定质量且温度已知的液态水。经过一段时间之后，量热器内混合物的温度达到稳定状态，此时冻土样品与量热器中原有液态水及量热器的换热过程完成。

根据能量守恒定律，土样吸收的热量 Q 来源于两部分，一部分为量热器释放的热量 Q_1，另一部分为液态水释放的热量 Q_2。若忽略能量损失和散热影响，则 $Q=Q_1+Q_2$。因为初始、稳定温度可以通过测试得到，量热器的热容量和比热容是已知的，据此可计算出冻土的比热容。

若冻土的质量为 M、温度为 T，量热器中水的质量为 m，量热器与水的初温为 T_0，量热器的热容量为 c_c，达到热平衡后的稳定温度为 T'，设待测土样的比热容为 c，水的比热容为 $c_w=1\text{cal}/(\text{g}\cdot℃)$。则热平衡方程为：

$$cM(T-T')=(c_w m+c_c)(T'-T_0) \tag{4-6}$$

由此计算出冻土样品的比热容为：

$$c=\frac{c_c+c_w m}{M}\cdot\frac{T'-T_0}{T-T'} \tag{4-7}$$

4.3.2 测试过程

测试仪器包括量热器、安捷伦温度采集仪、控制电脑等。在测试开始前，要对电阻探头进行温度标定。

1. 量热器的热容量 c_c 的测试

(1) 测量量热器内空气的温度 T_1；(2) 将质量为 m、初温为

T_0 的水倒入量热器中，待温度稳定后读数得到温度 T。

根据能量守恒定律，量热器中水的热量损失等于量热器增加的热量。据此可以得到量热器的热容量，即：

$$c_c = mc_w \frac{T_0 - T}{T - T_1} \tag{4-8}$$

重复三次测试并计算平均值，最终得到量热器的热容量为 42.23cal/(g·℃)。

2. 冻土比热容测试

称土样 A、土样 B 和土样 C 的质量分别为 M_1、M_2、M_3，依次将三份土样放入初温为 T_{01}、T_{02}、T_{03}，水质量为 m_1、m_2、m_3 的量热器中。待温度稳定后，测得其温度分别为 T'_1、T'_2、T'_3。利用式（4-8）分别计算出 3 份土样的比热容，取平均值即得到土样的最终比热容。

4.3.3 结果分析

试验数据和结果见表 4-5 和图 4-3。

土样比热容随温度的变化［kJ/(kg·K)］　　表 4-5

温度(℃)	土样 A	土样 B	土样 C	平均值
−10	1.449	1.467	1.472	1.463
−7	1.454	1.467	1.471	1.464
−5	1.453	1.469	1.479	1.467
−4	1.461	1.472	1.48	1.471
−3	1.467	1.481	1.486	1.478
−2	1.478	1.491	1.495	1.488
−1	1.5	1.517	1.519	1.512
0	1.582	1.603	1.606	1.597
10	1.602	1.618	1.625	1.615

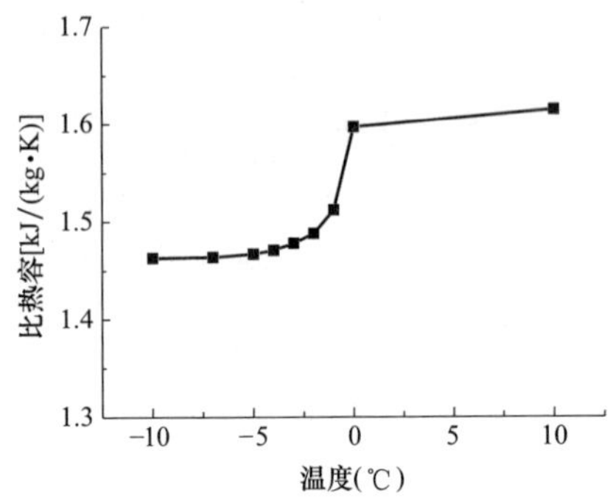

图 4-3　常规量热法测得的不同温度土的比热容

4.3.4　常规混合量热法的不足

上述测试冻土比热容的方法是国内外常用的方法之一，但却存在着比较明显的弊端，主要表现在以下两个方面：

（1）该方法适用于比热容为常数的理想材料，很难应用于比热容随温度变化的复合材料。根据式（4-8），传统混合量热法得到的比热容是从试样初始温度 t 到热平衡温度 t' 的平均比热容，而不是某一温度点的比热容。如果材料的比热容不随温度的变化而变化，则测试是可靠有效的；如果待测材料的比热容随温度的变化而变化，测试结果则是无效的。实际上，即使处于未冻结状态，作为复合材料的天然地质材料，土的比热容也会随着温度的改变而变化。

（2）该测试方法只考虑了热交换过程中的显热，而没有考虑与相变相关联的潜热。根据物质相态的特点，热量交换可分为显热和潜热两种形式。当物质的温度发生变化而其相态不发生改变时，吸收或放出的热量称为显热。当物质的温度不发生变化而其相态发生相变时，吸收或放出的热量称为潜热。比如，1kg 液态水温度升高 10℃，需要吸收的热量为 41.8kJ，这部分热量称为显热。在一个标准大气压下，冰融解为同温度的水或水冻结为同温度的冰，需要的热量为 335kJ/kg，这部分热量称为潜热。可见，相对于显热，水的结冰潜热是相当大的。研究土冻结和融化过程中的热量交换，不考虑潜热的作用是不对的。

4.4 一种考虑显热和潜热双重效应的计算方法

由于未冻水含量随负温变化是变化的，冻土的进一步降温将同时伴有显热释放和潜热释放。因此，涵盖潜热的冻土比热容计算方法更为合理。

4.4.1 显热与潜热

物质存在的形态包括固态、液态和气态。某种物质从一种形态变为另一种形态且其化学成分不发生改变时，称为相态变化，即相变。比如，液态水变为固态冰或液态水变为气态水蒸气的现象均属于相变现象。

根据物质相态和该物质温度的变化特点，热量交换可分为显热和潜热两种形式。当物质的温度发生变化而其相态不发生改变时，吸收或放出的热量称为显热。当物质的温度不发生变化而其相态发生改变时，吸收或放出的热量称为潜热。

如 1mol 水在 100℃全部蒸发为相同温度的水蒸气时需要吸收 40.62kJ 热量，这部分热量就是潜热；而 1mol 水由 60℃升温至 100℃且无水蒸气生成时，需要吸收的热量约为 3.014kJ，这部分热量则被称为显热。

可见，显热是物质不发生相变时吸收或放出的热量。显热的产生有一个显著特点，即热量的转移必然伴有温度的变化。而潜热是物质发生相变过程中吸收或放出的热量，在这个过程中虽然有热量交换，但相变前、后的温度是相同的。

物质由低能状态转变为高能状态时吸收潜热，反之则放出潜热。潜热的量值用单位质量或单位摩尔的物质在相变时吸收或放出的热量表示。相变潜热与发生相变的温度有关，单位质量的某种物质，在一定温度下的相变潜热是一个定值。冰的融解需要吸热，水的结冰需要放热，两个可逆过程的潜热是相等的。在标准大气压下，冰的融解或水的结冰潜热约为 335kJ/kg。

既有研究表明，土中孔隙水的冻结是逐步进行的，即在温度降低至 0℃以下一个相当长的负温区间内，孔隙水是逐渐冻结为冰的，而不是仅仅在 0℃结冰。也就是说，在该负温区间内，不断有液态水转化为固态冰并释放潜热。

既有对冻土比热容的研究往往忽略孔隙水转化为孔隙冰的潜热释放现象，要么假设从常温到完全冻实，土的比热容是不变的；要么仅着眼于比热容随含水率、密度的变化关系，而较少考虑相变尤其是较少考虑相变的持续性[52]。还有文献认为，冻结前、后土的比热容分别为两个不同的常数。但土的冻结是在一个区间内完成的而不是某个温度点，因此，冻结后土的比热容随温度的变化而变化。从潜热的定义看，这些确定冻土比热容的方法，由于没有涵盖潜热或仅仅认为潜热发生在某个温度点，因此存在瑕玷。只有遵循土中孔隙水的结冰是一个较大负温区间上的连续过程这一事实，并考虑潜热释放存在于该区间上而不仅仅发生在 0℃，才能合理估算土在冻结过程中的比热容。

4.4.2 基于孔隙水相态的冻土分类

岩土类材料是一类化学成分和矿物成分复杂多变的天然地质材料，而且饱和土中除了土颗粒之外，还有孔隙水存在；非饱和土中除了土颗粒和孔隙水之外，尚有孔隙气存在。与一般常温融土相比，冻土中除了常规的固、液、气三相之外，还有对温度变化极其敏感的冰体。

一般认为，水的存在形式有三种，即液态、固态和气态。根据温度的定义，一个标准大气压条件下，纯净水的冰水混合物温度定义为 0℃。即 0℃以上的水以液态形式存在；0℃以下的水以冰的形式存在。受化学、矿物成分和双电层影响，土中水的冻结过程与标准状态下水的冻结过程明显不同。主要表现在，在温度低于 0℃的相当长的负温范围内，土中水同时以液态水和固态冰的形式存在。根据既有研究成果，即使温度降至很低，土中仍然存在一定量的未冻水，如图 4-4 所示[53]。

远离土颗粒的水受颗粒化学、矿物成分和双电层的影响较小，故其冻结温度接近于 0℃。靠近土颗粒的孔隙水，由于受土颗粒化

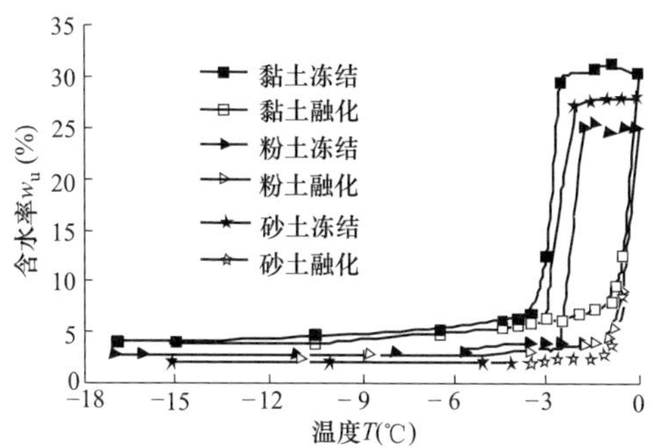

图 4-4 未冻水含量与温度的关系

学、矿物成分和双电层的影响较大，故其冻结温度较低。因此，土中未冻水常常存在于土颗粒附近，并成为水分迁移的通道。

随温度降低，土中水的相变过程可以划分为三个阶段，即剧烈相变区、过渡区和冻实区。在剧烈相变区，当温度变化1℃时，未冻水含量的变化量大于1.0%，此时自由水和一部分弱结合水由液态水变为固态冰；在过渡区，当温度变化1℃时，未冻水含量的变化量在0.1%～1.0%之间，此时相成分可变的弱结合水将全部凝结成冰；在冻实区温度范围内，温度每降低1℃，水相变成冰的数量小于0.1%[54]。也有人认为，土体在冻实阶段的液态水只有强结合水。因此，随温度的继续降低，处于冻实阶段的冻土，其相成分的比例将逐渐趋于稳定。

由此可见，处于剧烈相变区和过渡区的冻土具有一个共同特点，即都存在相成分可变的孔隙水。此时总的热交换量包括两部分，一部分用以改变各组分的温度，另一部分用以改变孔隙水的相态。因此，依据是否存在相成分可变的孔隙水，剧烈相变区和过渡区可以合并为一类，并命名为冻结阶段。

所以，根据土中水存在的相态变化特点，随温度降低的黏土将经历三个阶段：即液态水不存在相态变化的融土阶段、部分液态水转变为固态水的冻结阶段、不再有液态水转化为固态冰的冻实阶段。

对应于上述三个阶段，可以从热学角度对冻土进行重新分类。随温度降低，可以将含水黏土划分为三种，即融土、冻结黏土和冻实黏土。

4.4.3 土颗粒、水和冰的比热容

根据定义，土的比热容等于温度升高或降低1℃，所有组分吸收或放出热量的代数之和。可见，土在某温度 T 时的比热容应该包括其在该温度附近发生 ΔT 微量变化时，部分孔隙水（孔隙冰）发生相变需要的热量。

随地域和颗粒粗细不同，土颗粒的比热容将有所变化，但变化幅度非常有限，一般在3%之内。因此，土颗粒的比热容可以认为是一个常数。

任何物质的比热容都不是一个特定值，而是随着温度的变化而变化，纯净水和纯净冰也不例外。一个标准大气压条件下，不同温度纯水和纯冰的比热容如图4-5所示。

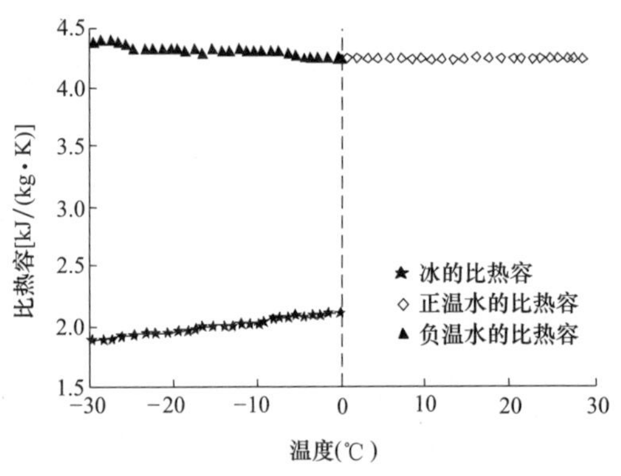

图4-5　水和冰在不同温度时的比热容

自然条件下，融土的温度一般小于30℃。在冻结法施工中，人工冻土的温度一般也在−30℃之内。可见，在−30～30℃范围内，水和冰的比热容可以认为是常数。这种假设能满足工程需要，也是一种常见的简化处理方法。

4.4.4 不同阶段土的比热容

鉴于土中水的相态在冻结前阶段、冻结阶段和冻实阶段是完全

不同的，因此，分阶段研究土的比热容是必要的。

1. 温度变化时的热量组成

根据混合物热量交换原则，当土的温度变化时，总能量变化等于各组分能量交换之和，即：

$$N=N_1+N_2+N_3+N_4 \tag{4-9}$$

式中 N——土的总能量变化；

N_1——土中水温度变化需要的能量；

N_2——土中水发生相变时吸收或释放的能量；

N_3——土中冰温度发生变化需要的能量；

N_4——土颗粒温度发生变化需要的能量。

2. 融土的比热容

比热容定义为单位质量的某种物质温度升高或降低1℃吸收或放出的热量。融土是由土颗粒、孔隙水和孔隙气组成的混合体，其比热容由土颗粒比热容、孔隙水比热容和孔隙气比热容及其含量决定。由于孔隙气的质量可以忽略不计，因此，融土的比热容 c_1 取决于土颗粒和孔隙水，即：

$$c_1=\frac{c_p+wc_w}{1+w} \tag{4-10}$$

式中 c_p、c_w——分别为土颗粒和水的比热容；

w——土的含水率。

3. 冻实土的比热容

在冻实土中，随温度的进一步降低不再有相变发生。因此，冻实土的比热容由土颗粒比热容、孔隙冰比热容和孔隙气比热容决定。同样，在不计孔隙气比热容的情况下，冻实土的比热容 C_2 取决于土颗粒和孔隙冰，即：

$$c_2=\frac{c_p+wc_i}{1+w} \tag{4-11}$$

式中 c_i——冰的比热容；

w——含冰量且等于对应融土的含水率。

由于冰的比热容远远小于水的比热容，所以冻实土的比热容小于对应融土的比热容。

4. 冻结土的比热容

如前所述，冻结土是由固体颗粒、孔隙冰、孔隙水和孔隙气组成的多相混合体系。既有研究成果认为，冻结土的比热容取决于冻土中各成分的比热容及其对应含量。基于混合物理论，冻土的比热容应该是土颗粒、孔隙冰、孔隙水和孔隙气比热容的加权平均值。在忽略冻土中气相成分的情况下，冻结土的比热容常常被表示为：

$$c_0=\frac{c_p+(w-w_u)c_i+w_u c_w}{1+w} \tag{4-12}$$

式中 w_u——某负温时未冻水含量，可以通过核磁共振等方法获得。式（4-12）即为目前被普遍接受的用于计算冻土比热容的方法。实际上，式（4-12）只涵盖了温度变化时土中的显热而没有包括潜热。当冻结土的温度发生 ΔT 微小改变时，对应的显热为：

$$\Delta Q_1=c_0\times\Delta T \tag{4-13}$$

由比热容的定义知，冻土的比热容是单位质量的该种物质，其温度升高或降低 1℃时需要吸收或放出的热量。对于冻结土，当温度发生变化时，即使总的含水率不变，固态冰和液态水的含量也会由于冻结或融化而发生变化。由于存在水的相变，冻结或融化必然伴随着潜热的吸收或释放。与液态水和固态冰的比热容相比，水的相变潜热是一个很大的数值。标准状态下，水的潜热 335kJ/kg。其值约是水比热容的 80 倍，是冰比热容的 160 倍。因此，水的潜热在冻土的比热容计算中理应占有重要作用。但遗憾的是，在既有冻土的比热容计算公式中，即式（4-12）中，并没有涵盖水的潜热，因而是不合理的。

假设在某负温 T_1 时，土中的未冻水含量为 w_{u1}；温度降低至 T_2 时，土中的未冻水含量为 w_{u2}。则未冻水含量在温度变化 $\Delta T=T_2-T_1$ 时对应的减少量为：

$$\Delta w_u=w_{u1}-w_{u2} \tag{4-14}$$

设 T_1 时不考虑潜热时的比热容为 c_0；当温度降低至 T_2 时，不考虑潜热时的比热容为：

$$c_0'=\frac{c_p+(w-w_u+\Delta w_u)c_i+(w_u-\Delta w_u)c_w}{1+w} \tag{4-15}$$

因此，在 $T_1 \sim T_2$ 范围内，不考虑潜热时的比热容平均值为：

$$c_\alpha=\frac{c_p+\left(w-w_u+\dfrac{\Delta w_u}{2}\right)c_i+\left(w_u-\dfrac{\Delta w_u}{2}\right)c_w}{1+w} \tag{4-16}$$

另外，未冻水含量变化对应的潜热为：

$$\Delta Q_2=L\times\Delta w_u \tag{4-17}$$

因此，当冻结土的温度变化时，热量由两部分组成，即温度变化需要的显热和相变需要的潜热，即：

$$\Delta Q=\Delta Q_1+\Delta Q_2 \tag{4-18}$$

根据定义，冻结土的比热容 C_β 为：

$$c_\beta=\frac{\Delta Q}{\Delta T} \tag{4-19}$$

即

$$c_\beta=c_\alpha+\frac{L\times\Delta w_u}{\Delta T} \tag{4-20}$$

式（4-20）即为同时考虑显热和潜热两个热量组成部分时冻结土比热容的表达式。

4.4.5　试验验证

试验用土为取自地表以下 10m 处的黏土，原状土的有关指标包括：液限为 41%，塑限为 19%，塑性指数为 22，干密度为 $1.71g/cm^3$，含水率为 40%。

1. 未冻水含量

为验证式（4-19）的有效性及准确性，需要测试冻土在不同温度时的未冻水含量。测量未冻水含量的方法众多，其中脉冲核磁共振法（NMR）操作简单快捷，结果较为准确。故此次试验采用 NMR 法测试不同温度时土样中的未冻水含量。试验仪器主要有 DR-2A 冻融试验箱（温度－25～100℃，控制精度±1.5℃），脉冲核磁共振仪（型号 Praxis-PR-103），K 型热电偶，玻璃试管（直径为 20mm，高度为 10cm）。试验的详细步骤表述如下：

（1）将取得的原状土烘干，加入蒸馏水充分搅拌均匀，制备成含水率为 40%、干密度为 1.71g/cm^3 的试样。切取小块试样样品置入试管中（装样高度 5cm）。同时将热电偶埋入试样中心，试管置入冻融试验箱中。

（2）试验开始后，将冻融试验箱温度设置为 6℃。为使试样内、外温度达到恒定，4h 后记录温度采集仪的读数；迅速将试管从冻融箱取出，快速插入探针，记录信号强度；再将试管放入冻融箱内重新设定温度，恒温 4h 进行第 2 个温度测点的测量，同样记录其信号强度。按照此方法依次测量温度测点的信号强度。温度测点设置为 6.0℃、3.0℃、0℃、−0.2℃、−0.3℃、−0.7℃、−1.0℃、−2.0℃、−3.0℃、−5.0℃、−8.0℃、−10.0℃、−15.0℃。

（3）试验结束后，结合式（4-21）、式（4-22）计算不同负温时的未冻水含量：

$$w_u = w_0 \frac{y}{y_1} \tag{4-21}$$

$$y_1 = a + bT \tag{4-22}$$

式中 w_0——试样的初始含水率；

y——信号强度；

y_1——计算的信号强度；

T——负温；

a、b——经验系数。不同温度时试样的未冻水含量测试结果如表 4-6 所示。

不同温度时的未冻水含量 **表 4-6**

T(℃)	0	−0.5	−1.0	−2.0	−3.0	−5.0	−8.0	−10.0	−15.0
w_u(%)	40.0	21.9	17.5	13.7	12.2	10.0	8.6	8.2	7.9

2. 比热容的计算值

从未冻水含量的测试数据可以发现，该黏土的剧烈相变区为 0～−5℃，过渡区为−5～−10℃，冻实区则为−10℃以下。从热学角度对黏土进行分类，可得 0℃以上为融土，0～−10℃为冻结黏土，而低于−10℃时则为冻实黏土。

由表 4-6 所示的未冻水含量，结合式（4-10）可求得融土的比热容；结合式（4-11）可求得冻实土的比热容；结合式（4-17）、式（4-18）可求得冻结土的比热容。其中，黏土土颗粒的比热容 $c_p=0.845$kJ/(kg·K)，水的比热容 $c_w=4.18$kJ/(kg·K)，冰的比热容 $c_i=2.09$kJ/(kg·K)，相变潜热 $L=335$kJ/kg。得到的不同负温时该黏土的比热容如表 4-7 和图 4-6 所示。

冻结土比热容计算值　　表 4-7

温度(℃)	比热容[kJ/(kg·K)]			
	向后差分	中心差分	向前差分	平均值
6.0	—	—	1.80	1.80
3.0	1.80	1.80	1.80	1.80
0.0	1.80	19.03	123.2	48.01
−0.5	122.66	76.79	31.04	76.83
−1.0	30.91	19.73	14.22	21.62
−2.0	14.11	10.26	6.44	10.27
−3.0	6.40	5.50	5.08	5.66
−5.0	5.02	3.74	2.92	3.90
−8.0	2.88	2.53	2.00	2.47
−10.0	1.99	1.65	1.52	1.72
−15.0	1.51	—	—	1.51

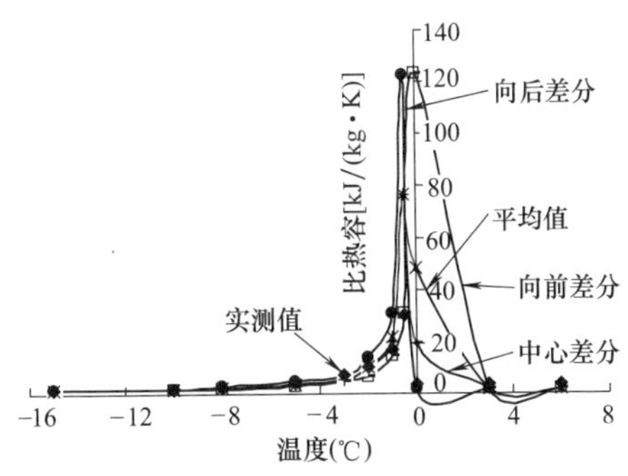

图 4-6　不同温度时的比热容计算值和实测值

3. 比热容的试验值

采用混合量热法，测试不同温度点的比热容。该方法采用热平衡原理，是普通物理试验中测量比热容的常用方法。测试数据也表示在图 4-6 中。

可见，在融土阶段和冻实阶段，比热容的计算值与实测值吻合较好；而在冻结阶段，比热容的计算值与实测值差别较大。其原因主要在于：(1) 剧烈相变区的温度范围较小；(2) 混合量热法难以避免热量损失；(3) 混合量热法采用的试样太小等。尽管如此，该试验依然测到了在冻实区黏土比热容显著增大这一物理现象，与本书给出的计算方法是一致的。

基于混合物比热容的加权叠加法则，建立了涵盖潜热的冻土比热容计算方法：(1) 根据孔隙水状态及其变化趋势，将冻土进一步划分为冻结土和冻实土。(2) 将土的比热容随温度的变化划分为三个阶段，即融土阶段、冻结阶段和冻实阶段。(3) 在融土阶段，孔隙水为液态；在冻结阶段，存在可以进一步冻结为冰的液态水；在冻实阶段，不再存在进一步可能冻结为冰的液态水。(4) 由于存在进一步凝结为冰的液态水，冻结土的进一步降温同时伴有显热和潜热两种能量交换现象。在融土阶段和冻实阶段，温度变化只伴有显热现象发生。(5) 在全温度范围内，建立了冻土比热容连续、可导的函数表达式。

4.5 基于混合量热方法的递推算法

即使不考虑土颗粒比热容随温度的变化，冻土的比热容也会随温度的变化而变化。原因主要在于，受矿物成分及其分布影响，土中孔隙水的结冰是随着温度的降低逐步发生的，而并非仅仅发生在0℃。即未冻水含量随负温的变化是非线性的，且即使降温至−20℃，冻土中仍然有一定量的未冻水。液态水的比热容约为4.18kJ/(kg·℃)，而冰的比热容为2.09kJ/(kg·℃)。冻结过程导致的水/冰含量变化，必然引起冻土比热容发生变化。另外，冻结过程中，不断有孔隙水相变为孔隙冰，而水/冰的相变潜热是

335kJ/kg。实际上，这部分能量的最终表现形式也是热量。由于水相变为冰是一个基于温度的非线性过程，因此进一步加剧了比热容在冻结过程中的变化幅度。

4.5.1 原理

根据比热容的定义，物质在某温度点的比热容应等于单位质量的该种物质其能量变化对温度的导数。因此，冻土在温度 t 的比热容，等于单位质量的冻土在温度 t 的能量变化率。为获得冻土在温度 t 的能量变化率，在 t 的左右各取一个微小增量 $-\Delta t$ 和 Δt，如图 4-7 所示。如果能得到冻土试样从温度（$t-\Delta t$）到温度（$t+\Delta t$）的能量变化量，则将该变化量除以 $2\Delta t$ 即可得到温度 t 时的比热容近似值。且当 $\Delta t \rightarrow 0$ 时，可得到比热容的真值。

混合量热法测量物质的比热容时，采用的媒介是液态水，即将待测物质放入装有液态水的量热器中，以便两者进行热交换。在整个热交换过程中，媒介水必须全部始终处于液态而不能冻结为冰，否则不仅会对量热器造成损害，还会因为结冰数量是未知数而无法计算最终的热交换量。因此，采用混合量热法测试冻土的比热容时，平衡时的温度一定要大于 0℃。

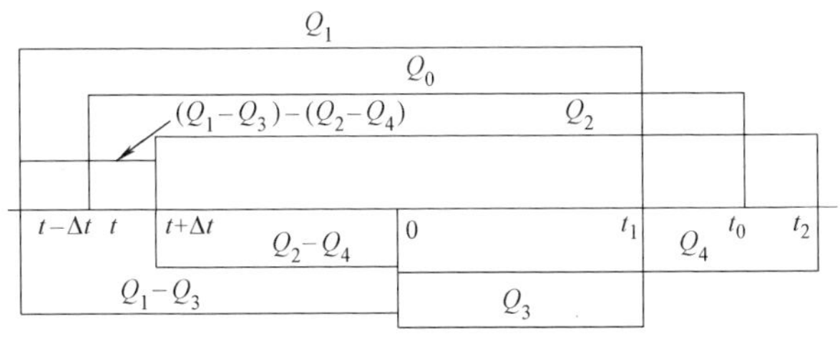

图 4-7 冻土比热容的递推算法示意图

因此，对于冻结土样的比热容测试，热交换过程可以分成两个阶段，即温度低于 0℃的有冰阶段和温度大于 0℃的无冰阶段。在无冰阶段，土中液态水的质量是一个常数。此时，作为固体颗粒和孔隙水两种材料混合物的土样，其比热容也必然是一个常数。而在有冰阶段，土中液态水的含量随温度是不断变化的，相应的比热容也必然随着温度的变化而变化。

为了得到试样从温度（$t-\Delta t$）到温度（$t+\Delta t$）的能量变化，需要两个平行冻土试样和一个常温试样。两个冻土平行试样分别进行从（$t-\Delta t$）和从（$t+\Delta t$）的混合量热测试。常温试样，则需要进行从 0℃开始的混合量热试验。由于无冰阶段土的比热容是常数，则将从温度（$t-\Delta t$）和从温度（$t+\Delta t$）到平衡温度时试样吸收的热量减去从 0℃到平衡温度时试样吸收的热量，可以得到两个冻结平行试样在有冰阶段的热交换量。据此，可以得到从温度（$t-\Delta t$）到温度（$t+\Delta t$）的能量变化，并可以进一步得到冻土试样在温度 t 的比热容。

4.5.2 实施过程

欲求冻土在温度 t 时的比热容，可以按照以下步骤组织实施：

（1）测试土的密度 ρ、含水率 w 和质量 m。

（2）制备 3 个平行试样，分别命名为土样 A、土样 B、土样 C。

（3）将土样 A 置于冷冻箱内冷冻 12h 以上，冷冻温度设置为（$t-\Delta t$）。

（4）将冷冻好的土样 A 置于量热器中进行混合量热试验，量热器内水的温度为 T_1、水的质量为 M_1。测试热平衡时的温度，并记为 t_1。

（5）则冻土试样 A 从负温（$t-\Delta t$）升温至 t_1 吸收的热量 Q_1 为：

$$Q_1=(CM_1+K)(T_1-t_1) \tag{4-23}$$

（6）将土样 B 置于冷冻箱内冷冻 12h 以上，冷冻温度设置为（$t+\Delta t$）。针对冻结试样 B 进行混合量热试验，测试平衡时的温度并记为 t_2。则试样 B 从负温（$t+\Delta t$）升温至 t_2 吸收的热量 Q_2 为：

$$Q_2=(CM_1+K)(T_1-t_2) \tag{4-24}$$

（7）将试样 C 置于冷冻箱内，温度设置为 0℃，之后进行混合量热试验，计算其比热容并将该值作为未冻土即温度大于 0℃时土的比热容 c'。

(8) 根据未冻土的比热容 c'，计算试样 A 和试样 B 从 0℃分别升温至 t_1 和 t_2 需要的热量，即：

$$Q_3 = m_1 c' t_1 \tag{4-25}$$

$$Q_4 = m_2 c' t_2 \tag{4-26}$$

(9) 因此，单位质量的冻土试样 A 和单位质量的冻土试样 B 分别从温度 $(t-\Delta t)$ 和温度 $(t+\Delta t)$ 升温至 0℃时需要的热量为 $(Q_1-Q_3)/m_1$ 和 $(Q_2-Q_4)/m_2$。

(10) 根据比热容的定义，冻结土样在负温 t 时的比热容 c 为：

$$c = \frac{\dfrac{(Q_1-Q_3)}{m_1} - \dfrac{(Q_2-Q_4)}{m_2}}{2\Delta t} \tag{4-27}$$

式 (4-27) 即为根据比热容定义得到的基于混合量热法的冻土比热容递推算法。可见，该式得到的不再是某温度阶段比热容的平均值，而是某温度点的比热容。

4.5.3 对某黏土的测试和计算

测试用土取自天津曹庄，其密度 $\rho=1.91\text{g/cm}^3$、含水率 $w=23.37\%$、土粒相对密度 $G_s=2.72$、液限 $W_L=29.7$、塑限 $W_P=18.4$。根据颗分曲线和物理指标，该土最终被定名为粉质黏土。

1. 冻结温度点的设置

混合量热试验用到的仪器主要包括 TDR 冻融试验箱、自制量热器、安捷伦温度采集仪（型号 34970A)、K 型热电偶（精度等级为 $\pm 0.4\%|t|$，t 为测试温度）和计算机等。图 4-8 为整个试验系统的构成。

制备三个圆柱土样，高为 60mm，直径为 20mm。将土样放置在冻融箱中，设置冻融箱的温度为－30℃。随着时间的持续，数据采集系统将记录土样内部温度的变化情况。试样的冻结温度曲线如图 4-9 所示。

分析图 4-9 中三个试样的冻结温度曲线发现，冻结温度都略低于 0℃且三者非常相近。取三个试样冻结温度的平均值作为土样的冻结温度。经计算，冻结温度近似于－0.38℃。即在－0.38℃以

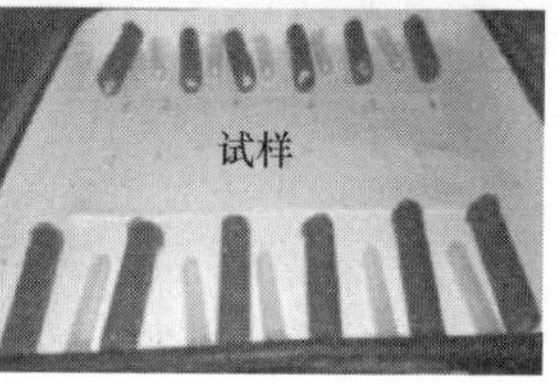

图 4-8　试验系统的构成

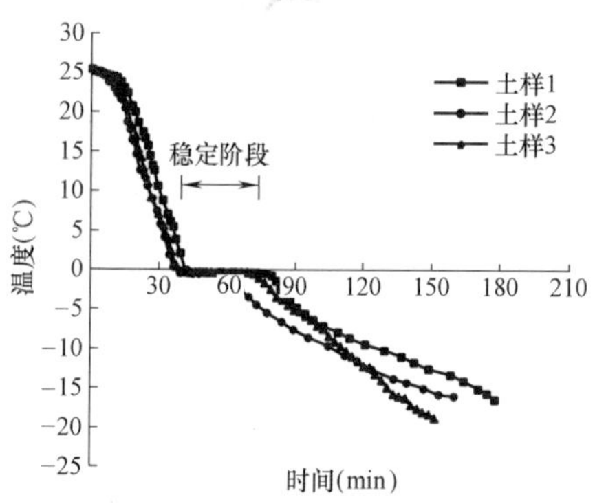

图 4-9　试样的冻结温度曲线

上，土体中不会有孔隙冰存在。为了研究冻土比热容随负温的变化规律，这里设置了−0.5℃、−1℃、−1.5℃、−2℃、−2.5℃、−3℃、−5℃、−7℃、−10℃等不同的试样冻结温度。为了减小偶然误差的影响，每个温度点均进行了三个平行试样的冻结和测试。

2. 常规混合量热法的比热容计算结果

事先测得自制量热器的热容量 $K=0.279$kJ/℃。同时，利用混合量热试验测试冻土骨架的比热容和未冻水含量。其中，未冻土骨架比热容和冻土骨架比热容的测试结果分别为 0.828kJ/(kg・℃) 和 0.762kJ/(kg・℃)。根据未冻水 $w_u=\frac{m_w}{m}\times 100\%$，$m_w$ 为未冻水质量，m 为冻土骨架质量，可以计算得到基于常规混合量热法的未冻水含量。为提高测试精度，取三个土样的未冻水含量平均值作为该温度点的未冻水含量，结果如图 4-10 所示。

从图 4-10 可以看出，未冻水含量随温度的降低而减少且逐渐趋于平缓。在−0.5℃附近，冻土中的未冻水含量发生骤降。主要原因在于，当温度低于冻结温度−0.38℃时，孔隙水中的大部分自由水和弱结合水将相变为冰。

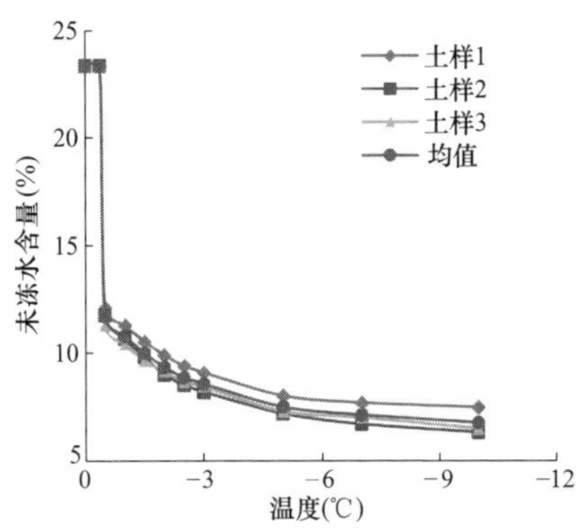

图 4-10　未冻水含量与温度关系

在−0.38～−2℃范围内，未冻水含量的递减趋势显著，此阶段即为剧烈相变区。在−2～−5℃范围内，未冻水含量递减的趋势明显弱于前一个阶段，且逐渐趋于平缓，这个阶段即为冻土力学上所说的过渡区。当温度低于−5℃时，未冻水含量趋于稳定，土样进入冻结稳定区。由冻土骨架比热容和冻土的未冻水含量，根据式（4-29）给出的常规混合量热算法，可以得到冻土的比热容，结果如图 4-11 所示。

从图 4-11 可以看出，融土比热容与冻土比热容相差较大，相同温度下融土比热容始终大于对应冻土的比热容。当土样温度低于冻结温度后，冻土比热容随着温度的降低逐渐减小，且降低幅度逐渐减小。实际上，冻土在剧烈相变区的比热容很大。在图 4-9 的冻结曲线中，冻结温度附近有一段较长的稳定阶段，这种现象就是冻结温度附近比热容突然增大的有力证明。可见，常规的混合量热法无法反映这一现象，主要原因在于该方法忽略了潜热的作用。

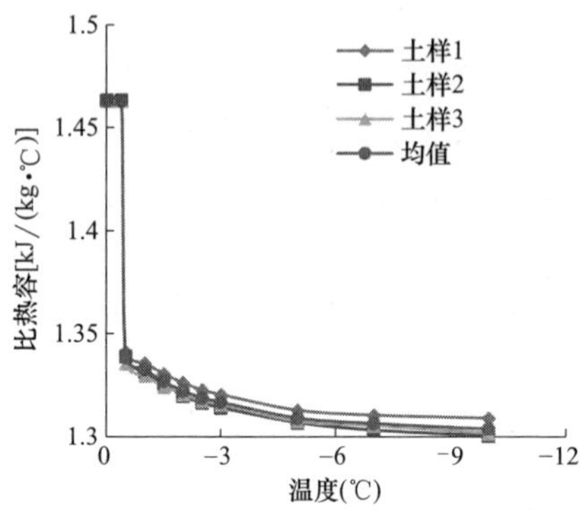

图 4-11　由常规混合量热法得到的冻土比热容

3. 基于本书递推算法的比热容计算结果

按照作者们给出的冻土比热容递推算法，得到的冻土比热容随温度的变化过程如图 4-12 所示。

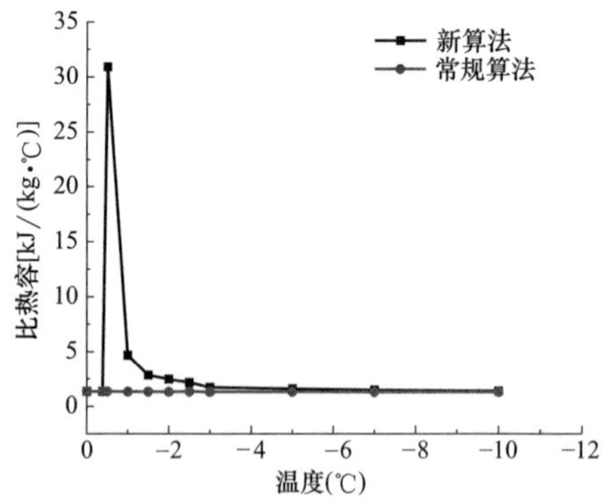

图 4-12　由本书递推算法得到的冻土比热容

将常规算法的计算结果与本书递推算法的计算结果进行比较后发现，它们之间存在一些明显差别：（1）常规算法得到的比热容随温度降低是单调的；而本书递推算法得到的曲线在冻结温度附近有一个明显的峰值。（2）在峰值后，两种方法的计算结果都随温度的降低而减小，但常规方法计算结果的减小速度明显小于本书递推算法结果的减小速度。其原因在于，冻结前期潜热释放较多而冻结后期潜热释放明显减少。(3) 常规算法在任意温度点的比热容均小于本书递推算法的计算结果。其原因在于，常规算法是基于冻土相成分比热容的质量加权得到的，并未考虑孔隙水冻结为冰时的相变潜热；而本书给出的递推算法将冻土作为一个整体进行研究，算法中考虑了相变潜热的贡献。

在研究常规混合量热法及其不足的基础上，给出了基于混合量热原理的递推算法。通过测试待测试样在负温 t 两侧从（$t-\Delta t$）和（$t+\Delta t$）分别升温至平衡状态转移的热量，和自 0℃升温至平衡状态转移的热量，可以得到试样从温度（$t-\Delta t$）到温度（$t+\Delta t$）需要的热量。根据比热容的定义，可以得到试样在负温 t 的比热容近似值。与常规的混合量热算法相比，本书给出的算法考虑了相变潜热对土体宏观比热容的影响，从机理上解释了黏土在冷冻过程中其温度曲线存在稳定阶段的物理本质。

第5章

冻土的导热系数

导热系数是表示土体导热能力的重要指标。导热系数的变化直接影响土体中热流的传播速度和温度场分布，是冻土模型试验和人工冻结法温度场预测的关键参数。因此，冻土导热系数内在规律变化的研究对深入了解冻土性质和提升实际工程施工质量有着重要意义。

5.1 导热系数的测试方法

不同于常规多孔介质的导热系数测试方法，冻土导热系数测试中，对试样的冻结状态和测试环境温度均有较高要求。冻土导热系数测试方法主要分为三大类，分别为稳态法和正规状态法、瞬态法。其中，稳态法包括热流计法和比较法，瞬态法包括平板热脉冲法和热线法。不同的冻土导热系数测试方法在测试原理和操作方法上存在显著区别，其适用范围也不一样，如表 5-1 所示。

不同测试方法的技术原理及特点　　表 5-1

序号	测试方法	应用原理或应用范围	测试技术评价	特征
1	热流计法	单向热传导；土温恒定；热流垂直测试土样；无内热源[55]；原状土或重塑土均适用	仅需一个试样盒[56]；原理简单；测试时间长；一次仅能得到一个结果	测试时间较长；适用于室内，试验环境要求高[57,58]；测试理论及测试方法相对成熟

续表

序号	测试方法	应用原理或应用范围	测试技术评价	特征
2	比较法	对比土样与导热系数已知试样的热流传播速度,得出待测物导热系数	需要2个试样盒;热流传播距离长;对冷端要求高;建立有测试标准[57]	测试时间较长;适用于室内,试验环境要求高[57,58];测试理论及测试方法相对成熟
3	正规状态法	适用于粒径5mm以下的砂性和黏性含水冻土,土温低于−10℃[59];适用于原状土,土样尺寸要求不高[57]	同样可以测试冻土比热容;国内现行规范采用的方法[60]	可同时测试土体的导温系数、体积热容量[61]
4	平板热脉冲法	温度在−20℃以上,粒径≤20mm的粒状砂质土等粗粒土;根据土样与加热器接触处以及与加热面一定距离处土样温度变化计算	需要通过获取冻土的导温系数以确定导热系数,引入了测试变量 y;因试样较大,完整土样取样困难[57]	测试时间短;计算较复杂,测试误差大[58];存在线热源、点热源、面热源等形式;须结合未冻水含量测试结果或经验进行修正[62]
5	热线法	适用于粉状、颗粒状材料[55];土体无内热源,探针自身热容量小,加热功率稳定	结果平均偏大1.1~1.6倍;误差可能超过真实值10倍[62]	

5.2 经验和理论模型

冻土导热系数计算方法有经验模型法和理论模型法等。

5.2.1 经验模型法

利用冻土导热系数实测数据进行统计分析、拟合，进而建立基于各参数的冻土导热系数模型。

1. 线性回归模型

戚家忠等[56]、洪涛等[63] 对冻土导热系数与温度、含水率及干密度的关系进行了回归分析，提出了应用于某区域导热系数的评价模型。文献［64］和［65］记录了粉质黏土在高温冻结区间的导热系数经验公式，如式（5-1）和式（5-2）所示。

$$\lambda=(24.25\rho_d-9.83\rho_d^2-15.81)WT+(4.75\rho_d-2.44)W \tag{5-1}$$

$$\lambda=(-0.0587T+1.034)\times(\rho_d-0.7)\times(1.083+0.0706S_r+0.2481S_r^2) \tag{5-2}$$

式中 W——含水率。

依据式（5-1）和式（5-2）对某饱和土的导热系数进行预估，其计算结果如图 5-1 所示。

由图 5-1 可知，文献［64］和［65］预估的饱和冻土导热系数存在明显差异。整体表现为随负温的降低，两者之间的预测误差逐渐减小；随干密度增大，两者之间的误差逐渐增大，两者之间的最大相对误差为 34%～51%。由于样本关系离散、数据筛选困难和样本数量受限，土体的地域性特性等，使得一般冻土的导热系数模型难以建立，制约了该类模型的应用。

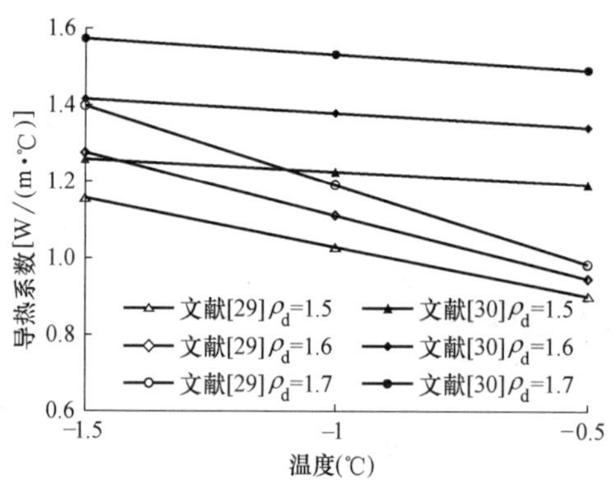

图 5-1　不同经验方法得出的冻土导热系数

2. 神经网络法

李国玉利用神经网络法建立了青藏高原高含冰冻土的导热系数模型。同时，利用回归分析法对导热系数与干密度、含冰量的关系进行了研究。计算值与实测值对比如图 5-2 所示。

由图 5-2 可知，较回归模型而言，神经网络法能够较好地预测

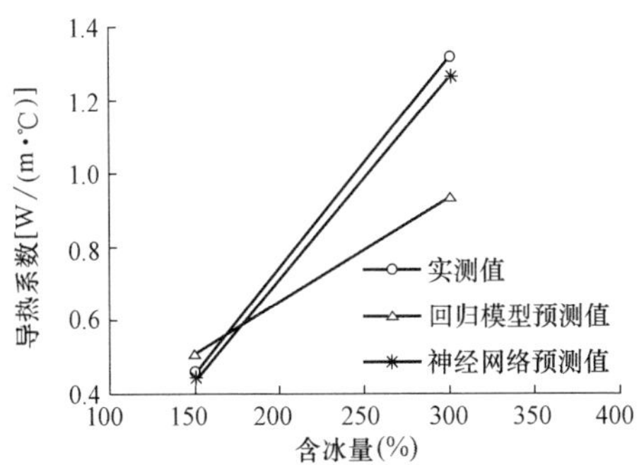

图 5-2　不同方法预估的高含冰冻土导热系数

冻土导热系数。在高含冰阶段，神经网络法较回归模型能更好地预测冻土的导热系数，但其与实际值仍存在约 30%的误差。

3. 归一化经验法

归一化方法建立了特殊问题与一般问题之间的桥梁，考虑到冻土中土骨架对导热系数的初始影响，Johansen 利用归一化方法对经验模型进行了修正。提出的归一化计算式为：

$$\lambda=\left(\lambda_{w}^{n}\lambda_{s}^{1-n}-\frac{0.137\rho_{d}+64.7}{2650-0.947\rho_{d}}\right)\lambda_{r}+\frac{0.137\rho_{d}+64.7}{2650-0.947\rho_{d}} \tag{5-3}$$

式中　λ_{w}、λ_{s}——分别表示土中水和土骨架的导热系数[W/(m·℃)]。原喜忠等[66] 将干密度、含水率作为主导因子，建立了适用于非饱和（冻）土的导热系数计算模型，见式（5-4）。

$$\lambda=(\lambda_{sat}-\lambda_{dry})\lambda_{r}+\lambda_{dry}{}^{[66]} \tag{5-4}$$

式中　λ_{r}——归一化系数；

λ_{sat}、λ_{dry}——分别表示土体在饱和及干燥状态下的导热系数[W/(m·℃)]。

归一化模型解决了因土体骨架导热系数不同导致的导热系数无法预估的不足。

将图 5-1 进行归一化表示，以文献［65］的 λ_{sat}、λ_{dry} 对预估的冻土导热系数进行修正，得到的归一化导热系数如图 5-3 所示。

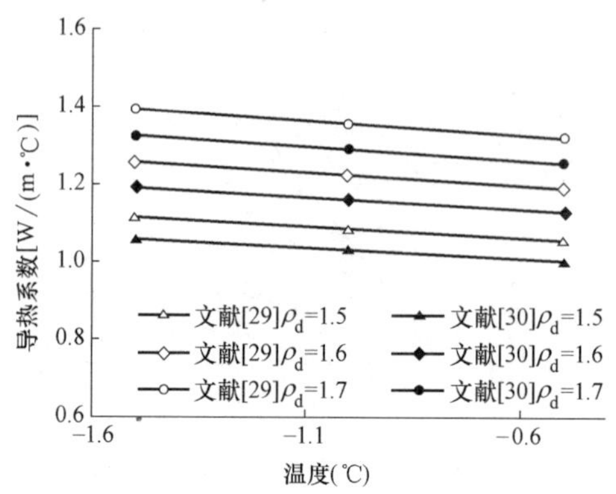

图 5-3　归一化方法预估的饱和冻土导热系数

由图 5-3 可知，归一化经验法修正了土质因素引起的导热系数预估误差，提升了冻土导热系数预测精度。归一化后文献［64］与［65］之间的最大相对误差由 34%～51%缩小为 5%～5.75%。所示两类方法预估的导热系数仍有一定误差，表明经验法所依据的导热系数，可能存在样本失真、样本不全等问题。

5.2.2　理论模型法

基于冻土的各相组成，一些学者建立了若干冻土导热系数的理论模型。

1. 热阻模型

Anatoly M. Timofeev 等提出了一种计算冻土导热系数的理论方法，即：

$$\lambda=\frac{\lambda_s}{y_4^2 R} \tag{5-5}$$

式中　R——包含冻土各相的综合热阻，可通过土中各相含量计算得到；

λ_s——土颗粒的导热系数；

y_4——通过孔隙率确定的函数。

2. 几何平均法

Johansen[59] 提出了土体导热系数的几何平均模型，而后相关学者对其适用性和应用条件进行了研究，并认为当各相导热系数差别在一个数量级以内时，可应用几何平均法对导热系数进行预估。徐敩祖等在相关研究中应用几何平均法对冻土导热系数进行了预测，并给出了计算式，即：

$$\lambda=\lambda_s^{p_s}\lambda_w^{p_w}\lambda_i^{p_i}\lambda_a^{p_a} \tag{5-6}$$

式中　λ_s、λ_w、λ_i、λ_a——分别表示土颗粒、水、冰、气体的导热系数［W/(m·℃)］；

p_s、p_w、p_i、p_a——分别表示土颗粒、未冻水、冰体、气体占冻土总体积的比重。不同地域及成因的土体矿物导热性能差别较大，表5-2列举了部分矿物的导热系数。可见，不同矿物含量的土体骨架其导热性能不同。基于式（5-6）列举了饱和冻土中土体矿物导热系数 λ_s 对冻土导热系数的影响，如图5-4所示。

土体组成矿物的导热系数　　表 5-2

常见组成矿物名称	常规矿物	干苔藓	干泥炭
导热系数[W/(m·℃)]	1.256～7.536	0.07～0.08	0.05～0.06

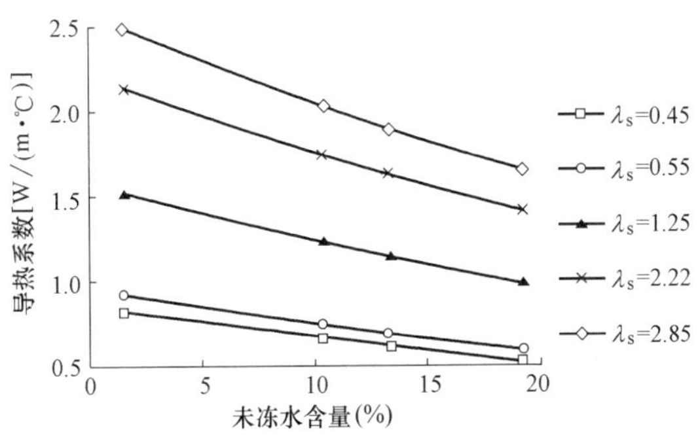

图5-4　土体矿物对冻土导热系数的影响

由图5-4可知，矿物组成极大地影响冻土导热系数的取值范围。冻结温度和未冻水含量也会影响导热系数。当 λ_s 相差0.1时，冻土导热系数的相对误差在 11.7%～13.1% 之间，且随着 λ_s 与 λ_w 差别的扩大而急剧扩大。

3. 介质类比模型

将冻土的土、水、冰、气四相组成转化为四种材料按照一定规律排列的形式，依据热电（热阻）比拟方法，建立了冻土导热系数类比模型。ZHU[67] 将 Wiener[68] 的最大最小导热系数理论引入冻土导热系数计算领域，总结出两类较常用的类比模型，如图 5-5 所示。将冻土中各相按照并联（图 5-5*a*）或串联（图 5-5*b*）的形式进行导热系数计算，给出的串并联导热系数预估模型为：

$$串联\ \lambda=\left[\sum\frac{p_j}{k_j}\right]^{-1} \tag{5-7}$$

$$并联\ \lambda=\sum p_j k_j \tag{5-8}$$

式中 p_j——第 j 相体积分数；

k_j——第 j 相导热系数。

4. 随机概率计算模型

随着数值仿真分析软件的应用，谭贤君等[69] 考虑冻土各相的随机分布，提出应用计算机软件对冻土导热系数进行预估的方法。建立的含 d_N 个立方体土体模型如图 5-6 所示。

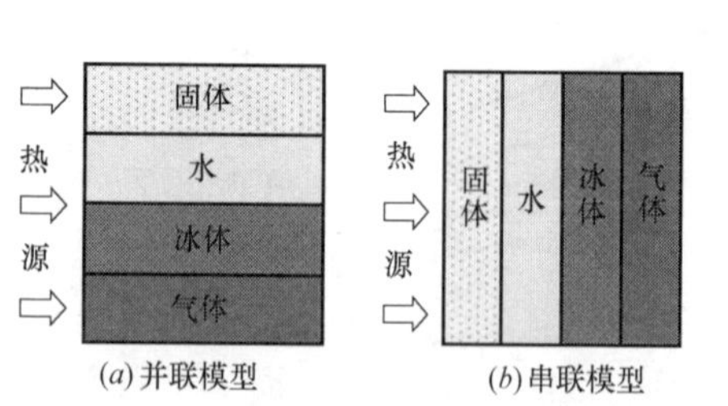

图 5-5　导热系数介质类比模型

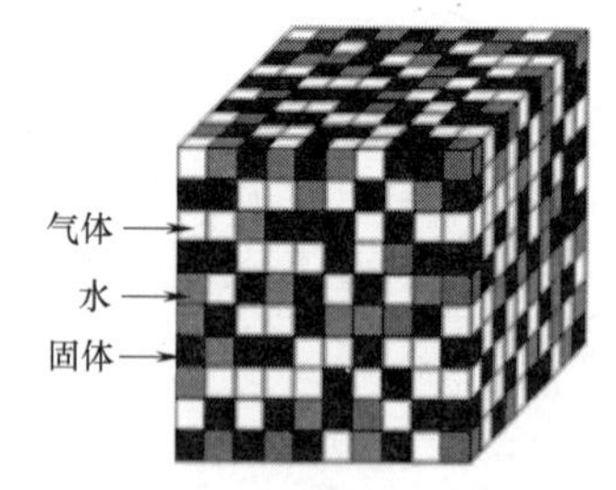

图 5-6　导热系数计算模型

在图 5-6 中，通过赋予土中各相成分的导热系数数值及其随机分布，即可获取冻土的温度场云图。结合式（5-9）可计算冻土在某确定方向的导热系数，即：

$$\lambda=\frac{QL}{T_L-T_0} \tag{5-9}$$

式中 λ——导热系数［W/(cm・℃)］；

Q——总热流（W/m²）；

L——土样尺寸（m）；

T_L、T_0——分别表示模型热传导两侧在同一时刻的温度（℃）。

结合本模型及试验结果得出，冻土导热系数预测平均误差为2.3%。

5.3 导热系数的影响因素

自温度场计算理论和导热系数（热导率）概念诞生以来，围绕冻土工程温度场预测问题，先后报道了一系列冻土导热系数研究成果。

1. 负温

早期的导热系数研究以冻土、融土分别进行导热系数测试为主。如陶兆祥等以正负温的形式对石炭土的导热系数进行了实测。而后，陆续有学者对导热系数随负温的变化进行了研究[70]，如图5-7所示，其中的图例与表5-3一致。

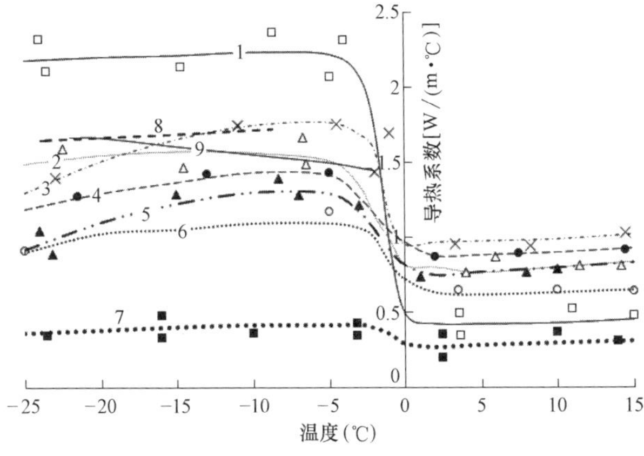

图5-7 冻土导热系数与负温的关系

图 5-7 图例 **表 5-3**

图例编号	土质类型	干密度(g/cm^3)	含水率(%)
1	粉质砂土	1.60	18.3
2	粉质黏土	1.50	29.0
3	细砂土	1.64	18.3
4	粉质黏土	1.62	16.8
5	黏土	1.32	30.7
6	黏土	1.41	21.6
7	黏土	1.45	13.0
8	亚黏土	1.49	28.7
9	草炭亚黏土	0.82	75.8

由图 5-7 可知，导热系数在高温冻土阶段的变化较为迅速，随着负温的降低其变化趋势趋缓。砂土的导热系数随温度的变化较黏土敏感，含水率是影响冻土导热系数变化的重要因素。图 5-7 中草炭亚黏土的含水率较大，但其导热系数随负温的变化较为平缓，验证了土体结构性是影响材料导热性能的重要因素。正温阶段的土体导热系数变化较为平缓，验证了土中各相成分及含量同样是影响冻土导热系数变化的重要因素。

2. 干密度和含水率

在考虑冻土导热系数随负温变化的前提下，有媒体报道了若干反映土体构成与导热系数之间关系的研究成果。干密度和含水率是评估土体构成的基本参数，干密度决定了土体中矿物骨架的含量，含水率表明了土中孔隙被液体填充的程度。依据文献［42］整理的冻土导热系数与含水率 W 及干密度 ρ_d 的关系如图 5-8 所示。

由图 5-8 可知，冻土导热系数随干密度或含水率的增大而增大。冰的导热系数约为水导热系数的 1/4。因此，干密度相同的土样，随着含水率的增大，冻实后的导热系数将增大。

3. 含盐量

构成土体骨架的原生矿物和次生矿物中一般含有一些固体盐离子。另外，土中水的一些盐离子也会增加含盐量的影响。土中水的

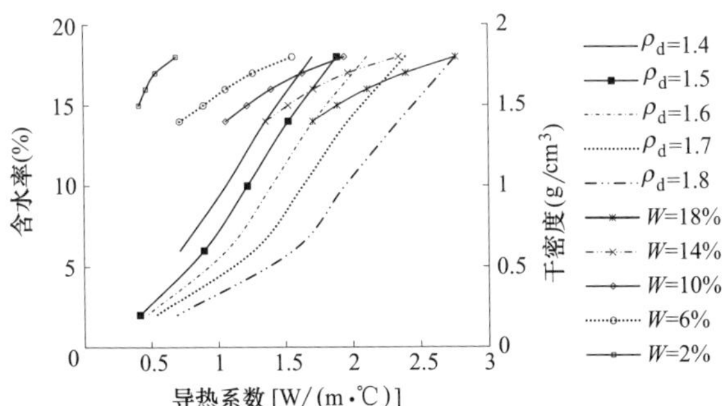

图 5-8 冻土导热系数与干密度及含水率关系

盐分使得土体冻结温度显著降低[71]，纯净水对含盐土样的干湿循环具有一定的洗盐作用。因此，初始含盐量 S 及干湿循环次数 T 对冻土导热系数具有重要作用。图 5-9 整理了干密度 ρ_d 和含水率 W 相同的冻土导热系数与含盐量 S 的关系[72]。

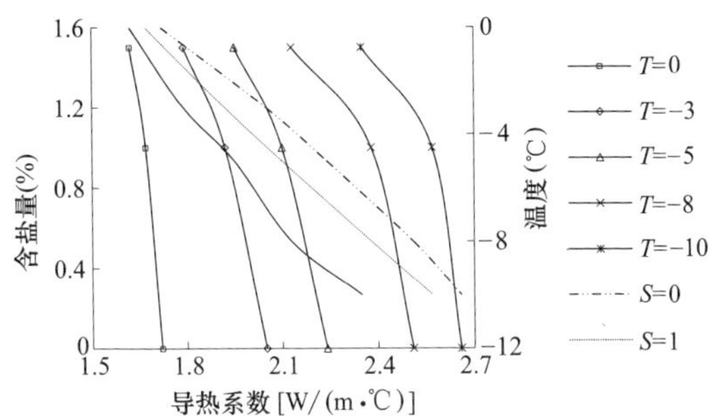

图 5-9 冻土导热系数与含盐量及温度的关系

由图 5-9 可知，同一负温冻土的导热系数随含盐量增大而降低，含盐冻土仍具备随冻结温度降低其导热系数增大的一般特性。

4. 结构性

结构性表示土骨架的排列分布特征和胶结程度，是评价原状土与重塑土的重要指标。在宏微观力作用下，土体的结构性会有一定程度的变化，进而改变土体的导热系数。结构性改变对冻土导热系数的影响体现在两个方面：（1）改变土颗粒之间的接触面积，从而改变基质之间的传导性能；（2）促使土中水重分布，影响水相变成冰相对位置的变化，从而改变土的热传导性能。基于最小热阻理论，图 5-10 示意了原状土中颗粒周围的团聚胶体对导热系数的影响。

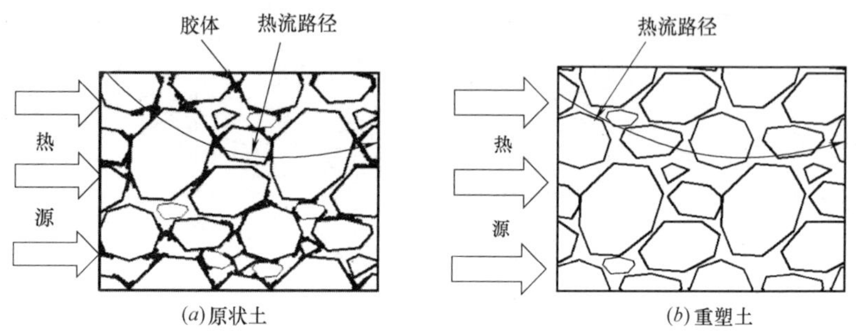

图 5-10　土体组成结构示意图

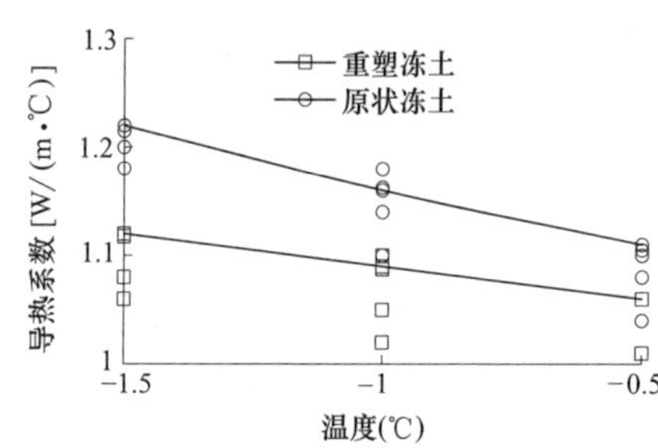

图 5-11　原状冻土和重塑冻土的导热系数

一般情况下，原状土的土颗粒周围团聚有一定的胶体矿物（接触），胶体矿物降低了基质之间的接触热阻。重塑后，胶体作用会丧失一部分。因此，原状土的基质传导性能优于重塑土，如图 5-10 所示。据文献记载，土体结构变化会使得土体导热系数降低 10%～30%[73]。受土中水相变影响，土体冻结前后其等效导热系数会发生变化，但其变化速率因土质不同而不同。图 5-11 给出了结构性原状土与重塑土导热系数的差异，进一步解释了结构性对冻土导热系数的影响。

5.4　正交模型土的导热系数

为研究冻土导热系数的一般规律，建立了一个理想化模型，研究总结了冻结发展过程中的导热系数演变规律。

5.4.1 三相几何模型

为有效模拟冻土中各成分的构成，抽象出一种由均匀土颗粒在坐标方向相切的热传导几何模型，如图 5-12 所示。该模型骨架由若干均质的土颗粒相切组成，除土颗粒之外的区域均被液态水充满。假设饱和冻土由若干微元组成，且每个微元中均包括有土颗粒、水、冰三相。冷源传递在微元之间进行，且在同一时刻微元内各处的温度一致。由于微元中不同位置的孔隙水受到土颗粒的表面能的作用不同，土中水分为不同的结合能量级别，冰体首先在远离土颗粒的孔隙水中产生并逐渐发展。依据土中水依附形式的不同，冻结首先在任意四个相邻土颗粒围合的水体中心区域产生并呈球状发展直至孔隙水冻实。

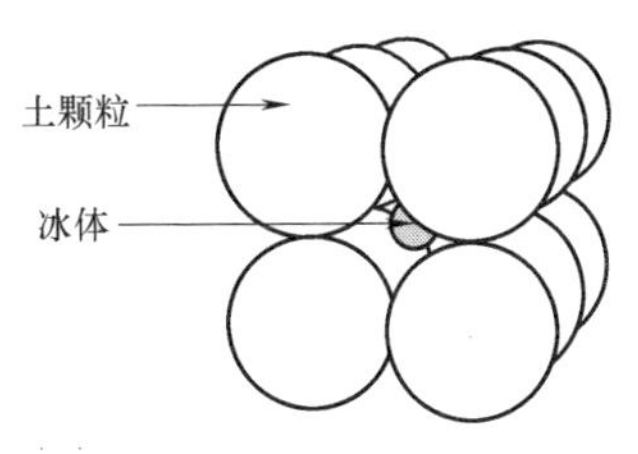

图 5-12 正交热传导模型

取模型单元并建立空间直角坐标系，如图 5-13 所示。图中，坐标原点为冰体中心，某相邻 2 个土颗粒球心连线为坐标方向，冻结首先发生在任意四个土颗粒围合的形心并呈球形发展。为研究冰体体积变化趋势，依据冰体与球体土颗粒之间的位置关系，将冻结过程分为两个阶段：(1) 冰体在单元中心产生并持续增大，但冰体与土颗粒不产生接触，此为初始冻结阶段；(2) 冰球与土颗粒已经接触并进一步发展直至冻实，此为接触阶段。

1. 初始冻结阶段导热比例计算

将本几何模型网格化并取出局部坐标系，如图 5-14 所示，在单位网格内内切 1 个土颗粒，冰体中心位于正方体网格角点，则单位网格内实际由 1 个土颗粒及 8 个 1/8 冰球组成。

依据冰体产生与发展趋势，冻结从 O 点开始发生，设冻结球半径为 r（mm），土颗粒半径为 R（mm），则冻结球与土颗粒的球心距为$\sqrt{3}R$。当冻结球与土颗粒相离时，即 $r<(\sqrt{3}-1)R$ 时（图 5-15a）定义为初始阶段，则网格内冻结球的体积 V 为：

$$V=\frac{4}{3}\pi r^{3},\ r<(\sqrt{3}-1)R \tag{5-10}$$

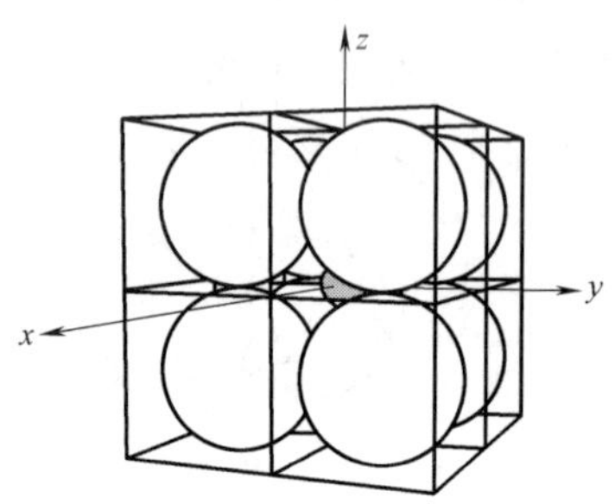

图 5-13　计算热传导坐标图

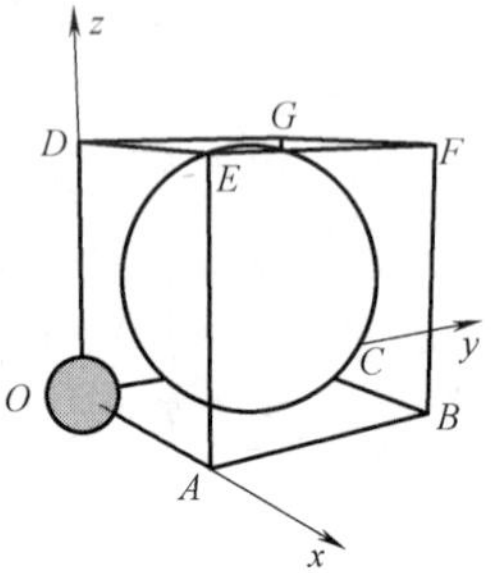

图 5-14　微元坐标系

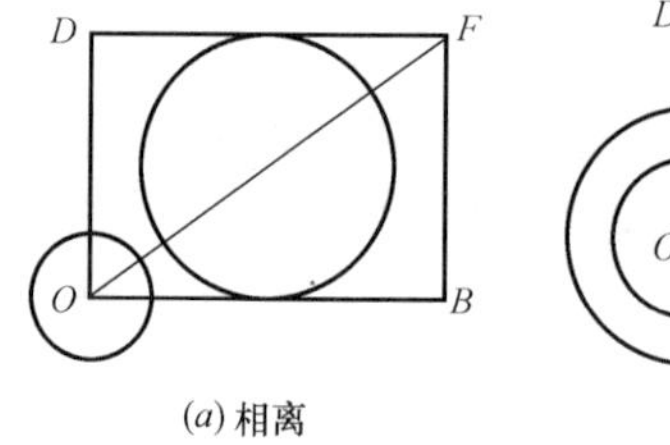

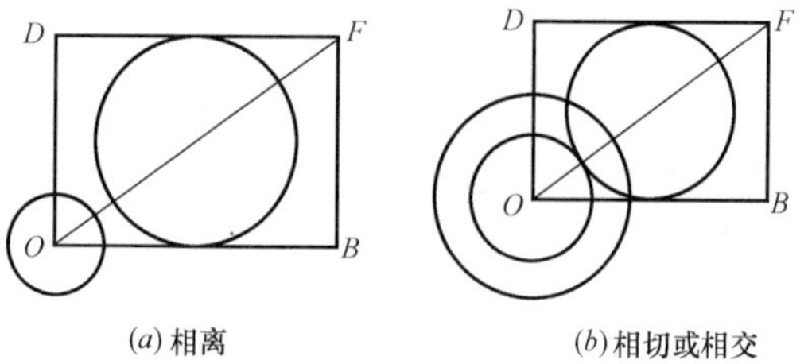

(a) 相离　　(b) 相切或相交

图 5-15　冻结体与土颗粒发展示意图

2. 接触阶段导热比例计算

当冻结体进一步发展并与土颗粒相交后定义为接触阶段，如图 5-15（b）所示。此时冻结体与土颗粒相交体积 V_{i}' 为：

$$V_{\mathrm{i}}'=\frac{\pi}{3}\left(R-\frac{4R^{2}-r^{2}}{2\sqrt{3}R}\right)^{2}\left(2R+\frac{4R^{2}-r^{2}}{2\sqrt{3}R}\right)+\frac{\pi}{3}\left(r-\frac{r^{2}+2R^{2}}{2\sqrt{3}R}\right)^{2}\left(2r+\frac{r^{2}+2R^{2}}{2\sqrt{3}R}\right) \tag{5-11}$$

式（5-11）中 r 满足：

$$(\sqrt{3}-1)R<r\leqslant\sqrt{2}R$$

3. 各相体积计算

基于图 5-13 的计算坐标系可知，土颗粒内切于边长为 $2R$ 的正方体中，冰体呈球状并以任意 4 个相接土颗粒形成的区域中心为球心。则在单位立方体中，半径为 R 的球体按照本模型排列共有 $(1000/2R)^3$ 个网格单元体；每个网格单元体中由 8 个 1/8 冰体组成，计有 $(1000/2R)^3$ 个冰体单元。

单位立方体中土颗粒体积 V_s 为：

$$V_s=\frac{5\times10^8}{3}\pi \tag{5-12}$$

单位立方体中液态水总体积 V_f 为：

$$V_f=10^9-V_s \tag{5-13}$$

单位立方体中某阶段的冰体含量 V_i 为：

$$V_i=\left(\frac{500}{R}\right)^3\times\frac{4}{3}\pi r^3,\ r<(\sqrt{3}-1)R \tag{5-14}$$

$$V_i=\left(\frac{4}{3}\pi r^3-4V_i'\right)(1000/2R)^3 \tag{5-15}$$

式（5-15）中 V_i' 见式（5-11）且 r 满足：

$$(\sqrt{3}-1)R<r\leqslant\sqrt{2}R$$

单位立方体中某阶段的未冻水体积 V_w 为：

$$V_w=V_f-V_i \tag{5-16}$$

考虑到水冻结后的体积增量，对冰体的体积增量进行修正。任意冻结时段冻土中的土颗粒、未冻水、冰体占总体积的比重分别记为 p_s、p_w、p_i，则：

$$p_s=\frac{V_s}{V_s+V_f+\frac{1}{10}V_i} \tag{5-17}$$

$$p_w=\frac{V_w}{V_s+V_f+\frac{1}{10}V_i} \tag{5-18}$$

$$p_i=\frac{1.1V_i}{V_s+V_f+\frac{1}{10}V_i} \tag{5-19}$$

式中 V_s、V_w、V_f、V_i——分别表示单位体积中土颗粒、未冻水、孔隙水、冰体所占的体积。

5.4.2 理论导热系数

依据冻土未冻水含量随负温的变化，Johansen 和 Wiener 等[59,71] 学者解读了冻土中各相组成与其导热系数的关系。依据几何模型的冻结发展机理，结合实测获取的冻土导热系数和未冻水含量，提出了一种冻土导热系数计算模型。

1. Johansen 经验模型

基于 Johansen 假设和徐斅祖的考虑冻土中含有未冻水的导热系数计算方法，冻土的导热系数 λ_f 为：

$$\lambda_f=(2.22)^{p_i}(0.55)^{p_w}\lambda_m^{p_s} \tag{5-20}$$

式中 p_s、p_w、p_i——见式（5-17）~式（5-19）；

λ_m——土中矿物颗粒的导热系数。

表 5-4 给出了冻土中各组成成分的导热系数。

不同材料的导热系数 **表 5-4**

材料类型	土	水	冰
导热系数[W/(m·K)]	λ_m	0.55	2.22

将式（5-17）～式（5-19）代入式（5-20）可获得基于正交热传导几何模型的冻土导热系数。

2. Wiener 理论模型

Wiener 提出多孔介质的热传导系数存在上下两个界限。当各相叠加方向与热量方向垂直时，导热系数最小，如图 5-16（*a*）所示。当叠加方向与热量方向平行时，导热系数最大，如图 5-16（*b*）所示。

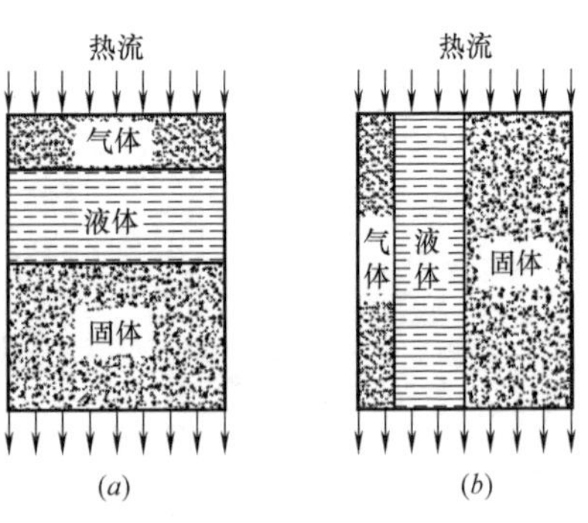

图 5-16 垂直流和平行流

当各相叠加方向与热量方向垂直时，按照垂直流计算。

$$\lambda=\left(\sum\frac{p_j}{k_j}\right)^{-1} \tag{5-21}$$

当叠加方向与热量方向平行时，按照平行流计算。

$$\lambda = \sum p_j k_j \tag{5-22}$$

式中　p_j——第 j 相体积分数；

k_j——第 j 相导热系数。

3. 混合流计算模型的建立

饱和土为由土颗粒与孔隙水组成的两相体，其导热系数由两部分组成：（1）两相内部各自进行热传递；（2）不同物质进行热传递。基于最小热阻理论，热量的传递首先服从最小热阻传递，不考虑不同物质之间的传递，则饱和土中的热量分别在土体内部和孔隙水内部进行传递。根据孔隙水冻结规律，孔隙冰首先在孔隙水的一定区域内产生，并被孔隙水包裹，如图 5-17（a）所示。

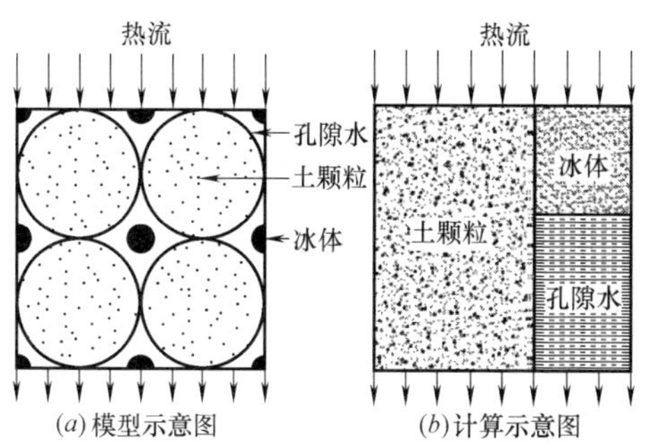

图 5-17　混合流导热系数计算模型

冻结初期孔隙冰并未形成连续状态，此时，热量是依据“水—冰—水”的形式传递的。基于此，将孔隙水与孔隙冰的热传递定义为垂直流的形式，土颗粒与冰水混合物之间依据平行流进行热量的传递，如图 5-17（b）所示。建立的计算公式为：

$$\lambda = p_s\lambda_s + (1-p_s)\left[\frac{p_w}{\lambda_w(1-p_s)} + \frac{p_i}{\lambda_i(1-p_s)}\right]^{-1} \tag{5-23}$$

随着冻结体的不断增大，在某截面上孔隙水的连续性逐渐被孔隙冰截断，此时土颗粒、孔隙水、孔隙冰三者逐渐成为平行流定义的计算形式。此时的冻土的导热系数计算式为：

$$\lambda = p_s\lambda_s + p_w\lambda_w + p_i\lambda_i \tag{5-24}$$

式（5-23）和式（5-24）中，λ_s、λ_w、λ_i 分别表示土颗粒、水、冰的导热系数；p_s、p_w、p_i 分别表示土颗粒、未冻水、冰体占冻土总体积的比重，计算见式（5-17）～式（5-19）。

依据饱和土体的干密度和土体的相对密度，用式（5-25）确定单位模型中土颗粒的体积含量 V_s：

$$V_s = \frac{\rho_d}{d_s}V \tag{5-25}$$

式中 V——土体总体积；

ρ_d——土体干密度；

d_s——土颗粒相对密度。

依据式（5-13）计算出土体中的液态水体积含量 V_f，进而可确定几何模型中土颗粒的粒径。

5.5 修正正交模型土的导热系数

由于正交热传导几何模型未考虑干密度影响，不能预测不同干密度土体的等效导热系数。在正交模型土热流方向的任意两个土颗粒球心连线的中点，存在一个半径为 χ 的土颗粒（$\chi \leqslant R$），见图 5-18。该土颗粒与相邻两个大土颗粒相交，通过改变土颗粒与相邻大土颗粒相交体积来变换土体的干密度，进而预测土体的等效导热系数。

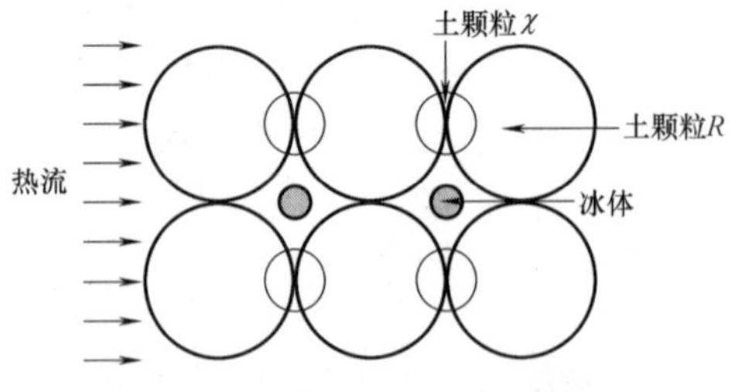

图 5-18 修正正交热传导模型

按照冻结球与土颗粒的位置关系，对修正正交热传导几何模型进行冻结阶段划分，即：(1) 当冻结球与土颗粒未接触时，定义为初始阶段；(2) 当冻结球第一次与土颗粒相交时，定义为接触阶段；(3) 当冻结球与两种粒径的土颗粒相交时，定义为趋缓阶段。

基于5.4.1节的几何模型，可知本阶段单位立方体中土颗粒的增量为土颗粒 χ 与土颗粒 R 相交之外的体积增量。土颗粒 χ 与土颗粒 R 相交的重合体积 V' 为：

$$V'=\frac{(6R^2-\chi^2)\chi^4\pi}{24R^3}+\frac{\pi}{3}\left(\chi-\frac{\chi^2}{2R}\right)^2\left(2\chi+\frac{\chi^2}{2R}\right) \tag{5-26}$$

单位体中土颗粒 χ 引起的土颗粒增量 $V_{\Delta s}$ 为：

$$V_{\Delta s}=\left(\frac{500}{R}\right)^3\times\left(\frac{4}{3}\pi\chi^3-2V'\right) \tag{5-27}$$

土颗粒 χ 与土颗粒 R 的大小关系需要界定，这里以 $\chi<(1+\sqrt{2}-\sqrt{3})R$ 为例进行说明。即冻结体首先与土颗粒 R 相交，单位立方体中初始阶段的冰体含量 V_i 为：

$$V_i=(1000/2R)^3\times\frac{4}{3}\pi r^3,\ r<(\sqrt{3}-1)R \tag{5-28}$$

接触阶段的冰体含量 V_i 为：

$$V_i=\left(\frac{4}{3}\pi r^3-4V_i'\right)(1000/2R)^3 \tag{5-29}$$

式 (5-29) 中 V_i' 见式 (5-11) 且 r 满足：

$$(\sqrt{3}-1)R<r\leqslant\sqrt{2}R-\chi$$

趋缓阶段冰体含量 V_i 为：

$$V_i=\left(\frac{500}{R}\right)^3\times\left(\frac{4}{3}\pi r^3-4V_i'-V_{i\chi}\right) \tag{5-30}$$

式中　V_i'——见式 (5-11)；

$V_{i\chi}$ 为：

$$V_{i\chi}=\frac{\pi}{3}\left(\chi-\frac{\chi^2-r^2+2R^2}{2\sqrt{2}R}\right)^2\left(2\chi+\frac{\chi^2-r^2+2R^2}{2\sqrt{2}R}\right)+\frac{\pi}{3}\left(r-\frac{r^2-\chi^2+2R^2}{2\sqrt{2}R}\right)^2\left(2r+\frac{r^2-\chi^2+2R^2}{2\sqrt{2}R}\right) \tag{5-31}$$

且 r 满足：

$$\sqrt{2}R-\chi<r\leqslant\sqrt{2}R$$

单位立方体中某阶段的未冻水含量 V_w 为：

$$V_w=V_f-V_i \tag{5-32}$$

在此基础上，依据式（5-17）～式（5-19）可确定不同冻结阶段冻土中的各相体积比。最终根据 Wiener 平行流法可以得到相应的导热系数。

5.6 两种正交模型的验证和分析

为验证提出的热传导几何模型和计算方法的预测精度，基于热线法原理设计了一系列饱和冻土的导热系数试验，采用的试验装置如图 5-19 所示。

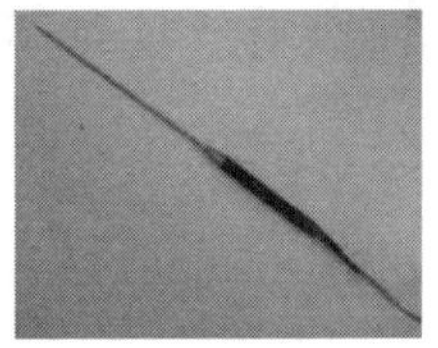

图 5-19　导热系数测试系统

将制备好的干密度分别为 1.35g/cm³、1.4g/cm³、1.45g/cm³、1.55g/cm³ 的饱和砂土土样置于低温试验箱中 24h，待试样内外温度稳定后，将探针插入土样中并开启温度采集仪；待数据读取的温度稳定后开启直流稳压电源，待温度再次稳定后关闭直流稳压电源并保存温度数据。根据直流稳压电源提供的电压电流数据计算出加热器提供的功率，进而可计算出不同负温下饱和砂土的导热系数，计算结果如图 5-20 所示。

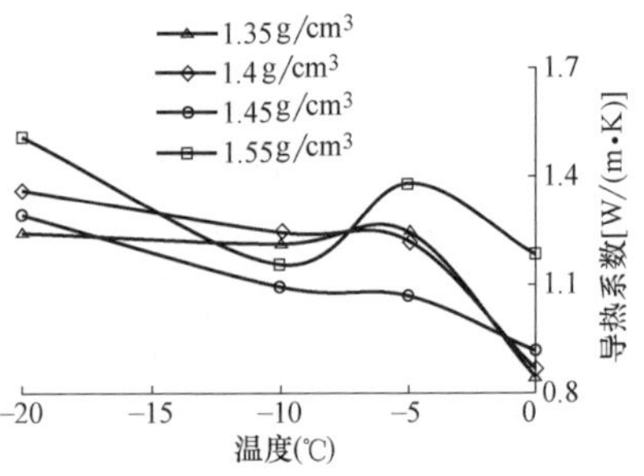

图 5-20　导热系数与干密度和负温的关系

由图 5-20 可看出，导热系数并不呈现理想的线性。究其原因是土体在冻结过程中，水分迁移情况持续发生，水分分布不均使得插针位置对测试数据影响很大，干密度 1.55g/cm^3 的砂土在 −10℃时的导热系数失真。制作干密度为 1.4g/cm^3 的饱和砂土土样，土样成型后置入烘箱烘干，测试其在负温阶段的平均导热系数为 1.028W/(m·K)。依据正交热传导模型结合提出的混合流计算方法，取模型中土颗粒半径为 1mm，对干密度为 1.4g/cm^3 的饱和砂土进行导热系数预测，并与 Johansen、Wiener 的平行流法和垂直流法进行比较，结果如图 5-21 所示。

由图 5-21 结合未冻水含量测试结果可知，干密度为 1.4g/cm^3 的饱和砂土土样 −2℃时未冻水体积含量为 0.24%，与冻结半径 0.76mm 时相当；−5℃的未冻水体积含量为 0.11%，与冻结半径 0.9mm 时相当。提出的混合流计算曲线位于水平流和垂直流中间，符合 Wiener 的最大最小理论。

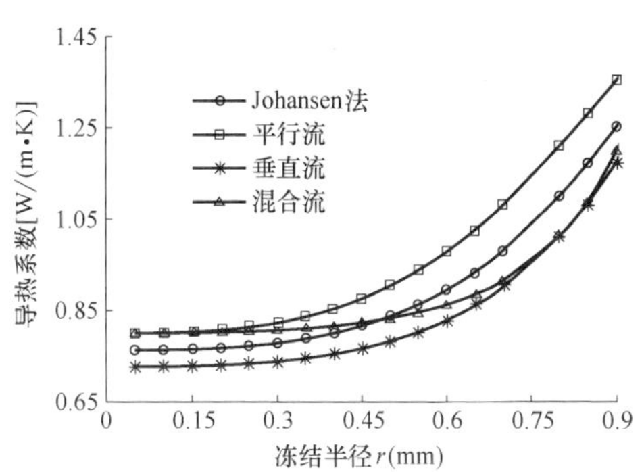

图 5-21　不同方法得到的导热系数

在冻结初期趋向于垂直流，这是因为土体中的未冻水含量较多，水的导热系数与土体差别较小，导热过程服从最小热阻传递形式。随着冻结的深入进行，冻土中的冰体含量逐渐增加，导热系数显著升高，这与实际情况是吻合的。在冻结后期，土体中的未冻水含量减少，土体中的冰体逐渐连续，从而形成畅通的热量传递通道，导热系数更多地受土中连续冰体的影响。

依据干密度为 1.4g/cm^3 的饱和砂土在不同负温下的未冻水含量测试结果，结合提出的聚合几何模型可计算得到基于 Johansen 法、Wiener 法和混合流法的导热系数。为验证各方法在高温冻土中的适用性，增加了砂土在−2℃时的导热系数。将该计算值与图 5-20 中干密度为 1.4g/cm^3 的饱和砂土的导热系数实测值进行比较，得到各计算值与实测值的对比曲线，如图 5-22 所示。

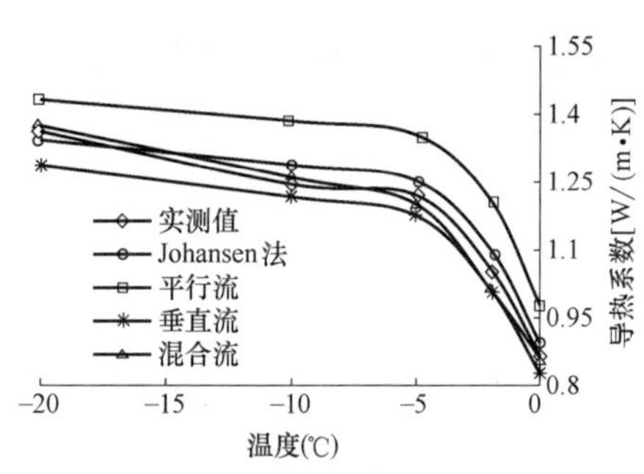

图 5-22　计算值与实测值的对比

由图 5-22 可看出，实测值始终位于 Wiener 的平行流法及垂直流法中间，表明获取的实测值符合整体规律。Johansen 法整体位于实测值的上部，与实测值有一定误差，整体精度高于 Wiener 法。所提出的混合流导热系数计算方法在冻结初期预测值偏大，在冻结后期预测值偏小，但整体精度高于 Johansen 法，且始终位于 Wiener 提出的平行流和垂直流之间，整体精度较高。

综上可知，正交热传导模型中的土颗粒体积含量与土体粒径无关，因此在热传导模型应用中，在满足土体干密度与几何模型对应的前提下，设置的土颗粒粒径越接近实际工况，相应的计算越精确。提出的修正正交热传导模型依据干密度设置土颗粒 χ 的半径，增加了单位体积中的土颗粒含量，可达到与原土土水比例相似的目的，为预测不同干密度饱和冻土的导热系数提供了依据。

5.7　考虑固-液界面影响的导热系数模型

Wiener 法给出了冻土导热系数的最大和最小理论值。在实际工程中，还需确定取值范围更小且精度更高的导热系数，以满足复杂温度场求解需要。

5.7.1　温度场数计算方法

利用 ABAQUS 有限元软件对冻结温度场演变进行数值模拟的整个过程包括以下几个环节。

1. 几何模型的建立

根据计算域确定几何尺寸，在 part 中建立几何模型。

2. 装配并设置分析步

将部件组装后，进入 step，根据进程和研究目标确定研究问题属于瞬态热传导还是稳态热传导问题。进行时间设置，设置最大分析步、初始分析步、最小分析步、最大温度变化等。

3. 接触与边界条件

ABAQUS 系统的默认边界条件是绝热，因此在土体和保温介质两种材料之间，首先应该明确是否存在热接触。可以通过在土与保温板之间设置空隙的热传导率以确保两者之间的接触。也可以将土体和保温板在 part 中建立为一个部件，再分割为两部分，这样系统会默认它们之间存在热接触。在接触中还可以定义热交换边界条件，即通过 surface film condition 设置土体与空气的热交换系数（热膜条件）。

在 load 中定义边界条件，定义土体和保温板的初始温度。给定冻结管壁的温度，保温板温度和其余边界温度。设置土体和其他材料的初始温度。

4. 网格划分和单元属性赋予

将 mesh 工具栏中的 element type 选择为 heat transfer 类型，选择迭代方程求解方法，设置单元类型。根据求解精度要求和测点位置剖分几何体，然后布置种子并进行网格划分。最后再检查网格划分的精度和网格质量好坏。

5. 作业分析

前处理的最后一步是作业分析。在 job 功能模块中创建和编辑分析作业，然后提交，随即生成 inp 文件。可以通过屏幕监控分析作业的运行过程以及警告和错误信息。

6. 后处理

作业运行完毕后进入后处理环节，可根据需要提取温度、热流密度、冻胀性、应力应变等参数。

5.7.2 导热系数的经验算法

既有的导热系数模型是建立在冻土各相组分叠加基础之上的，限于参数数量的限制，常用的经验模型有 Johansen 平均模型和 Wiener 模型。

Wiener 模型[74] 给出了冻土导热系数的最大最小理论值，依据 ABAQUS 模拟了平行流（最大值）的热传导过程。基于图 5-23（a）所示的并联模型建立了理想材料的温度场计算模型，对水冰二相介质的并联模型进行模拟。其中，固体（冰）与水之间的边界设定为自由传热边界，平面模型的上下边界均为 20℃的恒温边界，平面模型的左右边界为绝热边界。模型尺寸为 1cm 的正方形，每相介质宽度为 0.25cm。计算获取的温度场分布如图 5-23（b）所示。

由图 5-23（b）可知，受各相导热系数和比热容不同影响，温度场分布并不是条状，可见 Wiener 模型给出的各相并联情形并不存在。研究认为，土颗粒之间的咬合，固相颗粒与液态水、气体之

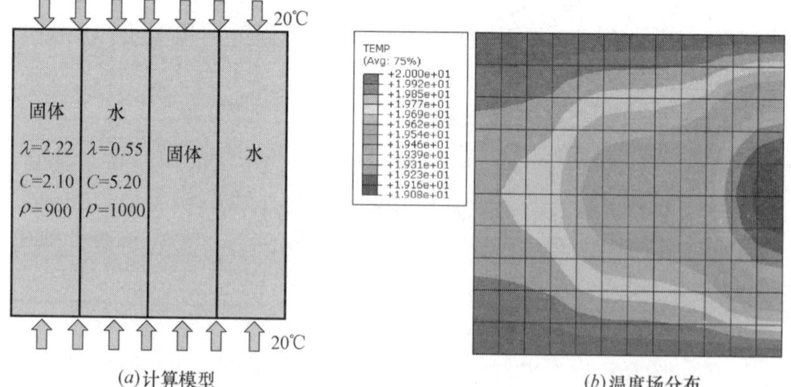

（a）计算模型　　（b）温度场分布

图 5-23　并联模型及其在理想热源下的温度场

间的交错分布，冰体的伴生导致土中两相交接界面并不光滑，因而，难以采用该模型进行冻土导热系数预测。

考虑土中不同相界面之间的相互作用，基于热流传递过程中并联与串联同时进行的耦合特性，下文建立了考虑固-液界面的导热系数计算模型。不仅能够赋予计算模型中各参量明确的物理意义，对冻土导热系数预测也具有积极作用。

5.7.3 模型的建立

由于冻土中不同相之间的导热系数存在差异，土柱模型的热流传播模式并非图 5-24 所示的平行传输模式。也就是说，热流除了平行传递外，在不同相间也会进行传递，如图 5-24（a）所示。热传导条件下，模型中的热流会在土柱—水、冰柱—水、土柱—冰柱之间传递，并最终达到热流平衡。因此，导热系数理论计算中，除依据图 5-23（a）所示的各相不同的体积来分配传输热量外，还需考虑各相导热系数不同带来的热传输问题。考虑土、水、冰之间的导热系数差异，土柱模型的典型热流传递形式如图 5-24（b）所示。

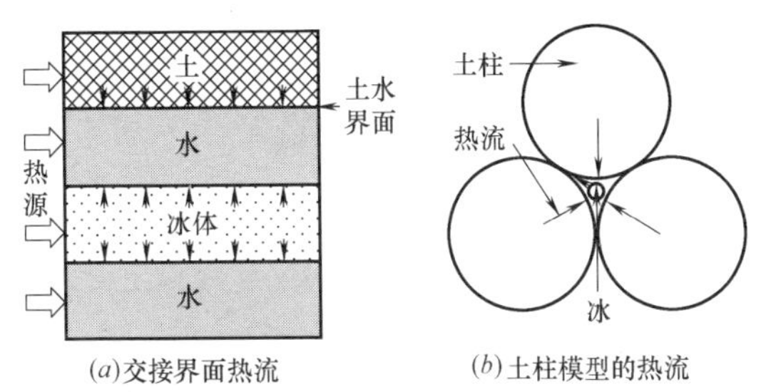

(a)交接界面热流 (b)土柱模型的热流

图 5-24 固-液界面的热流形式

由图 5-24（b）结合表 5-4 可知，土颗粒和固态冰的导热系数较液态水大，同等时间下，某土柱截面上固相土中和冰中的热流较早到达。此时热流会沿着土—水、冰—水交接界面向液态水中传播。土柱模型截面的热流除在方向上产生变化外，不同相间交接界面的导热系数应为两相的均值。

考虑固-液界面的冻土导热系数必然存在：（1）土柱截面不同相之间的热流传输；（2）交接界面处的导热系数加权计算。考虑固-液交接界面特性的导热系数计算模型如图 5-25 所示。

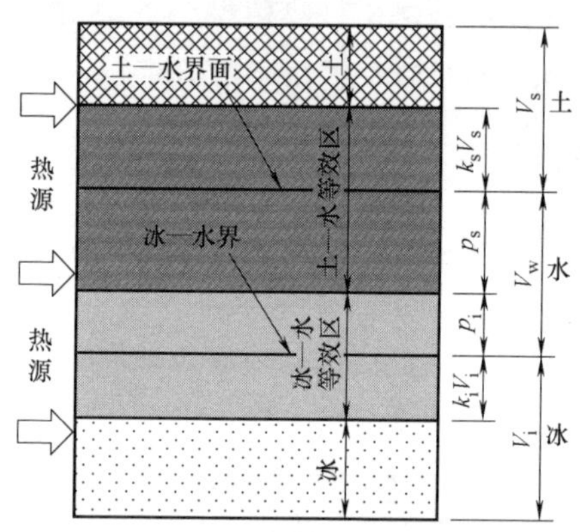

图 5-25　考虑固-液界面的计算模型

在图 5-25 中，将冻土未冻水依据固体土颗粒和冰占固相的比例分为两部分。一部分与土颗粒进行热流传递，另一部分与固态冰进行热流传递，即：

$$p_s=\frac{V_s}{V_s+V_i}V_w \tag{5-33}$$

$$p_i=\frac{V_i}{V_s+V_i}V_w \tag{5-34}$$

在同一时间下，体积为 p_s 的液态水需要一定体积的土颗粒与其达到热流平衡。该区域与其导热系数之积和一定体积土颗粒与土颗粒导热系数之积相等，即：

$$\frac{V_s}{V_s+V_i}V_w\lambda_w=k_sV_s\lambda_s \tag{5-35}$$

同样，冰体与水之间满足：

$$\frac{V_i}{V_s+V_i}V_w\lambda_w=k_iV_i\lambda_i \tag{5-36}$$

式中　k_s、k_i——分别为导热系数差引起的土颗粒和冰的体积等效系数。不难想象，（$p_s+k_sV_s$）与（$V_s-k_sV_s$）之间仍存在导热系数差别引起的热流传递现象，如图 5-25 所示。也就是说，各相导热系数差引起的热流横向传递持续存在，直至各相材料达到热流平衡为止。若考虑（$p_s+k_sV_s$）与（$V_s-k_sV_s$）之间存在的导热系数差别，则二次进行传递后的等效区域服从：

$$(p_s+k_sV_s)\bar{\lambda}=\alpha(V_s-k_sV_s)\lambda_s \tag{5-37}$$

式中　α——土—水混合物和土导热系数差异引起的体积等效系数；

$\bar{\lambda}$——土—水混合物的等效导热系数。

固-液界面上的导热系数为土颗粒与水导热系数的平均值，则导热系数应从固-液界面向两侧线性变化。为简化计算量，以考虑固-液仅传递一次为例，进行导热系数计算方法说明，如图 5-26 所示。

饱和冻土是由土颗粒、水和冰组成的三相体，由于水的导热系数显著小于土颗粒和冰的导热系数，冰首先产生于远离土颗粒的液态水中，加之固相间接触产生的 Kapitza 阻抗较大[75]，因此，在冻结初期可认为饱和冻土中的冰体与土颗粒不直接接触。据此可依据土、冰所占固体的体积来分配等效体积。建立的考虑固-液界面的导热系数计算方法为：

$$\begin{aligned}\lambda=&p_s\times0.25(\lambda_s+\lambda_w)+k_sV_s\times0.75(\lambda_s+\lambda_w)+\\&\lambda_s(V_s-k_sV_s)+p_i\times0.25(\lambda_i+\lambda_w)+\\&k_iV_i\times0.75(\lambda_i+\lambda_w)+\lambda_i(V_i-k_iV_i)\end{aligned} \tag{5-38}$$

将式（5-33）～式（5-36）代入式（5-38），消去含有的动态变量 k_sV_s 和 k_iV_i，得到考虑固-液界面一次传递的导热系数计算式，即：

$$\lambda=p_s(\lambda_s+\lambda_w)\left(0.25+0.75\frac{\lambda_w}{\lambda_s}\right)+V_s\lambda_s-p_s\lambda_w+p_i(\lambda_i+\lambda_w)\left(0.25+0.75\frac{\lambda_w}{\lambda_i}\right)+V_i\lambda_i-p_i\lambda_w \tag{5-39}$$

依据式（5-39）和冻土中各相组成，可计算冻土在不同负温时的导热系数。

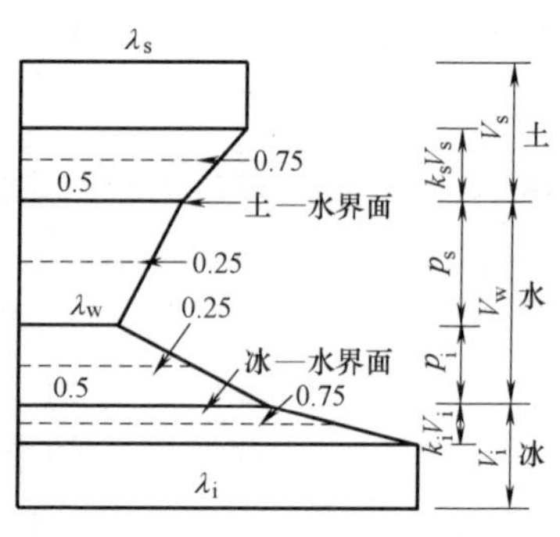

图 5-26　考虑固-液界面的计算示意

5.7.4　导热系数和冻结温度测试

将原状粉质黏土烘干碾碎后，重塑成不同干密度的饱和试样。之后采用探针法对不同温度下的导热系数进行测试，获取了不同干密度饱和黏土的导热系数和冻结温度，如表 5-5 所示。

饱和粉质黏土导热系数和冻结温度试验结果　　表 5-5

干密度 (g/cm^3)	导热系数[W/(m・℃)]				冻结温度 (℃)
	0℃	−5℃	−10℃	−20℃	
1.80	1.254	1.581	1.621	1.679	−0.48
1.70	1.208	1.535	1.626	1.691	−0.42
1.65	1.211	1.346	1.425	1.502	−0.35
1.60	1.208	1.260	1.294	1.373	−0.35
1.55	1.079	1.312	1.389	1.424	−0.33
1.50	1.014	1.170	1.219	1.301	−0.30

由表 5-5 可知，随着冻结温度的降低，土体的导热系数逐渐增大，且在高温冻土区间变化明显，这与实际情况是吻合的。同时发现，同一温度情况下，随着土样干密度的增大，其导热系数增速并不显著，甚至有减小的趋势。这是由于土体干密度的增大，必然导致孔隙水含量的减少。土颗粒将孔隙水分割为更多单元，孔隙水量的减少决定了水的相变总量会减小，由此导致更多的孔隙水单元将冰体分割为不连续微冰块，因而土体的导热系数变化趋缓。从不同

干密度的冻结温度可看出，随着饱和土样干密度的增大，冻结温度呈现逐渐降低趋势，这与导热系数随温度的变化趋势是吻合的。

5.7.5　有效性分析

基于提出的最紧密排列土柱模型，用 Johansen 的土体导热系数预测方法、Wiener 平行流法和考虑固-液界面的方法对导热系数进行计算，并将三种计算模型的计算值与瞬态探针法实测值进行了比较。

1. Johansen 法

基于 Johansen 和徐斅祖等提出的导热系数计算方法，结合提出的冻土导热系数模型，对试验获得的数据进行对比和分析。以半径 1mm 的土柱为例，进行导热系数计算，得到不同冻结阶段饱和冻土导热系数的变化趋势，如图 5-27 所示。依据不同直径土柱的模型在不同冻结时刻的导热系数，得到饱和冻土干密度与冻土导热系数的关系，如图 5-28 所示。

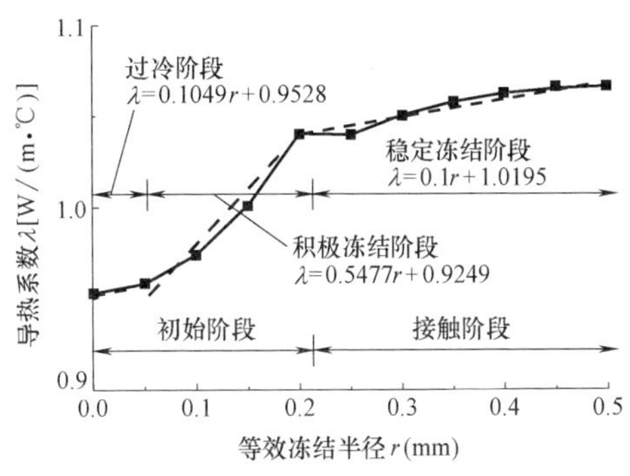

图 5-27　理论模型的导热系数演变趋势

由图 5-27 可知，随着冻土中等效冻结半径（冰柱）的增大，其导热系数逐渐增大，且初始阶段导热系数增速大于接触阶段的导热系数增速，反映出冻土的导热系数增长趋势与负温的高度相关性。冻土导热系数在积极冻结阶段变化明显，并随冻土未冻水含量的稳定，其导热系数趋于平缓。土柱模型能较好地反映土体在过冷、积极冻结和稳定冻结等阶段的物理规律和特征。

由图 5-28 可看出，冻结半径增速均匀时，导热系数变化与冻土中土颗粒含量相关。随着土柱半径的增大，即土体干密度的增大，饱和土体的导热系数变化趋于平缓。其原因在于，冻土中土颗粒含量的相对增多，使得土体的导热系数变化更多地受土颗粒因素制约，土中水相变成冰后导热系数增大约 4 倍，而土颗粒的导热系数变化受温度影响较小。也就是说，同等冰体含量条件下，饱和土体的干密度越小，冻土的导热系数变化越敏感，这与表 5-5 中的试验结果是吻合的。

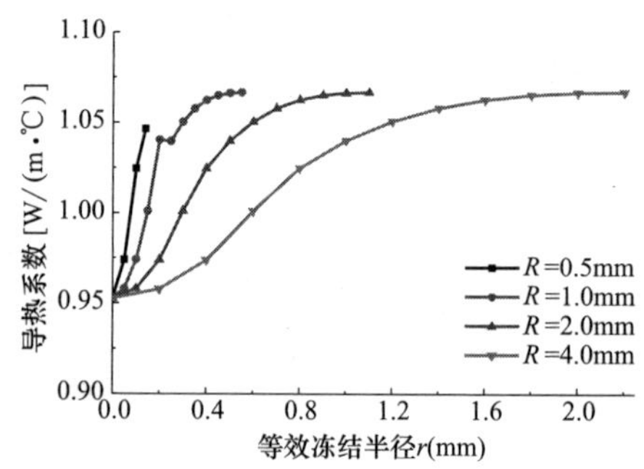

图 5-28　不同直径土柱的导热系数

2. Wiener 平行流法

基于 Wiener 平行流法，结合提出的导热系数模型，对试验获得的数据进行对比。以半径 1mm 的土柱为例进行导热系数计算，获取的曲线如图 5-29 所示。

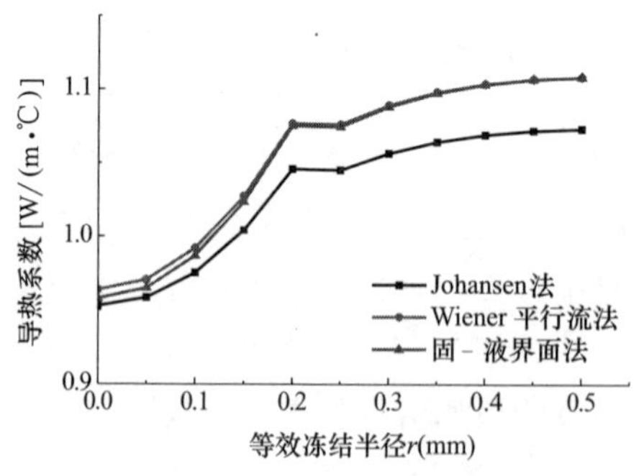

图 5-29　不同方法计算的导热系数

由图 5-29 可看出，Wiener 平行流法与 Johansen 法得到的导热系数，其变化趋势较为相似。总体看来两者之间的差别微小，均随温度的下降而上升。

3. 考虑固-液界面方法的理论计算

考虑固-液界面的导热系数计算方法，将传输过程中因各相导热系数差异引起的热流传输预测差别降到了最低。也就是说该模型考虑了热流一维传播过程中垂直方向的影响。以半径 1mm 的土柱为例进行导热系数计算，获取的考虑固-液界面方法的导热系数，如图 5-29 中所示。

由图 5-29 可看出，在冻结初期，固-液界面法计算获取的导热系数位于 Johansen 法和 Wiener 平行流法之间。随着冻结的深入，冻土中冰体含量的增多，固-液界面法与 Wiener 平行流法计算获取的数据基本一致，这与土体冻实后冰体连续导致的导热系数增大现象是一致的。

4. 试验数据对比分析

测试了干密度为 1.8g/cm^3 和 1.55g/cm^3 时粉质黏土在不同负温下的未冻水含量，具体方法参考文献［76］。结合 Johansen 法、Wiener 平行流法和固-液界面法，计算得到了不同负温下的冻土导热系数，并将其与表 5-5 中的实测数据进行了对比，结果如表 5-6 所示。

不同方法获取的导热系数与实测值　　表 5-6

方法	ρ_d=1.8g/cm^3 试样				ρ_d=1.55g/cm^3 试样			
	0℃	−5℃	−10℃	−20℃	0℃	−5℃	−10℃	−20℃
实测未冻水含量(%)	18.79	10.51	5.76	5.77	27.75	16.2	15.21	9.98
实测导热系数[W/(m·℃)]	1.254	1.581	1.621	1.679	1.079	1.312	1.389	1.424
Johansen 法导热系数[W/(m·℃)]	1.163	1.335	1.444	1.468	1.119	1.214	1.234	1.347
Wiener 平行流法导热系数[W/(m·℃)]	1.264	1.429	1.523	1.543	1.243	1.315	1.335	1.439
固-液界面法导热系数[W/(m·℃)]	1.259	1.428	1.523	1.543	1.239	1.312	1.332	1.438

由表 5-6 可知，获取的不同负温下冻土导热系数的计算值与实测值并不相等，甚至存在一定差距。总体而言，Johansen 法和 Wiener 平行流法以及固-液界面法均能预测冻土导热系数随不同负温的变化趋势。相较于 Wiener 平行流法，固-液界面法预测的冻结初期导热系数更逼近于实测值，冻结后期其预测值与 Wiener 平行流法预测值基本一致。

计算值与实测值存在误差的原因在于以下两个方面：(1) 土中一些矿物离子特别是随温度变化导热系数敏感的离子大量存在，导致计算结果存在误差。(2) 导热系数测试存在误差，探针法的插针位置对于密度较小的土体其测试结果偏差较大。土体在冻结过程中，水分迁移等情况持续发生，因而存在一些数据点较为离散，并导致部分测试结果失真，这也为冻结法设计与施工埋藏了隐患。

提出的冻土导热系数模型，适用于 Johansen 法、Wiener 平行流法以及提出的固-液界面法，能够为冻土导热系数的预测提供可靠方案。

第6章 模型试验的相似

模型试验的相似准则一般是基于本构模型得到的，不同的本构方程对应不同的相似准则。目前，冻土温度场模型试验及相似准则多基于热参数为常数，即未考虑导热系数、比热容等热参数随温度的非线性变化。实际上，土体在冻结过程中其导热系数和比热容等热参数随温度的变化而明显变化。因此，基于常热参数建立的温度场相似准则，难以准确反映土体的非线性冷冻过程。建立变热参数模型试验相似准则，不但具有重要的理论意义，更有巨大的经济价值和社会效益。

6.1 冻土温度场研究方法

冻土温度场的研究通常分为理论分析、模型试验、数值模拟和现场测试等。

1. 理论分析

基于传热学稳态温度场或瞬态温度场理论及其微分方程，结合初边值条件，采用幂级数解法、伽辽金法等方法可得到某种形式的解析解。在此基础上，可研究冻结温度场规律和发展趋势。

2. 模型试验

基于工程实际，根据传热原理，采用非常分析法、量纲分析法等建立几何尺寸、比热容、导热系数、温度、热量、力、位移等参量的相似准则。在此基础上，建立模型试验，最后将模型试验结果反推至原型。

比如，文献［77］针对北京地铁隧道水平冻结及暗挖工程进行了模型试验，测试了冻结壁温度场、位移场和地层应力等，徐士良等基于相似理论，设计了温度场的物理模型试验台，研究了双排管冻结模型温度场发展情况等[78]。

3. 数值模拟

基于冻结工程实际情况、热物理方程、工程地质水文地质条件，建立数值分析模型研究温度场发展过程的方法已经比较普遍。

比如，林璋璋等基于单排管冻结壁温度场的实测成果，利用ANSYS有限元软件分析了三排管冻结壁厚度、冻结管间距及排距、平均温度、冻结时间等因素间的关系[79]。崔建军等通过数值模拟计算研究了四圈管冻结壁形成和发展规律，得出了温度场的分布情况[80]。芮易等归纳总结了单孔、单排孔的温度场理论公式，结合上海长江隧道冻结法施工的相关数据，利用ANSYS建立了单排孔数值计算模型，将计算结果和现场实测数据进行对比，得出了单排孔冻结壁温度场的发展规律[81]。

4. 现场实测

现场实测是在工程现场布置测点和各种传感器，通过连续和特定时间采集监测数据研究温度场的方法。

比如，刘建刚等结合具体工程实例，几何测试研究了单排管温度场和冻结壁厚度及交圈时间，分析了影响冻结效果的因素，主要包括冻结管数量及间距、原始地温和冻结管外壁温度[82]。刘兴彦等通过测试分析了基岩段采用人工冻结法堵水的可行性，对比了冻结法和井筒地面预注浆法的造价、工期和堵水效果，说明了人工冻结法治理基岩段超大裂隙水的合理性和先进性[83]。

6.2 不考虑潜热的热传导模型

依据是否考虑潜热和热参数变化对导热过程的影响，将冻土热传导数学模型分为四类，即不考虑潜热且热参数随温度非线性变化的热传导模型、不考虑潜热的常物性热传导模型、考虑潜热且热参数随温度非线性变化的热传导模型、考虑潜热的常物性热传导模型。

在推导热传导平衡方程式时，需要利用热量守恒定律和傅里叶定律。同时，还要作以下假设：（1）忽略土中水相变时产生的潜热，即将冻土的冻结过程认为是单一物质降温的过程；（2）假设土为均质且各向同性体；（3）忽略外界应力以及土体内部水分迁移对温度场的影响。

在冻结过程中，热流效应将土体内部的热量重新进行分配，利用傅里叶定律可将土体 A 内部各点的热流量与土体内部的温度联系起来，即土体 A 内部某区域 Ω 中的某个封闭的体积元 G 的热流量可表示为：

$$q(x,y,z,t)=-\lambda\nabla T(x,y,z,t) \tag{6-1}$$

式（6-1）表示该封闭的体积元 G 在 t 时刻的热流密度矢量 $\boldsymbol{q}$ 与此刻该微元体两侧的温度变化率成正比，方向与温度梯度方向相反。其中，λ 表示土的导热系数。

在直角坐标系中，假设（x，y，z）处封闭体积元 $\mathrm{d}V$ 的三个边分别与 x 轴、y 轴、z 轴平行，其尺寸分别为 $\mathrm{d}x$、$\mathrm{d}y$、$\mathrm{d}z$。利用傅里叶定律，在 $\mathrm{d}t$ 时间内沿 x 轴方向通过该封闭体积元左表面 $x=x$ 流入封闭体积元内的热量 Q_x 可表示为：

$$\mathrm{d}Q_x(t)=q_x\mathrm{d}y\mathrm{d}z\mathrm{d}t \tag{6-2}$$

式中 q_x——表示导入面上的热流密度（$\mathrm{W/m^2}$）。在 $\mathrm{d}t$ 时间内沿 x 轴方向通过该封闭体积元右表面 $x=x+\mathrm{d}x$ 流出封闭体积元内的热量 $Q_{x+\mathrm{d}x}$ 表示为：

$$\mathrm{d}Q_{x+\mathrm{d}x}(t)=q_{x+\mathrm{d}x}\mathrm{d}y\mathrm{d}z\mathrm{d}t \tag{6-3}$$

其中

$$q_{x+\mathrm{d}x}=q_x+\frac{\partial q_x}{\partial x}\mathrm{d}x$$

式中 $q_{x+\mathrm{d}x}$——表示导出面上的热流密度（$\mathrm{W/m^2}$）。将式（6-3）展开并略去 $\mathrm{d}x^2$ 项，可得在 $\mathrm{d}t$ 时间内沿 x 轴方向流入与流出该封闭体积元的净热量为：

$$\mathrm{d}Q_x(t)-\mathrm{d}Q_{x+\mathrm{d}x}(t)=-\frac{\partial q_x}{\partial x}\mathrm{d}x\mathrm{d}y\mathrm{d}z\mathrm{d}t \tag{6-4}$$

同理，在 dt 时间内沿 y 轴方向流入与流出该封闭体积元的净热量为：

$$\mathrm{d}Q_y(t)-\mathrm{d}Q_{y+\mathrm{d}y}(t)=-\frac{\partial q_y}{\partial y}\mathrm{d}x\mathrm{d}y\mathrm{d}z\mathrm{d}t \tag{6-5}$$

在 dt 时间内沿 z 轴方向流入与流出该封闭体积元的净热量为：

$$\mathrm{d}Q_z(t)-\mathrm{d}Q_{z+\mathrm{d}z}(t)=-\frac{\partial q_z}{\partial z}\mathrm{d}x\mathrm{d}y\mathrm{d}z\mathrm{d}t \tag{6-6}$$

那么，经三个方向流入与流出该封闭体积元净热量之和 Q_1 为：

$$Q_1(t)=-\left(\frac{\partial q_x}{\partial x}+\frac{\partial q_y}{\partial y}+\frac{\partial q_z}{\partial z}\right)\mathrm{d}x\mathrm{d}y\mathrm{d}z\mathrm{d}t \tag{6-7}$$

若封闭体积元 G 内部含有内热（冷）源 q_v，则封闭体积元在 dt 时间内产生的热量 Q_2 为：

$$Q_2=q_\mathrm{v}\mathrm{d}x\mathrm{d}y\mathrm{d}z\mathrm{d}t \tag{6-8}$$

封闭体积元在 dt 时间内由温度变化引起的内能增加量 Q_3 为：

$$Q_3=C\rho\frac{\partial T(t)}{\partial t}\mathrm{d}x\mathrm{d}y\mathrm{d}z\mathrm{d}t \tag{6-9}$$

式中 C——表示土的比热容；

ρ——表示土体密度。

根据热量守恒定律，即温度变化时吸收（或释放）的热量 Q_3 等于通过土体边界流入（或流出）的热量 Q_1 与热（冷）源提供的热量 Q_2 之和，因此可得土体的热传导平衡方程为：

$$C\rho\frac{\partial T(t)}{\partial t}\mathrm{d}x\mathrm{d}y\mathrm{d}z\mathrm{d}t=\left\{\left[\frac{\partial}{\partial x}\left(\lambda\frac{\partial T(t)}{\partial x}\right)+\frac{\partial}{\partial y}\left(\lambda\frac{\partial T(t)}{\partial y}\right)+\frac{\partial}{\partial z}\left(\lambda\frac{\partial T(t)}{\partial z}\right)\right]+q_\mathrm{v}\right\}\mathrm{d}x\mathrm{d}y\mathrm{d}z\mathrm{d}t \tag{6-10}$$

其中，土的比热容和导热系数均为与温度相关的函数，即 $C=C(T)$、$\lambda=\lambda(T)$。式（6-10）也可表示为：

$$C\rho\frac{\partial T(x,y,z,t)}{\partial x}=\mathrm{div}[\lambda\,\mathrm{grad}T(x,y,z,t)]+q_\mathrm{v} \tag{6-11}$$

式中，div 表示散度；grad 表示梯度；土体内部不存在内热（冷）源时，q_v 取 0。若土的比热容 C、密度 ρ 以及导热系数 λ 均为常数，则式（6-10）可简化为：

$$\frac{\partial T(t)}{\partial t}=a\left(\frac{\partial^2 T(t)}{\partial x^2}+\frac{\partial^2 T(t)}{\partial y^2}+\frac{\partial^2 T(t)}{\partial z^2}\right)+\frac{q_v}{C\rho}$$

或

$$\frac{\partial T(t)}{\partial t}=a\,\nabla^2 T(t)+\frac{q_v}{C\rho} \tag{6-12}$$

式中 $a=\lambda/(C\rho)$，它表示热扩散率，反映了热传导过程中土体的导热能力与储热能力之间的关系（m^2/s）；

∇^2 表示拉普拉斯算子。

6.3　考虑潜热的冻土热传导模型

在建立冻土热传导模型前作以下假定：（1）土为各相同性体，即土中颗粒、未冻水、冰体和气的分布是均匀的；（2）忽略水分迁移；（3）土体的初始温度相同；（4）冻结前后土体的密度保持不变，即忽略水在相变时产生的容积变化。

采用热传导平衡方程分别表示冻区和融区的温度场[84]，其表达式分别为：

$$\text{冻区}\ C_f(T_f)\rho\frac{\partial T_f}{\partial t}=\mathrm{div}[\lambda_f(T_f)\mathrm{grad}T_f]+q_v \tag{6-13}$$

$$\text{融区}\ C_u(T_u)\rho\frac{\partial T_u}{\partial t}=\mathrm{div}[\lambda_u(T_u)\mathrm{grad}T_u]+q_v \tag{6-14}$$

式中　C_f、C_u——分别表示冻土的比热容和融土的比热容；

T_f、T_u——分别表示冻土的温度和融土的温度；

λ_f、λ_u——分别表示冻土的导热系数和融土的导热系数；

t——表示冻结时间；

ρ——表示土的密度；

土的比热容和导热系数均为温度 T 的函数。

在土体冻结过程中，土中水凝结成固态冰是在一个温度区间内发生的，而非发生在某一特定温度 T_m。因此，可以将相变潜热视作在这个温度区间内的显热容，进而将分区描述的热传导方程转化为整个区域上的单一非线性方程。然后，通过计算该区域内的温度分布，即可确定相变界面的位置。

在整个冻结区域内构造比热容的函数形式为：

$$\overline{C(T)}=C(T)\rho+Q\delta(T-T_{\mathrm{m}}) \tag{6-15}$$

其中

$$C(T)=\begin{cases}C_{\mathrm{f}}(T), T<T_{\mathrm{m}}\\C_{\mathrm{u}}(T), T>T_{\mathrm{m}}\end{cases}$$

式中　ρ——表示土的密度；

Q——表示单位体积土体的相变潜热；

T_{m}——表示相变温度；

$\delta(T-T_{\mathrm{m}})$——表示狄拉克函数。

土体冻结的热传导过程可表示为：

$$\overline{C(T)}\frac{\partial T}{\partial t}=\mathrm{div}[\lambda(T)\mathrm{grad}T] \tag{6-16}$$

其中

$$\lambda(T)=\begin{cases}\lambda_{\mathrm{f}}(T), T<T_{\mathrm{m}}\\\lambda_{\mathrm{u}}(T), T>T_{\mathrm{m}}\end{cases}$$

式（6-16）同时也表示冻结锋面 $s(t)$ 处能量守恒，对式（6-16）两边各项分别在（$s-e$，$s+e$）积分得：

$$\begin{aligned}&\lim_{e\to 0}\int_{s-e}^{s+e}\left[\overline{C(T)}\frac{\partial T}{\partial t}\mathrm{d}x+\overline{C(T)}\frac{\partial T}{\partial t}\mathrm{d}y+\overline{C(T)}\frac{\partial T}{\partial t}\mathrm{d}z\right]=\\&\lim_{e\to 0}\left[\int_{s-e}^{s+e}C(T)\frac{\partial T}{\partial t}\mathrm{d}x+\int_{T(s-e)}^{T(s+e)}Q\delta(T-T_{\mathrm{m}})\frac{\mathrm{d}x}{\mathrm{d}t}\mathrm{d}T\right]+\\&\lim_{e\to 0}\left[\int_{s-e}^{s+e}C(T)\frac{\partial T}{\partial t}\mathrm{d}y+\int_{T(s-e)}^{T(s+e)}Q\delta(T-T_{\mathrm{m}})\frac{\mathrm{d}y}{\mathrm{d}t}\mathrm{d}T\right]+\\&\lim_{e\to 0}\left[\int_{s-e}^{s+e}C(T)\frac{\partial T}{\partial t}\mathrm{d}z+\int_{T(s-e)}^{T(s+e)}Q\delta(T-T_{\mathrm{m}})\frac{\mathrm{d}z}{\mathrm{d}t}\mathrm{d}T\right]=Q\frac{\mathrm{d}s(t)}{\mathrm{d}t}\end{aligned} \tag{6-17}$$

$$\begin{aligned}&\lim_{e\to 0}\int_{s-e}^{s+e}\mathrm{div}[\lambda(T)\mathrm{grad}T]\mathrm{d}n=\\&\lim_{e\to 0}\int_{s-e}^{s+e}\left[\lambda(T)\frac{\partial T}{\partial x}\bigg|_{s+e}-\lambda(T)\frac{\partial T}{\partial x}\bigg|_{s-e}\right]+\\&\lim_{e\to 0}\int_{s-e}^{s+e}\left[\lambda(T)\frac{\partial T}{\partial y}\bigg|_{s+e}-\lambda(T)\frac{\partial T}{\partial y}\bigg|_{s-e}\right]+\end{aligned}$$

$$\lim_{e\to 0}\int_{s-e}^{s+e}\left[\lambda(T)\frac{\partial T}{\partial z}\bigg|_{s+e}-\lambda(T)\frac{\partial T}{\partial z}\bigg|_{s-e}\right]=$$
$$\left[\lambda_{\mathrm{f}}(T)\frac{\partial T_{\mathrm{f}}}{\partial x}-\lambda_{\mathrm{u}}(T)\frac{\partial T_{\mathrm{u}}}{\partial x}\right]+\left[\lambda_{\mathrm{f}}(T)\frac{\partial T_{\mathrm{f}}}{\partial y}-\lambda_{\mathrm{u}}(T)\frac{\partial T_{\mathrm{u}}}{\partial y}\right]+$$
$$\left[\lambda_{\mathrm{f}}(T)\frac{\partial T_{\mathrm{f}}}{\partial z}-\lambda_{\mathrm{u}}(T)\frac{\partial T_{\mathrm{u}}}{\partial z}\right]=\lambda_{\mathrm{f}}(T)\frac{\partial T_{\mathrm{f}}}{\partial n}-\lambda_{\mathrm{u}}(T)\frac{\partial T_{\mathrm{u}}}{\partial n}\tag{6-18}$$

因此，冻结过程中土体冻结锋面 s 处的平衡方程为：

$$\lambda_{\mathrm{f}}(T)\frac{\partial T_{\mathrm{f}}}{\partial n}-\lambda_{\mathrm{u}}(T)\frac{\partial T_{\mathrm{u}}}{\partial n}=Q\frac{\mathrm{d}s(t)}{\mathrm{d}t}\tag{6-19}$$

此外，在冻结锋面 s 处还须满足温度连续性条件，即：

$$T_{\mathrm{f}}[s(t),t]=T_{\mathrm{u}}[s(t),t]=T_{\mathrm{m}}\tag{6-20}$$

6.4　基于相似变换法的温度场相似准则

基于相似变换法推导考虑潜热且热参数随温度非线性变化的冻土温度场相似准则，具体步骤如下。

第一步，写出土体冻结过程中冻区与融区的热传导微分方程，用“′”和“″”分别表示第一个温度系统和第二个温度场系统的物理量。

冻区　$$C_{\mathrm{f}}(T_{\mathrm{f}})\rho\frac{\partial T_{\mathrm{f}}}{\partial t}=\mathrm{div}[\lambda_{\mathrm{f}}(T_{\mathrm{f}})\mathrm{grad}T_{\mathrm{f}}]+q_{\mathrm{v}}\tag{6-21}$$

融区　$$C_{\mathrm{u}}(T_{\mathrm{u}})\rho\frac{\partial T_{\mathrm{u}}}{\partial t}=\mathrm{div}[\lambda_{\mathrm{u}}(T_{\mathrm{u}})\mathrm{grad}T_{\mathrm{u}}]+q_{\mathrm{v}}\tag{6-22}$$

式中　C_{f}、C_{u}——分别表示冻土的比热容和融土的比热容；
T_{f}、T_{u}——分别表示冻土区的温度和融土区的温度；
λ_{f}、λ_{u}——分别表示冻土的导热系数和融土的导热系数；
t——表示冻结的时间；
ρ——表示土体的密度。

在土体冻结锋面 s 满足温度连续性条件和能量守恒条件，即：

$$T_{\mathrm{f}}[s(t),t]=T_{\mathrm{u}}[s(t),t]=T_{\mathrm{m}}\tag{6-23}$$

$$\lambda_{\mathrm{f}}(T_{\mathrm{f}})\frac{\partial T_{\mathrm{f}}}{\partial n}-\lambda_{\mathrm{u}}(T_{\mathrm{u}})\frac{\partial T_{\mathrm{u}}}{\partial n}=Q\frac{\mathrm{d}s(t)}{\mathrm{d}t}\tag{6-24}$$

第一个温度场系统：

$$冻区\quad C_{\mathrm{f}}(T'_{\mathrm{f}})\rho'\frac{\partial T'_{\mathrm{f}}}{\partial t'}=\mathrm{div}[\lambda_{\mathrm{f}}(T'_{\mathrm{f}})\mathrm{grad}T'_{\mathrm{f}}]+q'_{\mathrm{v}} \tag{6-25}$$

$$融区\quad C_{\mathrm{u}}(T'_{\mathrm{u}})\rho'\frac{\partial T'_{\mathrm{u}}}{\partial t'}=\mathrm{div}[\lambda_{\mathrm{u}}(T'_{\mathrm{u}})\mathrm{grad}T'_{\mathrm{u}}]+q'_{\mathrm{v}} \tag{6-26}$$

在土体冻结锋面 s' 处分别满足温度连续性条件和能量守恒条件，即：

$$T'_{\mathrm{f}}[s(t'),t']=T'_{\mathrm{u}}[s(t'),t']=T'_{\mathrm{m}} \tag{6-27}$$

$$\lambda_{\mathrm{f}}(T'_{\mathrm{f}})\frac{\partial T'_{\mathrm{f}}}{\partial n'}-\lambda_{\mathrm{u}}(T'_{\mathrm{u}})\frac{\partial T'_{\mathrm{u}}}{\partial n'}=Q'\frac{\mathrm{d}s(t')}{\mathrm{d}t'} \tag{6-28}$$

第二个温度场系统：

$$冻区\quad C_{\mathrm{f}}(T''_{\mathrm{f}})\rho''\frac{\partial T''_{\mathrm{f}}}{\partial t''}=\mathrm{div}[\lambda_{\mathrm{f}}(T''_{\mathrm{f}})\mathrm{grad}T''_{\mathrm{f}}]+q''_{\mathrm{v}} \tag{6-29}$$

$$融区\quad C_{\mathrm{u}}(T''_{\mathrm{u}})\rho''\frac{\partial T''_{\mathrm{u}}}{\partial t''}=\mathrm{div}[\lambda_{\mathrm{u}}(T''_{\mathrm{u}})\mathrm{grad}T''_{\mathrm{u}}]+q''_{\mathrm{v}} \tag{6-30}$$

在土体冻结锋面 s'' 处满足温度连续性条件和能量守恒条件，即：

$$T''_{\mathrm{f}}[s(t''),t'']=T''_{\mathrm{u}}[s(t''),t'']=T''_{\mathrm{m}} \tag{6-31}$$

$$\lambda_{\mathrm{f}}(T''_{\mathrm{f}})\frac{\partial T''_{\mathrm{f}}}{\partial n''}-\lambda_{\mathrm{u}}(T''_{\mathrm{u}})\frac{\partial T''_{\mathrm{u}}}{\partial n''}=Q''\frac{\mathrm{d}s(t'')}{\mathrm{d}t''} \tag{6-32}$$

第二步，写出冻土热传导微分方程中所有物理量的相似变换式，即：

$$\begin{gathered}\frac{C''_{\mathrm{u}}}{C'_{\mathrm{u}}}=\frac{C''_{\mathrm{f}}}{C'_{\mathrm{f}}}=C_{\mathrm{C}},\ \frac{\rho''}{\rho'}=C_{\rho},\ \frac{\lambda''_{\mathrm{u}}}{\lambda'_{\mathrm{u}}}=\frac{\lambda''_{\mathrm{f}}}{\lambda'_{\mathrm{f}}}=C_{\lambda},\\ \frac{T''}{T'}=\frac{T''_{\mathrm{m}}}{T'_{\mathrm{m}}}=\frac{T''_{\mathrm{f}}}{T'_{\mathrm{f}}}=\frac{T''_{\mathrm{u}}}{T'_{\mathrm{u}}}=C_T,\frac{q''_{\mathrm{v}}}{q'_{\mathrm{v}}}=C_{q_{\mathrm{v}}},\\ \frac{x''}{x'}=\frac{y''}{y'}=\frac{z''}{z'}=\frac{s''}{s'}=C_1,\frac{t''}{t'}=C_t\end{gathered} \tag{6-33}$$

式中 C_C——土的比热容缩比；

C_{ρ}——土体的密度缩比；

C_{λ}——土的导热系数缩比；

C_t——冻结时间缩比；

$C_{q_{\mathrm{v}}}$——土体内冷（热）源热流强度缩比；

C_l——几何缩比；

C_T——土体温度缩比。

第三步，对冻土热传导微分方程进行相似转换。根据式(6-25)～式(6-28)，用第一个温度场系统的物理量表示第二个温度场系统对应的物理量，即：

冻区 $$\frac{C_\rho C_T}{C_t}C_C C'_f\rho'\frac{\partial T'_f}{\partial t'}=\frac{C_\lambda C_T}{C_l^2}\mathrm{div}(C_\lambda\lambda'_f\mathrm{grad}T'_f)+C_{q_v}q'_v \tag{6-34}$$

融区 $$\frac{C_\rho C_T}{C_t}C_C C'_u\rho'\frac{\partial T'_u}{\partial t'}=\frac{C_\lambda C_T}{C_l^2}\mathrm{div}(C_\lambda\lambda'_u\mathrm{grad}T'_u)+C_{q_v}q'_v \tag{6-35}$$

其中，$C_\lambda\lambda'_f=\lambda_f(C_T T'_f)$，$C_C\lambda'_f=C_f(C_T T'_f)$，$C_\lambda\lambda'_u=\lambda_u(C_T T'_u)$，$C_C C'_u=C_u(C_T T'_u)$

在土体冻结锋面 s'' 处满足温度连续性条件和能量守恒条件，即：

$$C_T T'_f[s(t'),t']=C_T T'_u[s(t'),t']=C_T T'_m \tag{6-36}$$

$$\frac{C_T}{C_l}C_\lambda\lambda'_f\frac{\partial T'_f}{\partial n'}-\frac{C_T}{C_l}C_\lambda\lambda'_u\frac{\partial T'_u}{\partial n'}=\frac{C_Q C_l}{C_t}Q'\frac{\mathrm{d}s(t')}{\mathrm{d}t'} \tag{6-37}$$

第四步，令式(6-29)～式(6-32)中各组相似常数的组合量相等，整理可得相似指标满足：

$$\frac{C_C C_\rho C_l^2}{C_\lambda C_t}=1,\ \frac{C_\lambda C_T C_t}{C_Q C_l^2},\ \frac{C_{q_v}C_l^2}{C_\lambda C_T}=1,\cdots\cdots \tag{6-38}$$

第五步，将式(6-33)代入式(6-38)中，整理得考虑潜热且热参数非线性变化的冻土温度场相似准则为：

$$\pi_1=\frac{C_\rho l^2}{\lambda t},\ \pi_2=\frac{\lambda Tt}{Ql^2},\ \pi_3=\frac{q_v l^2}{\lambda T},\cdots\cdots \tag{6-39}$$

除了上述相似准则 π_1、π_2 和 π_3 外，还有若干个补充准则，这些准则保证了原型土与模型土之间的比热容、导热系数相似。

若冻土的比热容 C_f 和融土比热容 C_u、土体的密度 ρ 以及冻土的导热系数 λ_f 和融土的导热系数 λ_u 均为常数，根据下面4个式子：

冻区 $$C_f\rho\frac{\partial T_f}{\partial t}=\lambda_f\ \nabla^2 T(t)+q_v \tag{6-40}$$

$$融区\quad C_{u}\rho\frac{\partial T_{u}}{\partial t}=\lambda_{u}\ \nabla^{2}T(t)+q_{v} \tag{6-41}$$

在土体冻结锋面 s 上的温度连续性条件和能量守恒条件分别是：

$$T_{f}[s(t),t]=T_{u}[s(t),t]=T_{m} \tag{6-42}$$

$$\lambda_{f}\frac{\partial T_{f}}{\partial n}-\lambda_{u}\frac{\partial T_{u}}{\partial n}=Q\frac{\mathrm{d}s(t)}{\mathrm{d}t} \tag{6-43}$$

采用相似变换法得到考虑潜热的常物性冻土温度场相似准则，即：

$$\pi_{1}=\frac{C_{\rho}l^{2}}{\lambda t},\ \pi_{2}=\frac{\lambda Tt}{Ql^{2}},\ \pi_{3}=\frac{q_{v}l^{2}}{\lambda T} \tag{6-44}$$

若令 $\lambda/C_{\rho}=\alpha$，则相似准则 π_{1} 可以表示为 $l^{2}/\alpha t$。

若热参数的形式相同，则考虑潜热的冻土温度场相似准则的个数比不考虑潜热时多一个相似准则 π_{3}。

6.5 基于相似定数法的相似准则

包括不考虑潜热和考虑潜热两种情况。

6.5.1 不考虑潜热

基于相似定数法研究不考虑潜热且热参数非线性变化的冻土温度场相似准则，具体步骤如下。

第一步，写出不考虑潜热且热参数随温度非线性变化的冻土热传导微分方程，即：

$$C(T)\rho\frac{\partial T}{\partial t}=\frac{\partial}{\partial x}\left[\lambda(T)\frac{\partial T}{\partial x}\right]+\frac{\partial}{\partial y}\left[\lambda(T)\frac{\partial T}{\partial y}\right]+\frac{\partial}{\partial z}\left[\lambda(T)\frac{\partial T}{\partial z}\right]+q_{v} \tag{6-45}$$

第二步，式（6-45）中所包含的物理量可以分为三类，即独立变量 x、y、z、t；因变量或待求变量 T、C、λ；常量或不变量 ρ、q_{v}。为便于试验法求解冻土温度场，故仅选取独立变量、因变量或待求变量中物理量的测量单位，将方程中选取的变量用各自物理量与选择的测量单位之比来代替，即：

$$C_0\frac{C(\theta T_0)}{C_0}\rho\frac{T_0\partial(T/T_0)}{t_0\partial(t/t_0)}=q_v+\lambda_0\frac{\lambda(\theta T_0)}{\lambda_0}\frac{T_0\partial(T/T_0)}{l\partial(x/l)}+$$

$$\frac{\partial}{l\partial(y/l)}\lambda_0\frac{\lambda(\theta T_0)}{\lambda_0}\frac{T_0\partial(T/T_0)}{l\partial(y/l)}+\frac{\partial}{l\partial(z/l)}\lambda_0\frac{\lambda(\theta T_0)}{\lambda_0}\frac{T_0\partial(T/T_0)}{l\partial(z/l)}$$

(6-46)

令 $C=C(\theta T_0)/C_0$，$\lambda=\lambda(\theta T_0)/\lambda_0$，$\tau=t/t_0$，$\theta=T/T_0$，$X=x/l$，$Y=y/l$，$Z=z/l$……式中，$C_0$、$\lambda_0$、$t_0$、$T_0$、$l$ 等分别代表相应物理量的测量单位。则式（6-46）化简整理可得：

$$C_0\rho\frac{T_0\partial\theta}{t_0\partial\tau}=q_v+\frac{\partial}{l\partial X}\left(\lambda_0\lambda\frac{T_0\partial\theta}{l\partial X}\right)+\frac{\partial}{l\partial Y}\left(\lambda_0\lambda\frac{T_0\partial\theta}{l\partial Y}\right)+\frac{\partial}{l\partial Z}\left(\lambda_0\lambda\frac{T_0\partial\theta}{l\partial Z}\right)$$

(6-47)

第三步，将式（6-47）各项分别除以 λ_0T_0/l^2，可得相似准则：

$$\pi_1=\frac{C_0\rho l^2}{\lambda_0 t_0}，\pi_2=\frac{q_v l^2}{\lambda_0 t_0}$$

由于土的比热容和导热系数与温度有关，因此，除了上述两个相似准则外，还存在若干个相似准则。采用相似定数法不仅推出了相似准则 $C\rho l^2/\lambda_0 t_0$ 和 $q_v l^2/\lambda_0 T_0$，还得到了本应包含在相似准则内的简单数群 Y、Z，这两个简单数群的量纲是相同的，以保证模型的几何尺寸等物理量相似。

根据上述结果，可将无量纲式（6-47）用一般函数形式表示，即：

$$f\left(\frac{C_0\rho l^2}{\lambda_0 t_0},\frac{q_v l^2}{\lambda_0 t_0},C,\lambda,X,Y,Z,\tau,\theta,\cdots\right)=0 \qquad (6\text{-}48)$$

不考虑潜热的常物性冻土热传导微分方程为：

$$C\rho\frac{\partial T(t)}{\partial t}=\lambda\left[\frac{\partial^2T(t)}{\partial x^2}+\frac{\partial^2T(t)}{\partial y^2}+\frac{\partial^2T(t)}{\partial z^2}\right]+q_v \qquad (6\text{-}49)$$

由于土的比热容和导热系数为常数，那么，式（6-49）中的独立变量为 x、y、z、t；因变量或待求变量为 T；常量或不变量为 C、λ、ρ、q_v。将式中选取的变量用各自物理量与选择的测量单位之比代替，即：

$$C\rho\frac{T_0\partial T(T/T_0)}{t_0\partial(t/t_0)}=$$
$$\lambda\left[\frac{T_0\partial^2(T/T_0)}{l^2\partial(x/l)^2}+\frac{T_0\partial^2(T/T_0)}{l^2\partial(y/l)^2}+\frac{T_0\partial^2(T/T_0)}{l^2\partial(z/l)^2}\right]+q_v \tag{6-50}$$

令 $\tau=t/t_0$，$\theta=T/T_0$，$X=x/l$，$Y=y/l$，$Z=z/l$。式中，t_0、T_0、l 代表相应物理量的测量单位。则方程（6-50）可化简为：

$$C\rho\frac{T_0\partial\theta}{t_0\partial\tau}=\lambda\left(\frac{T_0\partial^2\theta}{l^2\partial X^2}+\frac{T_0\partial^2\theta}{l^2\partial Y^2}+\frac{T_0\partial^2\theta}{l^2\partial Z^2}\right)+q_v \tag{6-51}$$

将式（6-51）各项分别除以式中的一个幂次组合量 $\lambda T_0/l^2$，可得相似准则 $\pi_1=\frac{C\rho l^2}{\lambda t_0}$，$\pi_2=\frac{q_v l^2}{\lambda T_0}$。若令 $\frac{\lambda}{C\rho}=a$，则相似准则 π_1 可以表示为 $\frac{l^2}{at_0}$。

根据上述结果，可将无量纲式（6-51）改写成一般的函数形式，即：

$$f\left(\frac{C_0\rho l^2}{\lambda t_0}\left(\text{或}\frac{l^2}{at_0}\right),\frac{q_v l^2}{\lambda t_0},X,Y,Z,\tau,\theta\right)=0 \tag{6-52}$$

相似准则 π_1 和相似准则 π_2 是由已知物理量组成的，被称为已定（或定型准则）准则；待求的未知物理量的相似准则，被称为待定准则（或非定型准则）。例如式（6-52）中 X、Y、Z、τ、θ 分别包含待定的 x、y、z、时间 t、温度 T。

6.5.2 考虑潜热

基于相似定数法研究考虑潜热且热参数随温度非线性变化的冻土温度场相似准则，具体步骤如下。

第一步，分别写出考虑潜热且热参数随温度非线性变化的冻区与融区热传导微分方程，即：

冻区 $$C_f(T_f)\rho\frac{\partial T_f}{\partial t}=\text{div}[\lambda_f(T_f)\text{grad}T_f]+q_v \tag{6-53}$$

$$\text{融区}\quad C_u(T_f)\rho\frac{\partial T_u}{\partial t}=\text{div}[\lambda_u(T_u)\text{grad}T_u]+q_v \tag{6-54}$$

在土体冻结锋面 s 上须满足温度连续性，即：

$$T_f[s(t),t]=T_u[s(t),t]=T_m \tag{6-55}$$

同时，在土体冻结锋面 s 处还需满足能量守恒定律，即：

$$\lambda_f(T_f)\frac{\partial T_f}{\partial n}-\lambda_u(T_u)\frac{\partial T_u}{\partial n}=Q\frac{\text{d}s(t)}{\text{d}t} \tag{6-56}$$

第二步，由于式（6-55）仅为温度的等式，故无法得出新的相似准则。将式（6-53）、式（6-54）、式（6-56）中所包含的物理量分为三类，即独立变量 x、y、z、t；因变量或待求变量 T_f、T_u、C_f、C_u、λ_f、λ_u；常量或不变量 Q、ρ、q_v。将方程中选取的变量 x、y、z、t、T_0、C_0、λ_0、l 用各自物理量与选择的测量单位之比代替，即：

$$\text{冻/融区}\quad C_0\frac{C_{f,u}(\theta_{f,u}T_0)}{C_0}\rho\frac{T_0\partial(T_{f,u}/T_0)}{t_0\partial(t/t_0)}=q_v+$$

$$\lambda_0T_0\left[\frac{\partial}{l\partial(x/l)}\frac{\lambda_{f,u}(\theta_{f,u}T_0)}{\lambda_0}\frac{\partial(T_{f,u}/T_0)}{l\partial(x/l)}+\frac{\partial}{l\partial(y/l)}\frac{\lambda_{f,u}(\theta_{f,u}T_0)}{\lambda_0}\right.$$

$$\left.\frac{\partial(T_{f,u}/T_0)}{l\partial(y/l)}+\frac{\partial}{l\partial(z/l)}\frac{\lambda_{f,u}(\theta_{f,u}T_0)}{\lambda_0}\frac{\partial(T_{f,u}/T_0)}{l\partial(z/l)}\right] \tag{6-57}$$

$$\lambda_0T_0\frac{\lambda_f(\theta_fT_0)}{\lambda_0}\left[\frac{\partial(T_f/T_0)}{l\partial(x/l)}+\frac{\partial(T_f/T_0)}{l\partial(y/l)}+\frac{\partial(T_f/T_0)}{l\partial(z/l)}\right]-\lambda_0T_0\frac{\lambda_u(\theta_fT_0)}{\lambda_0}$$

$$\left[\frac{\partial(T_u/T_0)}{l\partial(x/l)}+\frac{\partial(T_u/T_0)}{l\partial(y/l)}+\frac{\partial(T_u/T_0)}{l\partial(z/l)}\right]=Q\frac{l\text{d}[s(\tau t_0)/l]}{t_0\text{d}(t/t_0)} \tag{6-58}$$

令 $C_{f,u}=C_{f,u}(\theta_{f,u}T_0)/C_0$，$\lambda_{f,u}=\lambda_{f,u}(\theta_{f,u}T_0)/\lambda_0$，$\tau=t/t_0$，$\theta_f=T_f/T_0$，$\theta_u=T_u/T_0$，$X=x/l$，$Y=y/l$，$Z=z/l$，$S=S(\tau t_0)/l$……式中，$C_0$、$\lambda_0$、$t_0$、$T_0$、$l$ 等代表相应物理量的测量单位。则式（6-57）和式（6-58）化简整理可得：

$$C_0C_{f,u}\rho\frac{T_0\partial\theta_{f,u}}{t_0\partial\tau}=q_v+\lambda_0T_0$$

$$\left[\frac{\partial}{l\partial X}\left(\lambda_{\mathrm{f,u}}\frac{\partial\theta_{\mathrm{f,u}}}{l\partial X}\right)+\frac{\partial}{l\partial Y}\left(\lambda_{\mathrm{f,u}}\frac{\partial\theta_{\mathrm{f,u}}}{l\partial Y}\right)+\frac{\partial}{l\partial Z}\left(\lambda_{\mathrm{f,u}}\frac{\partial\theta_{\mathrm{f,u}}}{l\partial Z}\right)\right]$$

(6-59)

$$\lambda_0T_0\lambda_{\mathrm{f}}\left(\frac{\partial\theta_{\mathrm{f}}}{l\partial X}+\frac{\partial\theta_{\mathrm{f}}}{l\partial Y}+\frac{\partial\theta_{\mathrm{f}}}{l\partial Z}\right)-\lambda_0T_0\lambda_{\mathrm{u}}\left(\frac{\partial\theta_{\mathrm{u}}}{l\partial X}+\frac{\partial\theta_{\mathrm{u}}}{l\partial Y}+\frac{\partial\theta_{\mathrm{u}}}{l\partial Z}\right)=Q\frac{l\,\mathrm{d}s}{t_0\mathrm{d}\tau}$$

(6-60)

第三步，将式（6-59）各项分别除以 λ_0T_0/l^2，得相似准则：

$$\pi_1=\frac{C_0\rho l^2}{\lambda_0t_0},\ \pi_2=\frac{q_{\mathrm{v}}l^2}{\lambda_0t_0}$$

此外，根据原型土的比热容和导热系数还可得到若干个相似准则。

将式（6-60）中各项分别除以 Ql/t_0，可得相似准则：

$$\pi_3=\frac{\lambda_0T_0t_0}{Ql^2}$$

除了上述三个相似准则外，还得到简单数群 Y、Z、S、τ、θ_{f}、θ_{u}、C_{f}、C_{u}、λ_{f}、λ_{u}。

根据上述推导结果，可将无量纲式（6-59）和式（6-60）改写成一般的函数形式，即：

$$f\left(\frac{C_0\rho l^2}{\lambda_0t_0},\frac{q_{\mathrm{v}}l^2}{\lambda_0t_0},\frac{\lambda_0T_0t_0}{Ql^2},X,Y,Z,S,\tau,\theta_{\mathrm{f}},\theta_{\mathrm{u}},C_{\mathrm{f}},C_{\mathrm{u}},\lambda_{\mathrm{f}},\lambda_{\mathrm{u}},\cdots\right)=0$$

(6-61)

考虑潜热的常物性热传导微分方程为：

冻区/融区 $$C_{\mathrm{f,u}}\rho\frac{\partial T_{\mathrm{f,u}}}{\partial t}=\lambda_{\mathrm{f,u}}\left(\frac{\partial^2T_{\mathrm{f,u}}}{\partial x^2}+\frac{\partial^2T_{\mathrm{f,u}}}{\partial y^2}+\frac{\partial^2T_{\mathrm{f,u}}}{\partial z^2}\right)+q_{\mathrm{v}}$$

(6-62)

在冻结锋面 s 处分别满足温度连续性条件和能量守恒条件，即：

$$T_{\mathrm{f}}[s(t),t]=T_{\mathrm{u}}[s(t),t]=T_{\mathrm{m}} \tag{6-63}$$

$$\lambda_{\mathrm{f}}\frac{\partial T_{\mathrm{f}}}{\partial n}-\lambda_{\mathrm{u}}\frac{\partial T_{\mathrm{u}}}{\partial n}=Q\frac{\mathrm{d}s(t)}{\mathrm{d}t} \tag{6-64}$$

由于土的比热容和导热系数为常数，则式（6-62）和式（6-64）中的独立变量为 x、y、z、t；因变量或待求变量为 T_f、T_u；常量或不变量为 Q、C_f、C_u、λ_f、λ_u、ρ、q_v。将方程中的变量用各自物理量与选择的测量单位之比代替，即：

$$\text{冻区/融区}\quad C_{f,u}\rho\frac{\partial(T_{f,u}/T_0)}{t_0\partial(t/t)}=\frac{\lambda_{f,u}T_0}{l^2}\left[\frac{\partial^2(T_{f,u}/T_0)}{\partial(x/l)^2}+\frac{\partial^2(T_{f,u}/T_0)}{\partial(x/l)^2}+\frac{\partial^2(T_{f,u}/T_0)}{\partial(x/l)^2}\right]+q_v \tag{6-65}$$

$$\lambda_f T_0\left[\frac{\partial(T_f/T_0)}{l\partial(x/l)}+\frac{\partial(T_f/T_0)}{l\partial(y/l)}+\frac{\partial(T_f/T_0)}{l\partial(z/l)}\right]-\lambda_u T_0\left[\frac{\partial(T_u/T_0)}{l\partial(x/l)}+\frac{\partial(T_u/T_0)}{l\partial(y/l)}+\frac{\partial(T_u/T_0)}{l\partial(z/l)}\right]=Q\frac{l\mathrm{d}s}{t_0\mathrm{d}\tau} \tag{6-66}$$

令 $\tau=t/t_0$，$\theta_{f,u}=T_{f,u}/T_0$，$X=x/l$，$Y=y/l$，$Z=z/l$，$S=S(\tau t_0)/l$。式中，t_0、T_0、l 代表相应物理量的测量单位。则式（6-65）和式（6-66）化简整理可得：

$$\text{冻区/融区}\quad C_{f,u}\rho\frac{\partial\theta_{f,u}}{t_0\partial\tau}=\frac{\lambda_{f,u}T_0}{l^2}\left(\frac{\partial^2\theta_{f,u}}{\partial X^2}+\frac{\partial^2\theta_{f,u}}{\partial Y^2}+\frac{\partial^2\theta_{f,u}}{\partial Z^2}\right)+q_v \tag{6-67}$$

$$\lambda_f T_0\left(\frac{\partial\theta_f}{l\partial X}+\frac{\partial\theta_f}{l\partial Y}+\frac{\partial\theta_f}{l\partial Z}\right)-\lambda_u T_0\left(\frac{\partial\theta_u}{l\partial X}+\frac{\partial\theta_u}{l\partial Y}+\frac{\partial\theta_u}{l\partial Z}\right)=Q\frac{l\mathrm{d}s}{t_0\mathrm{d}\tau} \tag{6-68}$$

将式（6-67）各项分别除以 $\lambda_{f,u}T_0/l^2$，整理可得相似准则：

$$\pi_1=\frac{C_f\rho l^2}{\lambda_f t_0},\pi_2=\frac{q_v l^2}{\lambda_f T_0},\pi_3=\frac{C_f}{C_u}$$

若令 $\frac{\lambda_f}{C_f\rho}=\alpha_f$，则相似准则 π_1 可表示为 $\frac{l^2}{\alpha_f t}$。将式（6-68）分别除以 $\frac{Ql}{t_0}$，整理可得相似准则 $\pi_4=\frac{\lambda_f T_0 t_0}{Ql^2}$，$\pi_5=\frac{\lambda_u}{\lambda_f}$。除了上述三个相似准则外，还得到包含在无量纲方程中的简单数群 Y、Z、S、τ、θ_f、θ_u。

根据上述推导结果，可将无量纲的式（6-67）和式（6-68）写成一般函数形式，即：

$$f\left[\frac{C_0\rho l^2}{\lambda_f t_0}\left(或\frac{l^2}{\alpha_f t_0}\right),\frac{q_v l^2}{\lambda_f t_0},\frac{\lambda_f T_0 t_0}{Ql^2},\frac{C_f}{C_u},\frac{\lambda_u}{\lambda_f},X,Y,Z,S,\tau,\theta_u,\theta_f\right]=0 \tag{6-69}$$

6.6 基于积分类比法的相似准则

包括不考虑潜热和考虑潜热两种情况。

6.6.1 不考虑潜热

基于积分类比法的不考虑潜热且热参数随温度非线性变化时的冻土温度场相似准则，具体步骤如下。

第一步，写出不考虑潜热时的热参数非线性冻土热传导微分方程，即：

$$\rho C(T)\frac{\partial T_t}{\partial t}=\left[\lambda(T)\frac{\partial^2 T(t)}{\partial x^2}+\lambda(T)\frac{\partial^2 T(t)}{\partial y^2}+\lambda(T)\frac{\partial^2 T(t)}{\partial z^2}\right]+q_v \tag{6-70}$$

第二步，将式（6-70）中的各阶导数用积分类比表示，并用“～”表示方程中的加号、减号和等号，可得：

$$\rho C(T)\frac{\partial T_t}{\partial t}\sim\frac{\rho CT}{t},\lambda(T)\frac{\partial^2 T(t)}{\partial x^2}=\lambda(T)\frac{\partial^2 T(t)}{\partial y^2}=\lambda(T)\frac{\partial^2 T(t)}{\partial z^2}\sim\frac{\lambda T}{l^2},q_v\sim q_v,\cdots \tag{6-71}$$

第三步，选用 $\lambda T/l^2$ 除以基本方程两边剩余各项的组合量，进而求得相似准则：

$$\pi_1=\frac{\rho Cl^2}{\lambda t},\pi_2=\frac{q_v l^2}{\lambda T},\cdots \tag{6-72}$$

式（6-72）给出了相似准则 π_1 和相似准则 π_2 的具体形式，其他相似准则与土的比热容和导热系数的温度函数表达式有关。

若土的比热容 C、土体的密度 ρ 以及土的导热系数 λ 均为常数，则不考虑潜热时的冻土热传导方程可写为：

$$\frac{\partial T(t)}{\partial t}=a\left[\frac{\partial^2 T(t)}{\partial x^2}+\frac{\partial^2 T(t)}{\partial y^2}+\frac{\partial^2 T(t)}{\partial z^2}\right]+\frac{q_v}{\rho C} \tag{6-73}$$

其中 $a=\frac{\lambda}{C\rho}$。

基于式（6-73），采用积分类比法的不考虑潜热的常物性冻土温度场相似准则，可得：

$$\pi_1=\frac{l^2}{at},\pi_2=\frac{q_v l^2}{\lambda T} \tag{6-74}$$

由于$\frac{\lambda}{C\rho}=a$，那么相似准则 π_1 还可表示为$\frac{\rho C l^2}{\lambda t}$。

6.6.2 考虑潜热

基于积分类比法考虑潜热且热参数随温度非线性变化的冻土温度场相似准则，具体步骤如下。

第一步，分别写出不考虑潜热且热参数非线性变化条件下冻区和融区土体的热传导微分方程，即：

$$\text{冻区}\quad C_f(T_f)\rho\frac{\partial T_f}{\partial t}=\mathrm{div}[\lambda_f(T_f)\mathrm{grad}T_f]+q_v \tag{6-75}$$

$$\text{融区}\quad C_u(T_u)\rho\frac{\partial T_u}{\partial t}=\mathrm{div}[\lambda_u(T_u)\mathrm{grad}T_u]+q_v \tag{6-76}$$

在土体冻结锋面 s 处满足温度连续性条件和能量守恒条件，即：

$$T_f[s(t),t]=T_u[s(t),t]=T_m \tag{6-77}$$

$$\lambda_f(T)\frac{\partial T_f}{\partial n}-\lambda_u(T)\frac{\partial T_u}{\partial n}=Q\frac{\mathrm{d}s(t)}{\mathrm{d}t} \tag{6-78}$$

第二步，式（6-77）推不出相似准则，将式（6-75）、式（6-76）和式（6-78）中的各阶导数用积分类比表示，并用符号“～”表示这些方程中的加号、减号和等号，可得：

$$C_f(T_f)\rho\frac{\partial T_f}{\partial t}=C_u(T_u)\rho\frac{\partial T_u}{\partial t}\sim\frac{CT\rho}{t},q_v=q_v\sim q_v,$$

$$\mathrm{div}[\lambda_f(T_f)\mathrm{grad}T_f]=\mathrm{div}[\lambda_u(T_u)\mathrm{grad}T_u]\sim\frac{\lambda T}{l^2} \tag{6-79}$$

由式（6-79）可得：

$$\lambda_{\mathrm{f}}(T)\frac{\partial T_{\mathrm{f}}}{\partial n}=\lambda_{\mathrm{u}}(T)\frac{\partial T_{\mathrm{u}}}{\partial n}\sim\frac{\lambda T}{l},Q\frac{\mathrm{d}s(t)}{\mathrm{d}t}\sim\frac{Ql}{t} \tag{6-80}$$

第三步，对于式（6-75）和式（6-76）选用 $\lambda T/l^2$ 除以式中两边剩余各项的组合量，进而求得相似准则为：

$$\pi_1=\frac{C\rho l^2}{\lambda t},\pi_2=\frac{q_{\mathrm{v}}l^2}{\lambda T},\cdots \tag{6-81}$$

对于式（6-80）选用 Ql/t 除以式中的 $\lambda T/l$，进而求得相似准则为：

$$\pi_3=\frac{\lambda Tt}{Ql^2} \tag{6-82}$$

若冻土的比热容 C_{f} 和融土的比热容 C_{u}、土的密度 ρ 以及冻土的导热系数 λ_{f} 和融土的导热系数 λ_{u} 均为常数，则采用相似变换法的冻土温度场相似准则为：

$$\pi_1=\frac{C\rho l^2}{\lambda t},\pi_2=\frac{\lambda Tt}{Ql^2},\pi_3=\frac{q_{\mathrm{v}}l^2}{\lambda T} \tag{6-83}$$

若令 $\frac{\lambda}{C\rho}=a$，则相似准则 π_1 可以表示为 $\frac{l^2}{at}$。

6.7 边界条件的相似

在进行冻土模型试验时要保证温度场相似，除了满足热传导过程的相似，还需要保证边界条件的相似。冻土温度场中的边界条件主要反映土体与周围环境之间的相互作用与联系，常见的边界条件主要分为四类。

6.7.1 第一类边界条件

第一类边界条件给出了任意时刻土体边界上的温度值，即：

$$T(x,y,z,t)_{\mathrm{s}}=T_{\mathrm{a}}(t) \tag{6-84}$$

式中 s——表示土体边界；

T_{a}——表示土体边界面 s 上的温度值。对于稳态热传导过程，

T_a 不随时间发生改变；对于非稳态，T_a 可以表示为温度随时间变化的函数。基于积分类比法推导第一类边界条件相似准则时，发现模型的边界条件与原型一致。

6.7.2 第二类边界条件

第二类边界条件给出了任意时刻边界上热流密度的数值，即：

$$\lambda \left.\frac{\partial T}{\partial n}\right|_{s}=q(t) \tag{6-85}$$

式中 n——边界面 s 的法线方向；

λ——导热系数；

q——通过边界面 s 的热流密度。对于稳态热传导过程，q 为常数；对于非稳态，q 可以表示为以时间为自变量的函数；当 $q=0$ 时表示土体边界绝热。

对于稳态的热传导过程，利用积分变换的方法推导得到第二类边界条件的相似准则为：

$$\pi=\frac{\lambda T}{ql} \tag{6-86}$$

对于非稳态热传导过程，由于热流密度是时间的函数。因此，除了上述相似准则外，还存在其他形式的相似准则，这些准则跟热流密度随时间变化的函数表达式有关。

6.7.3 第三类边界条件

第三类边界条件描述了土体边界面与周围环境之间的热交换关系，可表示为：

$$-\lambda \left.\frac{\partial T}{\partial n}\right|_{s}=h(T|_{s}-T_{f}) \tag{6-87}$$

式中 h——对流换热系数；

T_f——环境温度。

对于稳态热传导过程，h 和 T_f 不随冻结时间而改变；对于非稳态，h 和 T_f 可以表示为时间的函数。

对于稳态热传导过程，利用积分变换的方法推导得到第三类边界条件的相似准则为：

$$\pi=\frac{hl}{\lambda} \tag{6-88}$$

在非稳态导热时，还需要加入若干相似准则，进而使土体与外部环境间的对流换热系数 h、环境温度 T_f 相似。

在实际工程中，冻结土体的边界并非绝热的，而是与周围环境存在着某种程度的热交换。当采用原土进行冻结模型试验时，根据第三类边界条件相似准则得出的几何尺寸比例必须为 1∶1，即模型尺寸与原型尺寸相同。这意味着工程中的原型难以模型化，从而失去了模型试验的意义。

6.7.4 第四类边界条件

第四类边界条件（或接触面边界条件）给出了不同土层接触面上的热传导条件，该边界条件相当于在原土中增加了一个新的土层，从而使土体变得不均匀。

$$\lambda_1 \frac{\partial T_1}{\partial n}\bigg|_s=\lambda_2 \frac{\partial T_2}{\partial n}\bigg|_s, T_1|_s=T_2|_s \tag{6-89}$$

式中 λ_1、λ_2——分别表示土层 1 与土层 2 的导热系数；

T_1、T_2——分别表示土层接触面 s 处土层 1 与土层 2 的温度。

基于积分类比法推导第四类边界条件相似准则时，无法得到新的相似准则。但对于天然土层，若各土层之间的热物理参数相差不大，可采用加权平均的方法求取等效土层的热参数，而后进行模型试验[85]。在人工或外部荷载作用下，可能造成土层之间热物理参数相差甚大，例如局部夯实、土体表面覆盖重物等。因此，在进行模型试验时必须分层处理。

6.8 基于量纲分析法的温度场相似准则

在采用量纲分析法研究冻土温度场相似准则前需作以下假设：

(1) 忽略水分迁移和应力场对温度的影响；(2) 土为各向同性体；(3) 土体内部不同位置处的初始温度相同。

6.8.1 瑞利法

影响冻土温度场的物理量有土的导热系数 λ、土的比热容 C、潜热 Q、冻结时间 t、模型尺寸 L、温度 T、土体密度 ρ、内热源(或冷源) q_v。采用瑞利法推导冻土温度场相似准则，具体步骤如下。

第一步，将这些物理量间的关系用方程的一般式表示，即：

$$f(\lambda, C, Q, t, L, T, \rho, q_v)=0 \tag{6-90}$$

第二步，π 函数的一般表达式为：

$$\pi=\lambda^a C^b Q^c t^d L^e T^f \rho^g q_v^h \tag{6-91}$$

第三步，写出式 (6-91) 中各物理量的量纲。在质量系统中，各物理量的量纲如表 6-1 所示。

量纲表 **表 6-1**

物理量	符号	单位	量纲
导热系数	λ	W/(m·℃)	$[ML\tau^{-3}T^{-1}]$
比热容	C	kJ/(kg·℃)	$[L^2\tau^{-2}T^{-1}]$
潜热	Q	kJ/m^3	$[M\tau^{-2}L^{-1}]$
冻结时间	t	h	$[\tau]$
尺寸	L	m	$[L]$
温度	T	℃	$[T]$
土密度	ρ	kg/m^3	$[ML^{-3}]$
热源(或冷源)	q_v	W/m^3	$[M\tau^{-3}L^{-1}]$

第四步，根据量纲和谐原理，令式 (6-91) 中各量纲的指数等于 0，列出方程组并对其进行求解，即：

$$\left.\begin{aligned} a+c+g+h=0 \\ a+2b-c+e-3g-h=0 \\ -3a-2b-2c+d-3h=0 \\ -a-b+f=0 \end{aligned}\right\} \Rightarrow \left\{\begin{aligned} a=-d+2f-2g+h \\ b=d-f+2g-h \\ c=d-2f+g-2h \\ e=-2f+2g \end{aligned}\right. \tag{6-92}$$

令 $d=1$，$f=0$，$g=0$，$h=0$，求得 $a=-1$，$b=1$，$c=1$，$e=0$；

令 $d=0$，$f=1$，$g=0$，$h=0$，求得 $a=2$，$b=-1$，$c=-2$，$e=-2$；

令 $d=0$，$f=0$，$g=1$，$h=0$，求得 $a=-2$，$b=2$，$c=1$，$e=2$；

令 $d=0$，$f=0$，$g=0$，$h=1$，求得 $a=1$，$b=-1$，$c=-2$，$e=0$。

将解代入式（6-91），可得相似准则为：

$$\pi_1=\frac{CQt}{\lambda},\pi_2=\frac{\lambda^2 T}{CQ^2L^2},\pi_3=\frac{C^2QL^2\rho}{\lambda^2},\pi_4=\frac{\lambda q_v}{CQ^2} \tag{6-93}$$

对式（6-93）中的四个相似准则进行整理，可得：

$$\pi_1=\frac{CQt}{\lambda},\pi_2'=\pi_3/\pi_1=\frac{C\rho L^2}{\lambda t},\pi_3'=\pi_1\times\pi_2=\frac{\lambda Tt}{QL^2},\pi_4'=\pi_4/\pi_2=\frac{q_v L^2}{\lambda T} \tag{6-94}$$

6.8.2 柏金汉法

采用柏金汉对冻土温度场相似准则进行推导，具体过程如下。

在质量系统中，根据表 6-1 中各物理量的量纲，选用时间 t、长度 L、密度 ρ、温度 T 作为基本物理量。则土的导热系数 λ、比热容 C、潜热容 Q、热源（或冷源）q_v 可用基本物理量的幂因式表示为：

$$\left.\begin{matrix}\lambda\\ C\\ Q\\ q_v\end{matrix}\right\}=t^{x_1}L^{x_2}\rho^{x_3}T^{x_4} \tag{6-95}$$

然后，写出量纲矩阵，即虚线前为基本量纲的 4 阶矩阵，虚线后为导出物理量的量纲矩阵，如表 6-2 所示。

量纲矩阵 表 6-2

	x_1	x_2	x_3	x_4				
	t	L	ρ	T	λ	C	Q	q_v
[M]	0	0	1	0	1	0	1	1
[L]	0	1	−3	0	1	2	−1	−1
[τ]	1	0	0	0	−3	−2	−2	−3
[T]	0	0	0	1	−1	−1	0	0

根据量纲和谐原理，对于导热系数 λ 则有：

$$\left.\begin{array}{r}x_3=1\\x_2-3x_3=1\\x_1=-3\\x_4=-1\end{array}\right\}\Rightarrow\left\{\begin{array}{l}x_1=-3\\x_2=4\\x_3=1\\x_4=-1\end{array}\right.\Rightarrow\lambda=\frac{\rho L^4}{Tt^3} \tag{6-96}$$

对于比热容 C 则有：

$$\left.\begin{array}{r}x_3=0\\x_2-3x_3=2\\x_1=-2\\x_4=-1\end{array}\right\}\Rightarrow\left\{\begin{array}{l}x_1=-2\\x_2=2\\x_3=0\\x_4=-1\end{array}\right.\Rightarrow C=\frac{L^2}{Tt^2} \tag{6-97}$$

对于潜热 Q 则有：

$$\left.\begin{array}{r}x_3=1\\x_2-3x_3=-1\\x_1=-2\\x_4=0\end{array}\right\}\Rightarrow\left\{\begin{array}{l}x_1=-3\\x_2=2\\x_3=1\\x_4=0\end{array}\right.\Rightarrow q_v=\frac{\rho L^2}{t^3} \tag{6-98}$$

对于热源（或冷源）q_v 则有：

$$\left.\begin{array}{r}x_3=1\\x_2-3x_3=-1\\x_1=-3\\x_4=0\end{array}\right\}\Rightarrow\left\{\begin{array}{l}x_1=-3\\x_2=2\\x_3=1\\x_4=0\end{array}\right.\Rightarrow q_v=\frac{\rho L^2}{t^3} \tag{6-99}$$

由式（6-96）～式（6-99）可建立四个相似准则，即：

$$\pi_1=\frac{\rho L^4}{\lambda Tt^3},\pi_2=\frac{L^2}{CTt^2},\pi_3=\frac{\rho L^2}{Qt^2},\pi_4=\frac{\rho L^2}{q_v t^3} \tag{6-100}$$

对式（6-100）中的四个相似准则进行整理，可得：

$$\pi_1=\frac{\rho L^4}{\lambda Tt^3},\pi_2'=\pi_1/\pi_2=\frac{C\rho L^2}{\lambda t},\pi_3'=\pi_3/\pi_1=\frac{\lambda Tt}{QL^2},\pi_4'=\pi_1/\pi_4=\frac{q_v L^2}{\lambda T} \tag{6-101}$$

这两种方法都能推出四个相似准则，符合 π 定理要求。即共有 8 个物理量影响冻土温度场，选择 4 个基本物理量，则根据 π 定理可知导出相似准则的个数为 8－4＝4 个。对比这两种方法得到的相似准则可以看出，两种方法得到的相似准则在形式上略有不同，但通过基本数乘运算可以得到相同形式的准则。例如，将第一种方法中的准则 π_1 除以准则 π_2 后得到的相似准则，与第二种方法得到的准则 π_3'相同。

当考虑土的比热容和导热系数是温度的函数时，还需要在上述结果中添加若干补充准则，以保证原型与模型之间材料的相似。若不考虑潜热对温度场的影响，则去掉式（6-94）或式（6-101）中的准则 π_4'。

6.9　非线性热传导相似准则的应用和模型土参数

在绝热或恒定温度边界条件下，非线性热传导过程的相似性可依据冷源条件、绝热边界条件、模型缩比条件等来控制，从而可采用原土进行模型试验。若考虑工程和试验过程中外部环境与模型土的热交换，则必须考虑边界条件相似准则，即需要考虑模型土参数的相似性，否则只能采用与原型相等尺寸的模型试验。此外，在人工或外部荷载作用下，可能会造成土层之间的热物理参数相差甚大，故模型试验还需考虑第四类边界条件。因此，需要采用材料变换方式，寻求与原土热物理性质具有相似特性的材料进行模型试验。

6.9.1 原型土与模型土

准确合理地计算模型土热物理参数是配制模型土的基础，而既有的研究尚未给出模型土热物理参数计算方法。因而，迫切需要一种合理的模型土热参数计算方法，这对冻土温度场模型试验中的模型土配制具有重要意义。

考虑热参数随温度变化的非线性热传导温度场微分方程为：

$$C(T)\rho\frac{\partial T}{\partial t}=\mathrm{div}[\lambda(T)\mathrm{grad}T]+q_{\mathrm{v}} \tag{6-102}$$

其中，$C(T)$ 和 $\lambda(T)$ 分别为土的比热容和导热系数。对于干密度、含水率一定的土体，其导热系数和比热容是一个与温度 T 相关的函数。既有研究表明，土中水的冻结集中于高温冻结阶段，一次线性拟合难以反映热参数随冻结温度的演变过程。为提高试验精度，这里采用二次函数来描述热参数随温度的变化，即：

$$C(T)=AT^2+BT+C_0 \tag{6-103}$$

$$\lambda(T)=DT^2+ET+\lambda_0 \tag{6-104}$$

式中 A、B、D、E——均为拟合常数，单位分别为 kJ/(kg·℃^{3})、kJ/(kg·℃^{2})、W/(m·℃^{3})、W/(m·℃^{2})；

λ_0——0℃时的导热系数［W/(m·℃)］；

C_0——0℃时的比热容［kJ/(kg·℃)］；

当土体中无内热源时 q_{v} 取 0。

在冻结锋面 s 上必须满足温度连续性条件和能量守恒条件，即：

$$T_{\mathrm{f}}[s(t),t]=T_{\mathrm{u}}[s(t),t]=T_0 \tag{6-105}$$

$$(DT_{\mathrm{f}}^2+ET_{\mathrm{f}}+\lambda_0)\frac{\partial T_{\mathrm{f}}}{\partial n}-(DT_{\mathrm{u}}^2+ET_{\mathrm{u}}+\lambda_0)\frac{\partial T_{\mathrm{u}}}{\partial n}=Q\frac{\mathrm{d}s(t)}{\mathrm{d}t} \tag{6-106}$$

基于相似变换法进行了相似准则推导。首先定义式（6-102）和式（6-106）中各参量的相似变换，即：

$$\frac{A_{\mathrm{p}}}{A_{\mathrm{m}}}=C_{\mathrm{A}},\frac{B_{\mathrm{p}}}{B_{\mathrm{m}}}=C_{\mathrm{B}},\frac{D_{\mathrm{p}}}{D_{\mathrm{m}}}=C_{\mathrm{D}},\frac{E_{\mathrm{p}}}{E_{\mathrm{m}}}=C_{\mathrm{E}},\frac{x_{\mathrm{p}}}{x_{\mathrm{m}}}=\frac{y_{\mathrm{p}}}{y_{\mathrm{m}}}=$$

$$\frac{z_{\mathrm{p}}}{z_{\mathrm{m}}}=\frac{s_{\mathrm{p}}}{s_{\mathrm{m}}}=C_1,\frac{C_{0\mathrm{p}}}{E_{0\mathrm{m}}}=C_{C_0},\frac{\lambda_{0\mathrm{p}}}{\lambda_{0\mathrm{m}}}=C_{\lambda_0},\frac{t_{\mathrm{p}}}{t_{\mathrm{m}}}=C_t,\frac{q_{\mathrm{vp}}}{q_{\mathrm{vm}}}=C_q,$$

$$\frac{T_{\mathrm{p}}}{T_{\mathrm{m}}}=\frac{T_{\mathrm{fp}}}{T_{\mathrm{fm}}}=\frac{T_{\mathrm{up}}}{T_{\mathrm{um}}}=C_T,\frac{Q_{\mathrm{p}}}{Q_{\mathrm{m}}}=C_Q,\frac{\rho_{\mathrm{p}}}{\rho_{\mathrm{m}}}=C_\rho \tag{6-107}$$

式中　下标“p”——原型的物理量；

下标“m”——模型的物理量；

C_{A}、C_{B}、C_{D}、C_{E}——式（6-103）和式（6-104）中对应系数的缩比；

C_{C_0}——比热容缩比；

C_{λ_0}——导热系数缩比；

C_t——时间缩比；

$C_{q_{\mathrm{v}}}$——冷（热）源热流强度缩比；

C_1——几何缩比；

C_T——温度缩比；

C_Q——潜热缩比；

C_ρ——密度缩比。

将式（6-107）代入到式（6-102）和式（6-106）中，可得：

$$\frac{C_TC_{\mathrm{p}}}{C_t}(C_{\mathrm{A}}C_T^2A_{\mathrm{m}}T_{\mathrm{m}}^2+C_{\mathrm{B}}C_TB_{\mathrm{m}}T_{\mathrm{m}}+C_{C_0}C_{0\mathrm{m}})\rho_{\mathrm{m}}\frac{\partial T_{\mathrm{m}}}{\partial t_{\mathrm{m}}}$$

$$=\frac{C_T}{C_1^2}\mathrm{div}[(C_{\mathrm{D}}C_T^2D_{\mathrm{m}}T_{\mathrm{m}}^2+C_{\mathrm{E}}C_TE_{\mathrm{m}}T_{\mathrm{m}}+C_{\lambda_0}\lambda_{0\mathrm{m}})\mathrm{grad}T_{\mathrm{m}}]+C_{q_{\mathrm{v}}}q_{\mathrm{vm}} \tag{6-108}$$

$$(C_{\mathrm{D}}C_T^2D_{\mathrm{m}}T_{\mathrm{fm}}^2+C_{\mathrm{E}}C_T^2E_{\mathrm{m}}T_{\mathrm{fm}}+C_{\lambda_0}\lambda_{0\mathrm{m}})\frac{C_T}{C_1}\frac{\partial T_{\mathrm{fm}}}{\partial n_{\mathrm{m}}}$$

$$-(C_{\mathrm{D}}C_T^2D_{\mathrm{m}}T_{\mathrm{um}}^2+C_{\mathrm{E}}C_T^2E_{\mathrm{m}}T_{\mathrm{um}}+C_{\lambda_0}\lambda_{0\mathrm{m}})$$

$$\frac{C_T}{C_1}\frac{\partial T_{\mathrm{um}}}{\partial n_{\mathrm{m}}}=\frac{C_QC_1}{C_t}Q_{\mathrm{m}}\frac{\mathrm{d}s_{\mathrm{m}}(t_{\mathrm{m}})}{\mathrm{d}t_{\mathrm{m}}} \tag{6-109}$$

根据相似原理，相似的物理现象可以用同一个微分方程描述，且其单值条件相似。比较原型与模型的平衡方程，可得到 7 个相似准则，即：

$$\pi_1=\frac{AT^2}{C_0},\pi_2=\frac{BT^2}{C_0},\pi_3=\frac{DT^2}{\lambda_0},\pi_4=\frac{ET}{\lambda_0},$$

$$\pi_5=\frac{\lambda_0\tau}{L^2\rho C_0},\pi_6=\frac{q_v\tau}{C_0T\rho},\pi_7=\frac{C_0T\rho}{Q} \tag{6-110}$$

将土的比热容和导热系数拟合成以温度为唯一变量的二次函数，因此，式（6-110）中的相似准则 π_1、相似准则 π_2、相似准则 π_3、相似准则 π_4 是为了保证模型材料的热参数与原型土相似。将土的比热容和导热系数拟合成多项式，即：

$$C(T)=A_nT^n+A_{n-1}T^{n-1}+\cdots+A_2T^2+A_1T+C_0 \tag{6-111}$$

$$\lambda(T)=B_nT^n+B_{n-1}T^{n-1}+\cdots+B_2T^2+B_1T+\lambda_0 \tag{6-112}$$

此时，为了保证模型材料热参数与原型土相似，还需要在式（6-110）的基础上添加相似准则，即：

$$\pi_1'=\frac{A_nT^n}{C_0},\pi_2'=\frac{A_{n-1}T^{n-1}}{C_0},\pi_3'=\frac{B_nT^n}{\lambda_0},\pi_4'=\frac{B_{n-1}T^{n-1}}{\lambda_0}\cdots \tag{6-113}$$

采用二次函数表示的原型土比热容和导热系数与温度的关系：

$$C_p(T_p)=A_pT_p^2+B_pT_p+C_{0p} \tag{6-114}$$

$$\lambda_p(T_p)=D_pT_p^2+E_pT_p+\lambda_{0p} \tag{6-115}$$

式中 A_p、B_p、D_p、E_p——均为常数；

T_p——原型的土体温度（℃）；

C_{0p}——0℃时原型土的比热容［kJ/(kg·℃)］；

λ_{0p}——0℃时原型土的导热系数［W/(m·℃)］。

假设温度缩比为 C_T，土的比热容缩比为 C_{C_0}，土的导热系数缩比为 C_{λ_0}。根据相似指标式，可得：

$$A_m=\frac{A_pC_T^2}{C_{C_0}},B_m=\frac{B_pC_T}{C_{C_0}},C_{0m}=\frac{C_{0p}}{C_{C_0}},D_m=\frac{D_pC_T^2}{C_{\lambda_0}},$$

$$E_m=\frac{E_pC_T}{C_{\lambda_0}},\lambda_{0m}=\frac{\lambda_{0p}}{C_{\lambda_0}} \tag{6-116}$$

因此，模型土的比热容和导热系数为：

$$C_{\mathrm{m}}(T_{\mathrm{m}})=\frac{A_{\mathrm{p}}C_T^2}{C_{C_0}}T_{\mathrm{m}}^2+\frac{B_{\mathrm{p}}C_T}{C_{C_0}}T_{\mathrm{m}}+\frac{C_{0\mathrm{p}}}{C_{C_0}} \tag{6-117}$$

$$\lambda_{\mathrm{m}}(T_{\mathrm{m}})=\frac{D_{\mathrm{p}}C_T^2}{C_{\lambda_0}}T_{\mathrm{m}}^2+\frac{E_{\mathrm{p}}C_T}{C_{\lambda_0}}T_{\mathrm{m}}+\frac{\lambda_{0\mathrm{p}}}{C_{\lambda_0}} \tag{6-118}$$

式中　T_{m}——模型土温度（℃）。

根据$\frac{C_{C_0}C_TC_\rho}{C_Q}=1$，可得单位体积模型土潜热应满足 $Q_{\mathrm{m}}=\frac{Q_{\mathrm{p}}}{C_{C_0}C_TC_\rho}$。根据$\frac{C_{\lambda_0}C_t}{C_1^2C_\rho C_{C_0}}=1$，得到时间缩比 $C_t=\frac{C_{C_0}C_\rho C_1^2}{C_{\lambda_0}}$。

第三类边界条件的相似准则为：

$$\pi=\frac{\alpha l}{\lambda} \tag{6-119}$$

式中　α——土体与环境的对流换热系数。其对应的相似指标为：

$$\frac{C_\alpha C_1}{C_\lambda}=1 \tag{6-120}$$

式中　C_α——对流换热系数缩比。

考虑第三类边界条件的影响后，模型土的比热容和导热系数为：

$$C_{\mathrm{m}}(T_{\mathrm{m}})=\frac{A_{\mathrm{p}}C_T^2}{C_{C_0}}T_{\mathrm{m}}^2+\frac{B_{\mathrm{p}}C_T}{C_{C_0}}T_{\mathrm{m}}+\frac{C_{0\mathrm{p}}}{C_{C_0}} \tag{6-121}$$

$$\lambda_{\mathrm{m}}(T_{\mathrm{m}})=\frac{D_{\mathrm{p}}C_T^2}{C_\alpha C_1}T_{\mathrm{m}}^2+\frac{E_{\mathrm{p}}C_T}{C_\alpha C_1}T_{\mathrm{m}}+\frac{\lambda_{0\mathrm{p}}}{C_\alpha C_1} \tag{6-122}$$

根据$\frac{C_{C_0}C_TC_\rho}{C_Q}=1$，可得到单位体积模型土的潜热应满足 $Q_{\mathrm{m}}=\frac{Q_{\mathrm{p}}}{C_{C_0}C_TC_\rho}$。根据$\frac{C_{\lambda_0}C_t}{C_1^2C_\rho C_{C_0}}=1$ 和$\frac{C_\alpha C_1}{C_{\lambda_0}}=1$，可得到时间缩比 $C_t=\frac{C_{C_0}C_\rho C_1}{C_\alpha}$。

6.9.2　模型材料的相似性

根据推导出的 7 个相似准则，可以进一步得到相似指标，即：

$$\frac{C_A C_T^2}{C_{C_0}}=1,\frac{C_A C_T}{C_{C_0}}=1,\frac{C_D C_T^2}{C_{\lambda_0}}=1,\frac{C_E C_T}{C_{\lambda_0}}=1,$$
$$\frac{C_{\lambda_0} C_t}{C_1^2 C_\rho C_{C_0}}=1,\frac{C_{q_v} C_t}{C_{C_0} C_T C_\rho}=1,\frac{C_{C_0} C_T C_\rho}{C_Q}=1 \qquad (6\text{-}123)$$

在现有的土体冻结温度场模型试验中，常采用工程场地的土作为模型试验材料，即 $C_A=C_B=C_{C_0}=C_D=C_E=C_{\lambda_0}=1$。根据 $C_B C_T=C_{C_0}$，可得温度缩比 $C_T=1$，即模型中各点的初始温度和第一类边界条件与原型中对应点的初始温度和第一类边界条件相同。因此，在不考虑边界条件影响的条件下，可采用原型土进行温度场模型试验。

在实际工程中，受土体与冷源、周围介质之间热交换影响，需要考虑第三类边界条件对温度场的影响。故模型试验中的传热过程并不会按照温度缩比 $C_T=1$ 进行。所以，根据相似比指标式，可得 $C_A\neq C_B\neq C_{C_0}\neq C_D\neq C_E\neq C_{\lambda_0}\neq 1$，即在模型试验中使用原土进行模型试验是不合理的。因此，需要采用材料变换方式，寻求与原土在热物理性质方面相似的某种材料进行模型试验。

6.10　相似准则和模型土相似条件验证

为验证得到的非线性冻结温度场相似准则和考虑第三类边界条件后模型土在热物性参数方面应满足的条件是否合理，设计并实施了一系列冻结模型试验。实测了原土的导热系数、比热容随温度的变化规律，而后通过建立不同缩比的温度场模型，对得到的相似准则和考虑第三类边界条件后建立的模型土与原土之间的相似关系进行了验证。

6.10.1　比热容、导热系数的测试和潜热的计算

取天津某地粉质黏土，重塑密度为 1910kg/m^3，含水率为 33%。将原土制备成直径为 61.8mm，半径为 125mm 的土样，利用混合量热法和探针法，分别测试了不同负温黏土试样的比热容和

导热系数。得到的比热容、导热系数随温度的变化规律如图 6-1 所示。

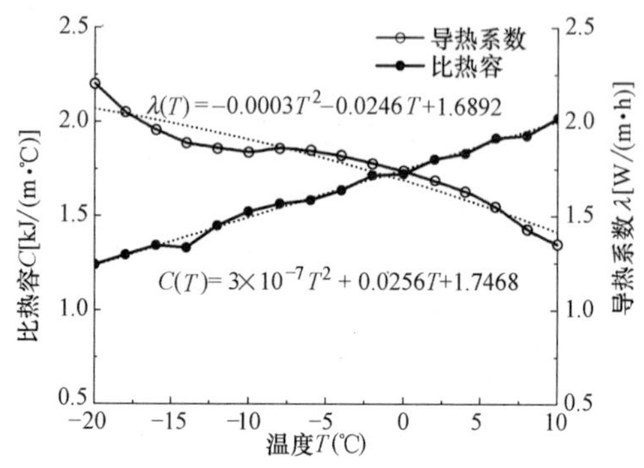

图 6-1 比热容和导热系数随温度的变化

根据试验数据，采用 Origin 对土的比热容和导热系数进行拟合。采用一次线性拟合可得两者的相关指数分别为 $R_c=0.99068$，$R_\lambda=0.9032$。采用二次拟合可得两者的相关指数分别为 $R_c=0.99135$，$R_\lambda=0.98546$。采用三次拟合可得两者的相关指数分别为 $R_c=0.98995$，$R_\lambda=0.90772$。为提高拟合数据的精度，故将土的比热容和导热系数进行了二次拟合，即：

$$C(T)=3\times10^{-7}T^2+0.0256T+1.7468 \tag{6-124}$$

$$\lambda(T)=-0.0003T^2-0.0246T+1.6892 \tag{6-125}$$

依据文献［86］提供的未冻水含量测试方法，获取了冻土试样在不同负温时的未冻水含量。

潜热的计算方法为：

$$Q_p=\rho_d L(w_{T_1}-w_{T_2})=\frac{\rho L(w_{T_1}-w_{T_2})}{1+w_0} \tag{6-126}$$

式中 Q——单位体积土的潜热（kJ/m^3）；

ρ_d、ρ——土的干密度和土体密度（kg/m^3）；

L——水的相变潜热（kJ/kg）；

w_{T_1}、w_{T_2}——T_1、T_2 负温时冻土中未冻水含量；

w_0——初始含水率。

根据式（6-126）可得到冻土在不同负温区间的相变潜热，计算结果如表 6-3 所示。

负温阶段土体的潜热计算　　表 6-3

温度 T(℃)	0	−0.5	−1	−1.5	−2	−5	−10	−15
未冻水含量 w_u(%)	33.0	18.2	13.8	9.6	6.5	5.0	3.7	3.6
潜热增量(kJ/m^3)	—	71052	21201	20246	14898	12033	1528	573

6.10.2 温度缩比 C_T 为 1 时的冻结试验

为验证建立的非线性冻结温度场相似准则，以及考虑第三类边界条件后建立的基于模型土的模型试验有效性，利用 ABAQUS 有限元软件建立了相应的数值模型，相关参数如表 6-4 所示。

数值模拟试验设计　　表 6-4

模型编号	模型比例	材料属性	类型	考虑的边界条件
1	1	原土	非线性	第一类、第二类
2	0.5	原土	非线性	第一类、第二类
3	1	原土	线性	第一类、第二类

模型 1、模型 2 和模型 3 是温度缩比 C_T 为 1 时的模型试验方案，即不考虑第三类边界条件影响的模型试验。模型 1 和模型 3 的不同在于模型 3 为线性的，即不考虑热参数随负温的变化。按照相似准则，可以确定模型 1 与模型 2 的相似常数，如表 6-5 所示。各模型的尺寸和试验参数如表 6-6 所示。

相似常数的取值　　表 6-5

参数	C_A	C_B	C_{C_0}	C_D	C_E	C_{λ_0}	C_t	C_T	C_1	C_ρ	C_Q
相似常数	1	1	1	1	1	1	4	1	2	1	1

模型试验参数的取值　　表 6-6

模型编号	模型尺寸 $l\times h$(m×m)	冻结时间(h)	冷源温度(℃)	土体初温(℃)	环境温度(℃)	土体密度(kg/m^3)
1	2×0.5	200	−20	7	7	1910
2	1×0.25	50				
3	2×0.5	200				

利用 ABAQUS 有限元软件，按照表 6-6 确定的参数进行了一维冻结温度场模拟。其中模型 1 为 2m×0.5m 的矩形土体。在矩形模型的下边界设置有−20℃的恒温冷源；其余边界设为绝热。设置冻土潜热的释放区间为−2～0℃，相变潜热值为 139430kJ/m^3。土的比热容和导热系数按图 6-1 给出的数值设置。模型 2 为 1m×0.25m 的矩形，采用与模型 1 相同的土体，且其边界和冷源条件与模型 1 相同。模型 3 与模型 1 的尺寸和材料均相同，但在设置土体热参数时，不考虑比热容和导热系数随温度的变化，采用图 6-1 中的平均值作为其导热系数和比热容，即模型 3 中导热系数为 1.82W/(m·℃)、比热容为 1.58kJ/(kg·℃)。

6.10.3 温度缩比 C_T 不为 1 时的冻结试验

依据前文的推导，对考虑第三类边界条件后模型土在热物性参数方面应满足的条件进行验证，相关参数如表 6-7 所示。

数值模拟试验设计 **表 6-7**

模型编号	模型比例	材料属性	类型	考虑的边界条件
4	1	原土	非线性	第一类、第二类、第三类
5	0.5	模型土	非线性	第一类、第二类、第三类

模型 4 和模型 5 考虑了第三类边界条件的影响，即允许土体界面与外界环境之间的热交换。模型 4 与模型 1 在尺寸和材料属性上完全相同，但将模型 4 上边界条件设为对流换热。模型 4 与模型 5 的尺寸缩比 $C_1=2$、温度缩比 $C_T=2$，其余边界的设置与模型 4 相同。由于对模型 4 与模型 5 的尺寸、冷源均进行了相似变换，并且边界与环境存在对流换热，因此，模型 5 需要用模型土代替原土进行试验。假设对流换热系数缩比 C_α 为 2，根据第三类边界条件的相似准则，得到导热系数缩比 C_{λ_0} 为 4。假设比热容缩比 C_{C_0} 为 4，按照前文对模型土热物理参数应满足的条件，得到模型土的比热容和导热系数为：

$$C_m(T_m)=3\times10^{-7}T_m^2+0.0128T_m+0.4367 \quad (6\text{-}127)$$

$$\lambda_m(T_m)=-0.0003T_m^2-0.0123T_m+0.4223 \quad (6\text{-}128)$$

按照导出的相似准则，确定模型4与模型5之间的相似常数，结果如表6-8所示。各模型尺寸和试验参数如表6-9所示。

相似常数的取值　　表6-8

参数	C_A	C_B	C_{C_0}	C_D	C_E	C_{λ_0}	C_t	C_T	C_1	C_ρ	C_Q	C_α
相似常数	1	2	4	1	2	4	4	2	2	1	8	2

模型试验参数的取值　　表6-9

模型编号	模型尺寸 $l\times h$ (m×m)	冻结时间 (h)	冷源温度 (℃)	土体初温 (℃)	环境温度 (℃)	土体密度 (kg/m³)	相变潜热 (kJ/m³)	对流换热系数 [W/(m²·℃)]
4	2×0.5	200	−20	7	7	1910	139430	10
5	1×0.25	50	−10	3.5	3.5	1910	17428.75	5

6.10.4　结果分析

依据数值模拟得到的结果，提取了模型试验中三个特征点的温度发展过程，测温点的布置如图6-2所示。

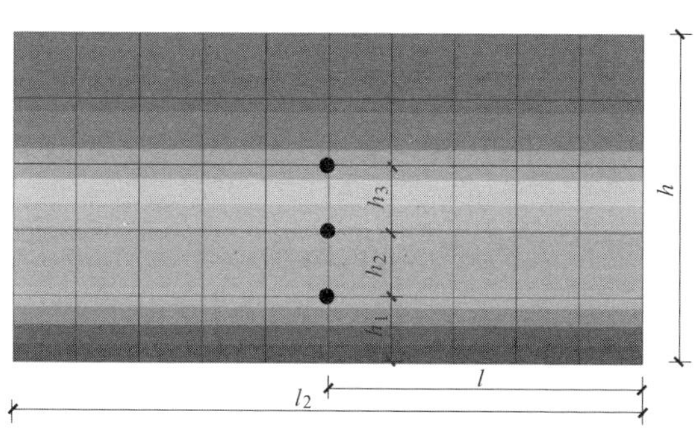

图6-2　测温点的布置

将模型1、模型2和模型3中的1号测点和2号测点的计算结果进行了整理，结果如图6-3所示。其中3号测点的温度演化进程如表6-10所示。

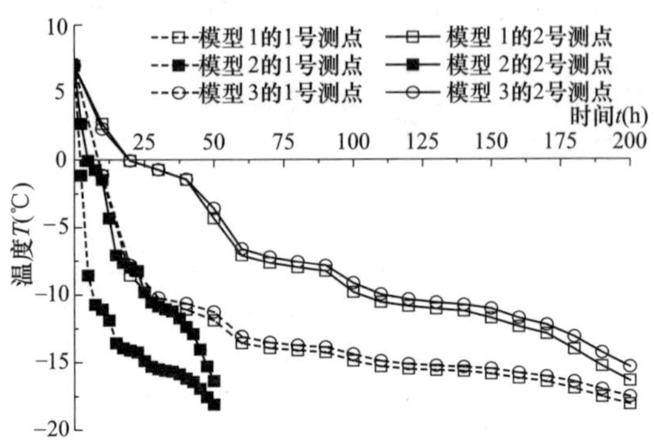

图 6-3　三个模型中测温点 1 和测温点 2 的温度对比

三个模型中 3 号测点的温度　　表 6-10

模型 1	时间(h)	0	40	80	120	160	200
	温度(℃)	7.00	0.26	−1.56	−6.14	−8.65	−15.95
模型 2	时间(h)	0	10	20	30	40	50
	温度(℃)	7.00	0.26	−1.56	−6.14	−8.65	−15.95
模型 3	时间(h)	0	40	80	120	160	200
	温度(℃)	7.00	−0.01	−1.15	−5.71	−7.98	−13.60

由图 6-3 和表 6-10 可知，模型 1、模型 3 的温度曲线均存在一定误差。既有文献也表明，考虑热参数随温度变化的冻土温度场预测精度更高[87]，即采用非线性理论推导的相似准则能更好地反映原型的演变趋势。将模型 2 乘以时间缩比 1，可发现模型 1 与模型 2 之间相应测温点对应时刻的温度值相等，即符合模型 1 与模型 2 之间的温度缩比 1。这表明，由理论得到的相似准则和采用原土进行模型试验时，原型与模型之间应满足的相似关系是正确的。

将模型 4 和模型 5 中的 1 号测点和 2 号测点的计算结果进行整理，结果如图 6-4 所示。模型 4 和模型 5 中的 3 号测点在不同时刻的温度如表 6-11 所示。

不同模型中 3 号测点的温度　　表 6-11

模型 4	时间(h)	0	40	80	120	160	200
	温度(℃)	7.00	0.92	−1.11	−5.21	−6.06	−6.56
模型 5	时间(h)	0	10	20	30	40	50
	温度(℃)	3.50	0.46	−0.56	−2.60	−3.03	−3.28

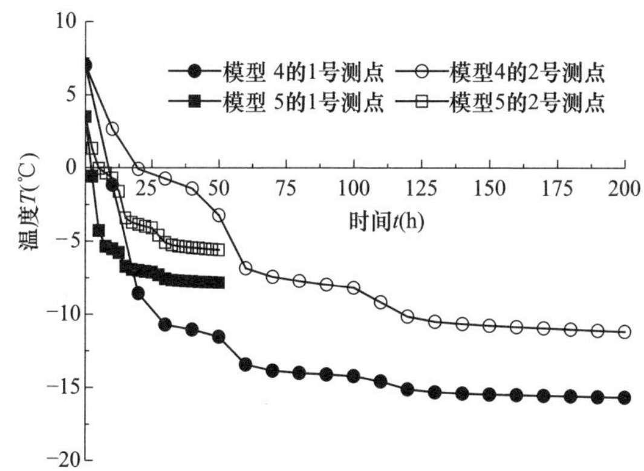

图 6-4　不同模型中测温点 1 和测温点 2 的温度对比

由图 6-4 和表 6-11 可知，模型 4 和模型 5 的温度场相似，即相应测点对应时间的温度值是 2 倍关系。这表明，采用变换后的模型土进行模型试验时，本章节给出的模型土热物性参数是完全正确的。

实际工程中，冻土与外界环境之间的热交换是不可避免的，热源形式的恒定也难以保证。因此，采用原土进行温度场模型试验，其预测值可能与工程实际不符。考虑模型与环境之间存在热交换的相似准则更为合理，因此必须采用材料变换的方式进行冻土温度场模型试验。

第7章

相似性研究的方程分析法

由于矿物成分、微观结构、含水率等物理条件的不同，不同的冻土，其比热容、导热系数等热参数随负温变化而变化的规律并不相同，且差别较大[88]。本章基于解析解，给出了一维和轴对称两种冻结过程的热相似和温度场研究成果。

7.1 冻结温度的解析解

基于冻土的热参数算法和测量方法，一种考虑显热和潜热双重效应的冻土比热容随负温的变化关系和导热系数模型，如图 7-1 所示。显然，当 C、λ 为温度 T 的函数时，导热微分方程将转换为非线性方程式（7-1）。

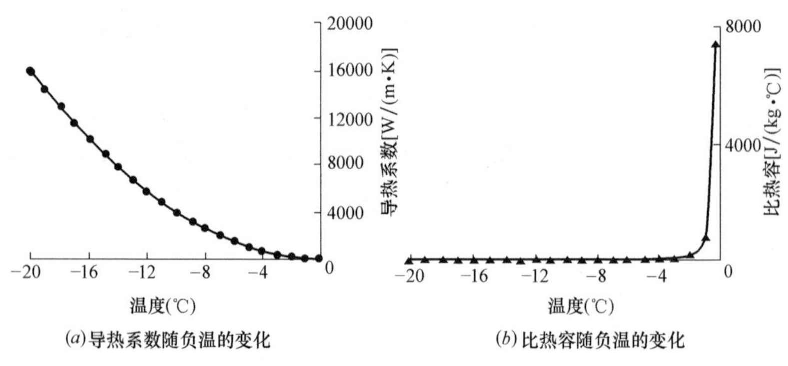

(a)导热系数随负温的变化　(b)比热容随负温的变化

图 7-1　热参数随温度的变化模型

$$\rho C\frac{\partial T}{\partial t}=\lambda\frac{\partial^2 T}{\partial x^2} \tag{7-1}$$

式中 ρ——土体密度；

C——比热容；

ρC——容积热容量；

T——温度；

t——时间；

λ——导热系数。

7.1.1 一维冻结温度场的解析解

依据图 7-1 给定的冻土比热容与负温的关系，可将冻土比热容与负温的关系拟合为 $\rho C=AT^B$ 形式的函数。其中，A、B 为待定参数。

依据非线性、非定长一维导热方程分离变量法解析解，式（7-1）可表示为：

$$AT^B\frac{\partial T}{\partial t}=\lambda\frac{\partial^2 T}{\partial x^2} \tag{7-2}$$

设 $T(x,t)=M(x)\cdot N(t)$，将其代入式（7-2）中，可得：

$$AN(t)^B N(t)'=C_1=\frac{\lambda}{M(x)^{B+1}}M(x)'' \tag{7-3}$$

式（7-3）等号左侧进行分离变量，得：

$$N(t)=\left[\frac{BC_1}{A}(t+C_2)\right]^{\frac{1}{B}} \tag{7-4}$$

式中 C_1 和 C_2——均为有量纲的常数。式（7-3）中等号右端的解为：

$$M(x)=\left(\frac{4\lambda+2B\lambda}{B^2C_1}\right)^{\frac{1}{B}}\cdot x^{\frac{-2}{B}} \tag{7-5}$$

式（7-4）乘以式（7-5），可得式（7-3）的解析解，即：

$$T(x,t)=\left[\frac{\lambda(t+C_2)(4+2B)}{ABx^2}\right]^{\frac{1}{B}} \tag{7-6}$$

式（7-6）提供的是方程（7-3）的特解。结合一种热传导边界条件 $x=0$，$T<0$，$\frac{\partial T}{\partial x}=0$ 和 $x=l$，$T<0$，$T=T_1$ 以及初始条件 $t=0$，$0\leqslant x\leqslant l$，$T=T_0$，可得到式（7-6）的通解，即：

$$T(x,t)=\left[\frac{\lambda t(4+2B)}{ABx^2}+T_0^B T_1^B l^2 x^{-2}\right]^{\frac{1}{B}} \tag{7-7}$$

7.1.2　轴对称冻结温度场的解析解

在冻结法施工中，冻结管形成的温度场可以视为轴对称问题[89]。若热参数是温度的函数，则式（7-2）是非线性方程。因非线性种类繁多，这里以文献中的比热容变化趋势通过拟合得到的函数关系式为依据，进行求解。

当比热容和导热系数为温度的幂函数时，即 $\rho C=A_3T^{B_3}$、$\lambda=A_4T^{B_4}$，式（7-2）可写成：

$$A_3T^{B_3}\frac{\partial T}{\partial t}=\frac{1}{r}\frac{\partial}{\partial r}\left(rA_4T^{B_4}\frac{\partial T}{\partial r}\right) \tag{7-8}$$

设 $T(r,t)=M(r)\cdot N(t)$，将其代入式（7-8）中，可得：

$$A_3M(r)^{B_3}N(t)M(r)N(t)'=\frac{1}{r}\frac{\partial}{\partial r}$$

$$[rA_4T^{B_4}M(r)^{B_4}N(t)^{B_4}M(r)'N(t)] \tag{7-9}$$

求导整理后得到：

$$\frac{A_3N(t)'}{N(t)^{B_3-B_4-1}}=C_7 \tag{7-10}$$

$$\frac{A_4}{r}\Big\{[M(r)'+rM(r)'']M(r)^{B_4-B_3-1}+$$

$$rB_4M(r)'M(r)^{B_4-B_3-2}M(r)'\Big\}=C_7 \tag{7-11}$$

式中　C_7——有量纲的常数。

利用分离变量法求得式（7-10）的解为：

$$N(t)=\left[\frac{C_7(t+C_8)(B_3-B_4)}{A_3}\right]^{\frac{1}{B_3-B_4}} \tag{7-12}$$

式（7-12）中，依据热参数的幂函数特点可知其解为幂函数形式，因此设：

$$M(r)=\omega r^{\eta} \tag{7-13}$$

则得到：

$$M(r)'=\omega\eta r^{\eta-1},M(r)''=\omega\eta(\eta-1)r^{\eta-2} \tag{7-14}$$

将式（7-13）和式（7-14）代入式（7-11）中得到：

$$C_7=\frac{A_4}{r}\{[\omega\eta r^{\eta-1}+\omega\eta(\eta-1)r^{\eta-1}](\omega r^{\eta})^{B_4-B_3-1}+ \\ rB_4\omega\eta r^{\eta-1}(\omega r^{\eta})^{B_4-B_3-2}\omega\eta r^{\eta-1}\} \tag{7-15}$$

整理得

$$C_7=A_4(\omega^{B_4-B_3}\eta^2 r^{\eta B_4-\eta B_3-2}+\omega\eta B_5 r^{\eta B_4-\eta B_3-2}) \tag{7-16}$$

要使 C_7 为常数，则：

$$\eta B_4-\eta B_3-2=0 \tag{7-17}$$

所以

$$\eta=\frac{2}{B_4-B_3} \tag{7-18}$$

将式（7-18）代入式（7-17）中得：

$$\omega=\left[\frac{C_7(B_4-B_3)}{4A_4(1+B_3)}\right]^{\frac{1}{B_4-B_3}} \tag{7-19}$$

因此，式（7-11）的解为：

$$M(r)=\left[\frac{C_7(B_3+B_4)}{4A_4(1+B_4)}\right]^{\frac{1}{B_4-B_3}}\cdot r^{\frac{2}{B_4-B_3}} \tag{7-20}$$

将式（7-12）和式（7-20）相乘可得到式（7-8）的通解，即：

$$T(r,t)=M(r)N(t)=\left[\frac{A_3(B_3-B_4)r^2}{4A_4(1+B_4)(t+C_8)}\right]^{\frac{1}{B_4-B_3}} \tag{7-21}$$

7.2　冻土模型试验相似准则研究

依据前文获取的解析解，可利用相似转换法研究模型试验相似准则。首先分别对热物性参数为常数时的热传导相似准则进行研究，其次将热参数非线性化并对冻土模型试验需要具备的相似准则进行研究，最后在考虑热交换的情况下更换模型土参数并得到三种模型土方案。

7.2.1 常系数热传导模型相似准则

依据相似变换法推导常系数热传导方程的相似准则，得到的几何、导热系数、容积热容量和温度的相似系数分别为：

$$c_l=\frac{l}{l'} \tag{7-22}$$

$$c_\lambda=\frac{\lambda}{\lambda'} \tag{7-23}$$

$$c_\rho c_c=\frac{c\rho}{c'\rho'} \tag{7-24}$$

$$c_T=\frac{T}{T'} \tag{7-25}$$

式中 c_l、c_λ、c_ρ、c_c、c_T——分别表示几何、导热系数、密度、比热容和温度的相似系数；

T、l、λ、ρ、c——分别表示原型土的温度、厚度、导热系数、密度和比热容；

T'、l'、λ'、ρ'、c'——分别表示模型土的温度、厚度、导热系数、密度和比热容。

1. 单值条件为第一类边界条件和第二类边界条件的组合

由式（7-22）～式（7-25）得到：

$$l=c_l\cdot l' \tag{7-26}$$

$$\lambda=c_\lambda\cdot\lambda' \tag{7-27}$$

$$c\rho=c_\rho c_c\cdot c'\rho' \tag{7-28}$$

$$T=c_T\cdot T' \tag{7-29}$$

将式（7-26）～式（7-29）代入到式（7-6）中，得到

$$c_T T'=c_T\cdot(T_0'-T_1')\mathrm{e}^{\frac{c_\lambda c_t}{c_\rho c_c c_l^2}\cdot\frac{-\pi^2\lambda' t'}{\rho C_4 l^2}}\sin\frac{\pi x'}{2l'}+c_T\cdot T_1' \tag{7-30}$$

式中 T_0'、T_1'——分别表示模型土的初始温度和冷源温度。

根据相似原理，两种相似的物理现象必定能用同一微分方程描述，且其单值条件相似。若使得模型与原型相似，则须满足：

$$c_T=1,\quad \frac{c_\alpha c_t}{c_r^2}=1 \tag{7-31}$$

式中 α——热扩散系数，且

$$\alpha=\frac{c_\lambda}{c_\rho c_c} \tag{7-32}$$

因此，可以得到时间的相似系数为：

$$c_t=\frac{t}{t'}=\frac{c_l^2}{c_\alpha}=c_l^2=\frac{l^2}{l'^2} \tag{7-33}$$

式中 t——原型的热传导时间；

t'——模型的热传导时间；

c_α——热扩散系数相似系数。若模型与原型是同种土，则模型和原型的热扩散系数相等，即 $c_\alpha=1$。

2. 单值条件为第二类边界条件和第三类边界条件的组合

此时，设 β_m 的相似系数为 c_{β_m}，即：

$$c_{\beta_m}=\frac{\beta_m}{\beta'_m} \tag{7-34}$$

则

$$\beta_m=c_{\beta_m}\beta'_m \tag{7-35}$$

将式（7-26）~式（7-29）以及式（7-35）代入到式（7-6）中得：

$$c_T T'(x,t)=c_{T_0}T'_0\sum_{m=1}^{\infty}\frac{2\sin c_{\beta_m}\beta'_m}{c_{\beta_m}\beta'_m+\sin c_{\beta_m}\beta'_m\cos c_{\beta_m}\beta'_m}$$

$$\cos\left(\frac{c_{\beta_m}\beta'_m}{c_l l}c_l x\right)e^{-(c_{\beta_m}\beta'_m)^2\frac{c_\alpha c_t \alpha' t'}{c_l^2 l'^2}} \tag{7-36}$$

式中 c_{β_m}——特征方程正根的相似常系数，当模型与原型用相同的土时，$c_{\beta_m}=1$。

根据两种相似物理现象必能用同一微分方程描述，则要使模型与原型相似，需满足以下条件：

$$\frac{c_\alpha c_t}{c_r^2}=1, c_T=1 \tag{7-37}$$

因此，可以得到时间的相似系数为：

$$c_t=\frac{t}{t'}=\frac{c_l^2}{c_\alpha}=c_l^2=\frac{l^2}{l'^2} \tag{7-38}$$

由式（7-38）可知，时间的相似系数为几何尺寸相似系数的平方，即将试验原型模型化时，在几何缩比已知的条件下，可根据相似准则求出时间缩比。

由式（7-37）和式（7-38）可知，对于冻结过程常系数热传导方程，当边界条件为第一类、第二类、第三类两两组合的边界条件时，模型试验所需的相似准则将一致，时间相似常系数都是几何相似系数的平方。

7.2.2 非线性热传导模型相似准则

当热参数非线性变化时，热传导方程为非线性方程，这对土的冻结过程更为合理。考虑热参数非线性且温度缩比不为 1 时，本节给出了三种模型土参数。设比热容幂函数系数的相似常系数为 c_A，即：

$$c_A=\frac{A}{A'} \tag{7-39}$$

则

$$A=c_A \cdot A' \tag{7-40}$$

将式（7-26）～式（7-29）以及式（7-40）代入到式（7-7）中，可得：

$$c_T \cdot T'=\left[\frac{c_\lambda c_t \lambda'(t'+C_2)(4+2B)}{c_A c_l^2 A' B x'^2}\right]^{\frac{1}{c_B \cdot B}} \tag{7-41}$$

若模型土与原型土参数一致，则模型与原型的相似须满足：

$$c_T=1, c_B=1, \frac{c_\lambda c_t}{c_A c_l^2}=1 \tag{7-42}$$

式中：模型土与原型土一致，故 c_λ、c_A 与 c_B 均为 1，因此时间相似系数为：

$$c_t=\frac{t}{t'}=c_l^2=\frac{l^2}{l'^2} \tag{7-43}$$

由式（7-43）可得，模型与原型是同种土体时，时间的相似系数为几何相似系数的平方，与常系数热传导模型的相似准则是一致的。

对轴对称冻结问题，多数情况下只需考虑径向方向热传递问题。当比热容与导热系数均呈非线性变化时，即 $\rho C=A_3T^{B_3}$、$\lambda=A_4T^{B_4}$，假设：

$$c_{A_3}=\frac{A_3}{A_3'} \tag{7-44}$$

$$c_{A_4}=\frac{A_4}{A_4'} \tag{7-45}$$

$$c_{B_3}=\frac{B_3}{B_3'} \tag{7-46}$$

$$c_{B_4}=\frac{B_4}{B_4'} \tag{7-47}$$

则得到

$$A_3=c_{A_3}\cdot A_3' \tag{7-48}$$

$$A_4=c_{A_4}\cdot A_4' \tag{7-49}$$

$$B_3=c_{B_3}\cdot B_3' \tag{7-50}$$

$$B_4=c_{B_4}\cdot B_4' \tag{7-51}$$

将式（7-48）～式（7-51）代入到式（7-41）后得到：

$$c_T\cdot T(r,t)=\left[\frac{4c_{A_3}\cdot(c_{B_3}\cdot B_3'-c_{B_4}\cdot B_4')c_r^2\cdot r'^2}{-4c_{A_4}\cdot A_4'\cdot c_t(t'+C_8)(1+c_{B_4}\cdot B_4')}\right]^{\frac{1}{c_{B_4}\cdot B_4'-c_{B_3}\cdot B_3'}} \tag{7-52}$$

若模型土与原型土一致，根据同一物理现象必能用同一方程表示的原则，可得模型与原型的相似需满足：

$$c_T=1,c_{B_3}=1,c_{B_4}=1,\frac{c_{A_3}\cdot c_r^2}{c_{A_4}\cdot c_t}=1 \tag{7-53}$$

式中：由于模型土与原型土一致，故 c_{A_3} 与 c_{A_4} 均为1，则时间相似系数为：

$$c_t=\frac{t}{t'}=c_r^2=\frac{r}{r'} \tag{7-54}$$

由式（7-54）可得，对轴对称冻结，若模型与原型是同种土，径向方向时间的相似系数则为圆柱体半径相似常系数的平方，这与一维冻结结论是一致的。

可见，模型与原型中土的各物理量相似系数之间具有特定的数学关系。只要其中一种或几种物理量的相似系数确定了，其他变量的相似系数随即可以确定。依据各物理量的相似系数可建立模型与原型之间的关系，之后就可以设计模型试验并根据模型试验结果得到原型问题的解答。

7.3 非绝热条件下的相似准则

以上部分针对的是不考虑热量损失的理想状态。但在实际冻结工程中，土体与环境存在大量的热量，故而冻结过程无法完全在绝热条件下进行[90]。此时模型与原型的温度缩比系数不再为 1，因此第 7.2 节中的相似准则将不再适用。这就要求模型中的土体与原型土体在几何尺寸、物理参数以及热参数方面成一定比例，并遵循新的相似准则。

对于轴对称导热问题，需要考虑冻结管周围某一范围的热交换。与一维冻结类似，温度的相似系数常常不为 1。此时的模型若要与原型相似，则需更换模型试验所用的材料（模型土）。当 $\rho C=A_3T^{B_3}$，$\lambda=A_4T^{B_4}$ 时，存在：

$$c_Cc_\rho=\frac{A_{3y}T_{3y}^{-B_3}}{A_{3m}T_{3m}^{-B_3}}=c_{A_3}c_T^{-B_3} \tag{7-55}$$

$$c_\lambda=\frac{A_{4y}T_{4y}^{-B_4}}{A_{4m}T_{4m}^{-B_4}}=c_{A_4}c_T^{-B_4} \tag{7-56}$$

式中　A_{3y}、A_{4y}、A_{3m}、A_{4m}——分别为原型土和模型土的容积热容量和导热系数的幂函数系数；

T_{3m}、T_{4m}、T_{3y}、T_{4y}——分别为原型和模型的温度；

$c_C c_\rho$、c_λ——分别为容积热容量和导热系数的相似常系数。此时式（7-21）可写为

$$c_T \cdot T'(r,t)=\left[\frac{c_r^2 \cdot r'^2 \cdot c_{A_3} \cdot A_3'(c_{B_3} \cdot B_3'-c_{B_4} \cdot B_4')}{4c_{A_4} \cdot A_4' \cdot (1+c_{B_4} \cdot B_4')c_t \cdot (t'+c_6)}\right]^{\frac{1}{c_{B_4} \cdot B_4'-c_{B_3} \cdot B_3'}} \tag{7-57}$$

要使模型与原型相似，则：

$$c_{B_3}=c_{B_4}=1,\left(\frac{c_{A_3} c_r^2}{c_{A_4} c_t}\right)^{\frac{1}{B_4-B_3}} \cdot \frac{1}{c_T}=1 \tag{7-58}$$

化简式（7-58）得：

$$c_t=\frac{c_T^{B_4-B_3} c_{A_3}}{c_{A_4} \cdot c_r^2} \tag{7-59}$$

可见，虽然模型试验相似准则与前两种情况的相似准则在形式上类似，但此时相似常系数与圆柱体半径的平方成反比，与温度的幂次方成正比，且幂次方数与前两种情况差异较大。故在此种情况下，温度的变化对相似准则变化的影响更为明显。因此，在验证相似准则时，应当注意此种情况下幂函数的取值。

导热系数与比热容均非线性时，模型土需满足的条件包括：（1）导热系数为原土的 1/8；（2）比热容为原土的 4 倍；（3）密度为原土的 1/2；（4）边界冷量为原土的 1/2。

从求解结果看，无论热参数怎么非线性变化，相似准则在形式上是一致的。但幂函数取值存在明显变化，且对模型试验成功与否至关重要。

可见，若模型土与原型土一致，则不管是常系数还是非线性，相似准则是一样的。而当考虑热交换时，则模型试验用土需要换为特定的模型土。这时，相似准则相差各不相同，且都与热参数的函数取值关系密切。

7.4 相似准则的验证

选取模型土冻结阶段温度场进行验证。

7.4.1 模型尺寸

针对前文得到的相似准则进行验证。一共将进行 8 组、20 个模型的对比验证，如表 7-1 和表 7-2 所示。

一维冻结模型　　表 7-1

第一组		第二组		第三组		
常系数原型（第一、二边界条件）L_1	常系数模型（第一、二边界条件）L_2	常系数原型（第一、三边界条件）L_3	常系数模型（第一、三边界条件）L_4	非线性原型（C 非线性变化）L_9	非线性不换土模型（C 非线性变化）L_{10}	非线性换土模型（C 非线性变化）L_{11}

轴对称冻结模型　　表 7-2

第四组		第五组		第六组		
常系数原型（第一、二边界条件）L_5	常系数模型（第一、二边界条件）L_6	常系数原型（第一、三边界条件）L_7	常系数模型（第一、三边界条件）L_8	非线性不换土原型（C 非线性变化）L_{12}	非线性不换土模型（C 非线性变化）L_{13}	非线性换土模型（C 均非线性变化）L_{14}

第七组			第八组		
非线性不换土原型（λ 非线性变化）L_{15}	非线性不换土模型（λ 非线性变化）L_{16}	非线性换土模型（λ 非线性变化）L_{17}	非线性原型（λ 与 C 均非线性变化）L_{18}	非线性不换土模型（λ 与 C 均非线性变化）L_{19}	非线性换土模型（λ 与 C 均非线性变化）L_{20}

一维冻结的原型尺寸为 2m×1m 矩形区域，土层厚度 2m。热量沿深度方向由上至下传导，土体初温为 0℃，在模型上部边界设置－20℃的恒温冷源，其余边界根据具体情况分别设置不同的边界条件，包括第一边界条件、第二边界条件、第三边界条件，或者三

个边界条件中某两个的结合。几何尺寸缩比定为 2，土体参数与热参数依据相似准则从原型缩比得到。

轴对称冻结原型采用 ABAQUS 自带的轴对称模型，圆柱半径为 1m，高度为 2m。在柱体外边缘设置－20℃的冷源，冷源朝着径向传递。边界条件与一维冻结一致。几何尺寸缩比定为 2，边界条件和热参数依据相似准则从原型推导而来。

7.4.2 模型材料

冻结过程为瞬态导热过程。主要涉及的材料参数有密度、导热系数以及比热容，各原型与模型的材料如表 7-3 所示。

由相似准则得到的模型土属性　　表 7-3

模型编号	L_1、L_2、L_3、L_4、L_5、L_6、L_7、L_8	L_9、L_{10}、L_{12}、L_{13}	L_{11}、L_{14}	L_{15}、L_{16}	L_{17}	L_{18}、L_{19}	L_{20}
C[J/(kg·℃)]	1950	$100T^{-2}$	$200T^{-2}$	1950	487.5	$100T^{-2}$	$200T^{-2}$
λ[W/(m·K)]	5004	5004	2502	$40T^2$	$5T^2$	$40T^2$	$5T^2$
ρ(kg/m^3)	1910	1910	1910	1910	1910	1910	1910

7.4.3 边界条件的施加

涉及的边界条件有第一边界条件和第二边界条件的组合以及第二边界条件和第三边界条件的组合两种情况。模型 L_1、L_2、L_5、L_6、L_9、L_{10}、L_{12}、L_{13}、L_{15}、L_{16}、L_{18}、L_{19} 采用第一边界条件和第二边界条件的组合，即土层上边缘施加－20℃的冷源，其余边界条件均绝热。L_3、L_4、L_7、L_8 采用第一边界条件和第三边界条件的组合，即土层上边缘施加－20℃的冷源温度，右边缘与温度为 7℃的外界环境对流换热，其中对流换热系数为 10，其余边界为绝热边界。L_{11}、L_{14}、L_{17}、L_{20} 采用第一边界条件和第三边界条件的组合，土层上边缘有－10℃的冷源温度，其余边界设置为绝热条件。

一维冻结模型为规则的长方体，且土质均匀，故种子分布比较均匀。由于圆柱体在径向方向的导热呈对称分布，故采用轴对称模型。由于圆柱体模型和一维冻结模型尺寸和参数不一样，故而网格划分存在差别，如图 7-2 所示。

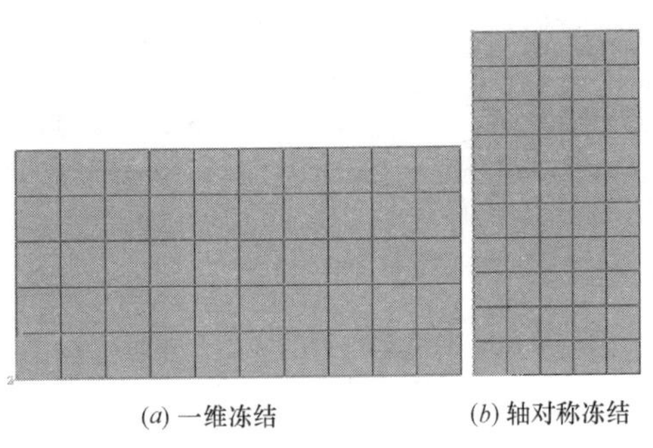

(*a*) 一维冻结　　(*b*) 轴对称冻结

图 7-2　网格划分示意图

采用瞬态分析法，两个原型时间均为 200h。模型冻结时间由于相似准则的不同而不同。其中，L_1、L_3、L_5、L_7、L_9、L_{12}、L_{15}、L_{18} 的模拟时间为 200h，L_2、L_4、L_6、L_8、L_{10}、L_{11}、L_{13}、L_{14}、L_{16}、L_{19}、L_{20} 的模拟时间为 50h，L_{17} 的模拟时间为 800h。由 ABAQUS 进行后处理，得到各模型的温度场演变过程，通过云图得到对应时刻的温度值，据此可以验证相似准则的正确性与合理性。

7.5　结果和验证

包括常系数热参数情况的研制和非线性热参数情况的验证。

7.5.1　常系数热参数情况

当导热系数和比热容皆为常系数时，模拟得到的一维冻结和轴对称冻结温度场演变过程如图 7-3 所示。

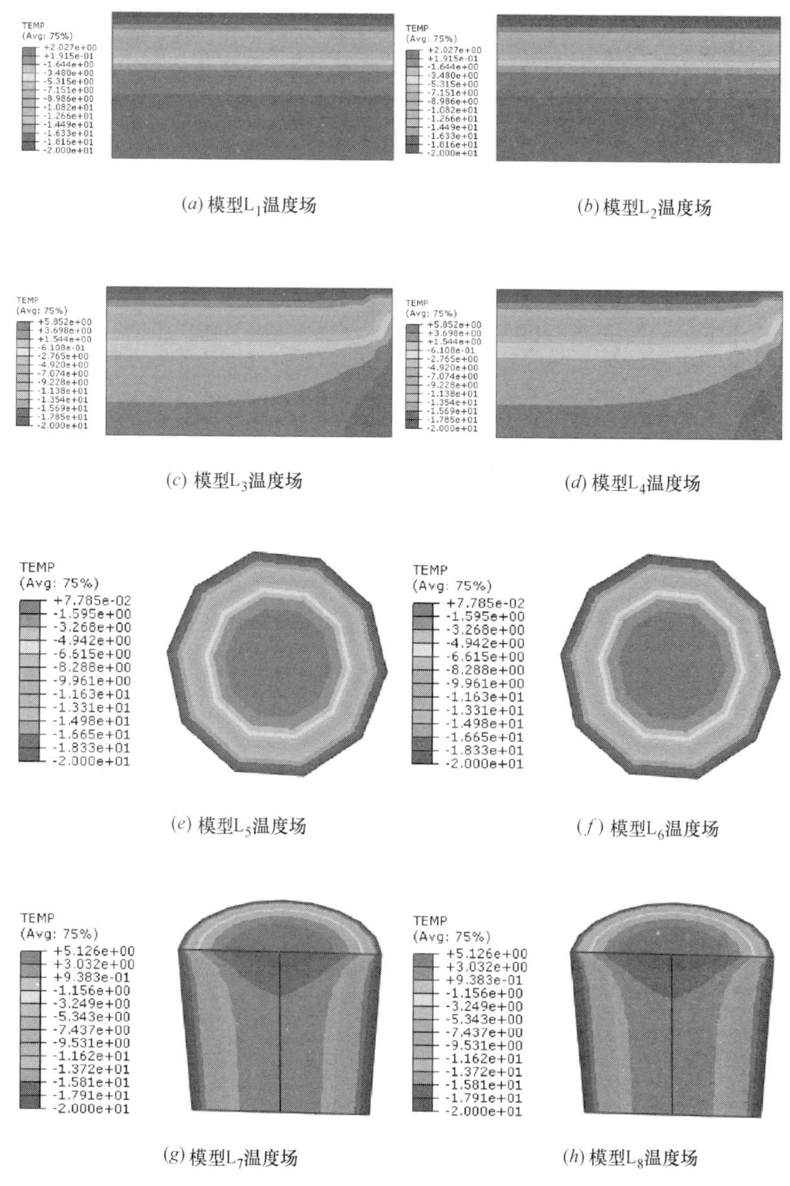

(*a*) 模型L_1温度场　(*b*) 模型L_2温度场

(*c*) 模型L_3温度场　(*d*) 模型L_4温度场

(*e*) 模型L_5温度场　(*f*) 模型L_6温度场

(*g*) 模型L_7温度场　(*h*) 模型L_8温度场

图 7-3　热参数为常数时的温度场

由云图可看出，对于一维冻结，温度场沿着冷源边界随时间的增长呈线性发展，在离冷源较近的位置，温度值较低。这是因为冷源向下传递，最先传到的土体快速吸收冷量，导致越靠近下边界土体的温度越高。

对于轴对称冻结，温度场随着时间的增长以圆柱体圆心为中心呈环形发展逐渐展开，越靠近柱体外边界温度越低。这是因为冷源在柱体外边界施加，越靠近冷源位置，土体越先吸收冷量，从而导致温度低于柱体中心温度。

比较两种不同边界条件的温度场发展可以看出，当考虑第三边界条件的对流换热时，温度场的演变速度明显偏低。这是因为，外界的对流换热会损耗内部冷量，从而导致温度传递速度趋缓。

综上所述，无论一维冻结还是轴对称冻结，当热参数为常系数时，模型与原型的温度场发展趋势一致，且与边界条件无关。

为更清楚地展示原型温度场与模型温度场的变化情况，沿冷源传递方向选取两个测温点，如图 7-4 所示。提取了不同边界条件下模型与原型温度随时间的变化过程，如图 7-5、图 7-6 所示。

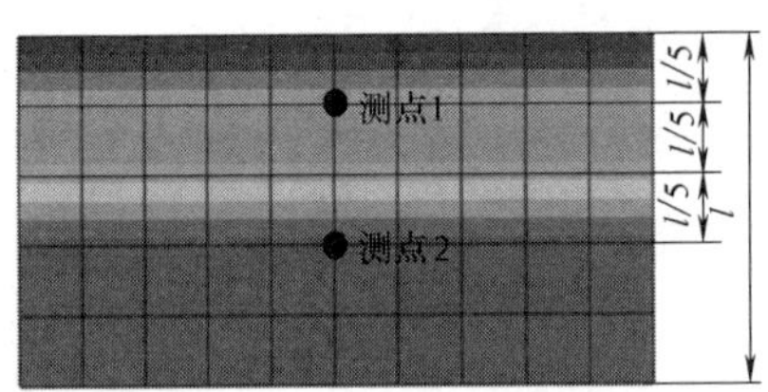

图 7-4　测点布置图

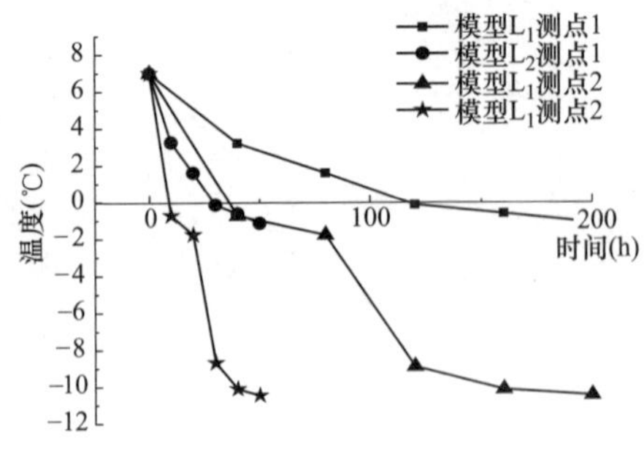

图 7-5　模型 L_1、L_2 测点 1、2 的温度变化曲线

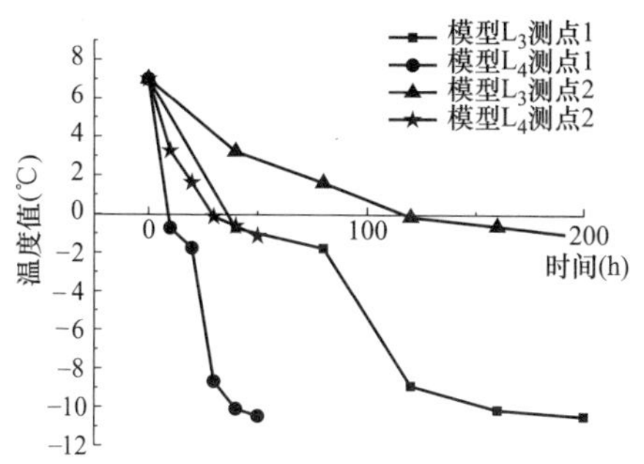

图 7-6　模型 L_3、L_4 测点 1、2 的温度变化曲线

从图 7-5、图 7-6 可以看出，原型与模型在对应时刻的温度值基本一致。原型在距离冷源较近测点处温度首先下降，且在 200h 达到最低温度；模型在 50h 达到温度最低值。

7.5.2　非线性热参数情况

图 7-7（*a*）～图 7-7（*l*）给出了模型 L_9～L_{20} 的温度场云图。其中，图 7-7（*a*）～图 7-7（*c*）给出的是一维冻结且比热容非线性变化、导热系数为常数时原型与模型温度场云图。图 7-7（*g*）～图 7-7

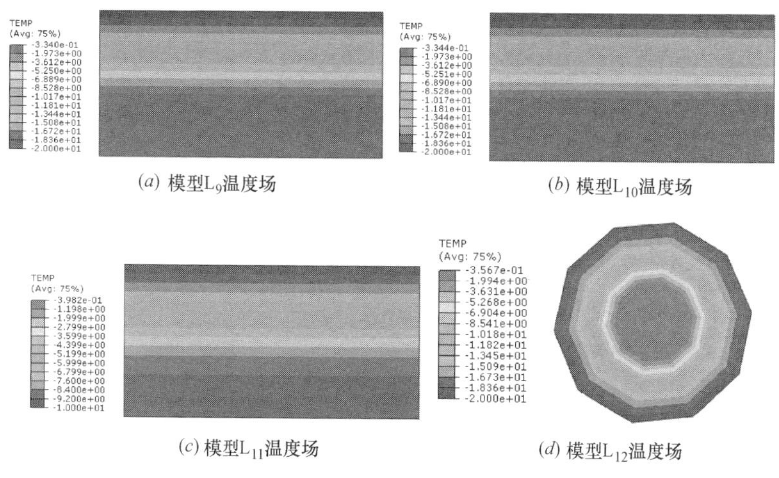

(*a*) 模型L_9温度场　　(*b*) 模型L_{10}温度场

(*c*) 模型L_{11}温度场　　(*d*) 模型L_{12}温度场

图 7-7　热参数非线性时的温度场（一）

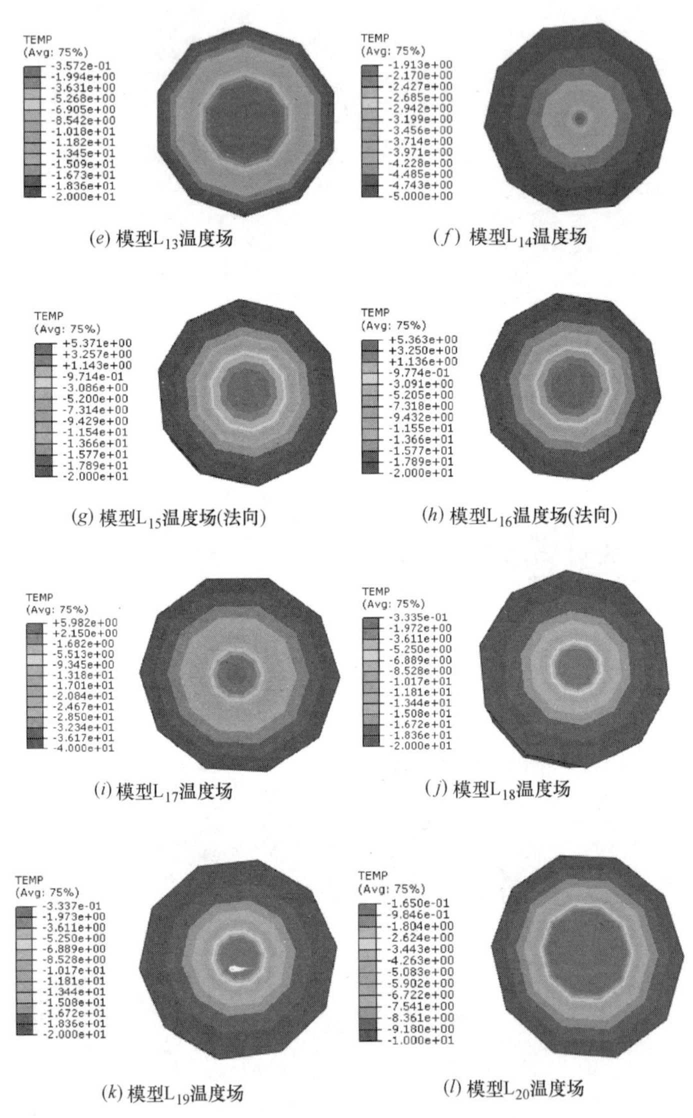

(*e*) 模型L_{13}温度场　　(*f*) 模型L_{14}温度场

(*g*) 模型L_{15}温度场(法向)　　(*h*) 模型L_{16}温度场(法向)

(*i*) 模型L_{17}温度场　　(*j*) 模型L_{18}温度场

(*k*) 模型L_{19}温度场　　(*l*) 模型L_{20}温度场

图 7-7　热参数非线性时的温度场（二）

（*i*）给出的是轴对称冻结且导热系数非线性变化、比热容为常数时原型与模型的温度场云图。图 7-7（*j*）～图 7-7（*l*）给出的是轴对称冻结且比热容和导热系数均非线性变化时原型与模型的温度场云图。

从图中可以看出，当模型与原型采用同种土时，二者的非线性温度场发展趋势一致。一维冻结温度场沿着冷源方向呈线性发展，轴对称冻结温度场以轴线心为圆心呈环形发展趋势。且靠近冷源的位置其温度降低更快，离冷源较远处温度最高。另外，原型与模型在对应时刻的温度基本相等。当模型采用模型土参数时，两种情况的温度场发展趋势与原型一致，说明了相似准则的准确性。

对比比热容非线性变化、导热系数非线性变化以及比热容与导热系数均非线性变化的温度场分布可以得到，导热系数非线性变化时的温度场发展速度远远大于比热容非线性变化的温度场发展速度，比热容与导热系数均非线性变化时的温度场演变速度大于前面两种情况。这是因为，导热系数的幂函数形式较为特殊，使得导热系数变化梯度较大，单位面积内传递的热量多，热传导速度快。而比热容表征的是物质降低或者升高 1℃吸收或者放出的热量，其影响小于导热系数。

对比常系数热参数与非线性热参数两种情况下温度场的发展趋势可以得到，热参数非线性变化时温度场发展速度远大于常系数情况。这是因为考虑热参数非线性变化时，物质降低 1℃吸收的冷量更多，单位面积内传递的冷量相应增加，故温度场演变速度大于常系数情况。

综上可得，导热系数对温度场的影响大于比热容，而且无论土体参数如何变化，原型与模型的温度场演变趋势基本一致，且在对应时刻的温度遵循某一相似关系。

为更清楚地表示原型温度场与模型温度的演变情况，沿冷源传递方向提取两个测温点，如图 7-4 所示。基于不同边界条件下原型与模型测点温度与时间的关系如图 7-8～图 7-10 所示。

从两个测温点的温度变化曲线可知，非线性热传导原型与模型温度场有相同的变化趋势，两个测点在位置上相差 2/5 个深度或 2/5 个半径，但温度相差较大，且离冷源越近的测点温度下降速度越快。

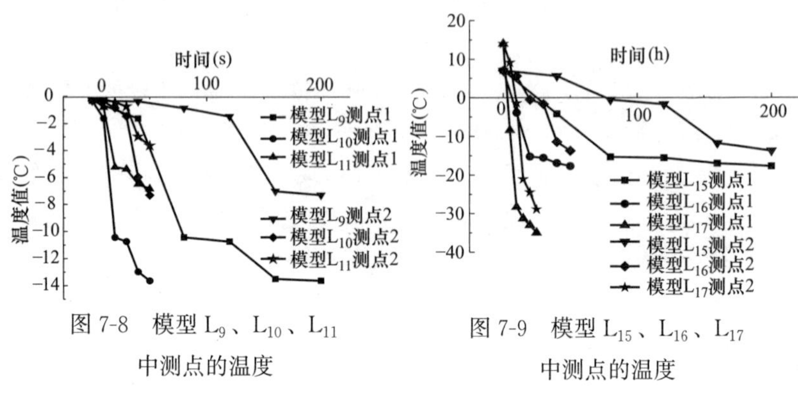

图 7-8　模型 L_9、L_{10}、L_{11} 中测点的温度

图 7-9　模型 L_{15}、L_{16}、L_{17} 中测点的温度

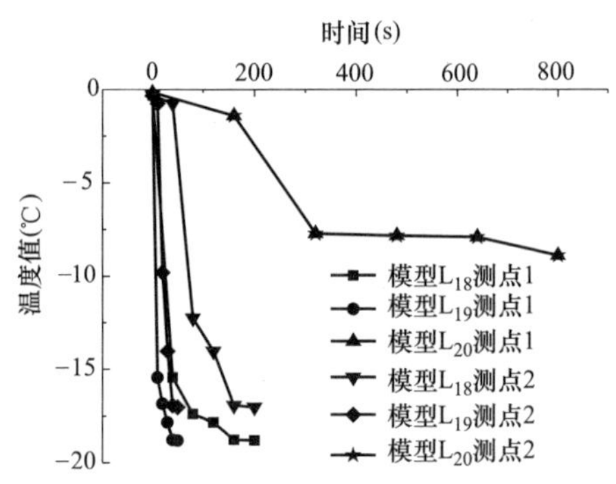

图 7-10　模型 L_{18}、L_{19}、L_{20} 中测点的温度

7.5.3　计算结果解析

以上给出了常系数热参数与非线性变化热参数对温度场演变的影响。为表述各时间点温度的发展过程，将各原型测点 1 不同时刻的温度与对应模型进行比较，如表 7-4 和表 7-5 所示。

常系数计算模型在测点 1 的温度对比　　表 7-4

模型 L_1	时间(h)	0	40	80	120	160	200
	温度(℃)	7.00	−0.744	−1.775	−8.909	−10.145	−10.474
模型 L_2	时间(h)	0	10	20	30	40	50
	温度(℃)	7.00	−0.744	−1.775	−8.909	−10.145	−10.474

续表

模型 L_3	时间(h)	0	40	80	120	160	200
	温度(℃)	7.00	−0.735	−1.764	−8.680	−10.098	−10.459
模型 L_4	时间(h)	0	10	20	30	40	50
	温度(℃)	7.00	−0.735	−1.764	−8.680	−10.098	−10.459

非线性计算模型在测点1的温度对比 **表7-5**

模型 L_9	时间(h)	0	40	80	120	160	200
	温度(℃)	−0.33	−1.641	−10.438	−10.745	−13.507	−13.651
模型 L_{10}	时间(h)	0	10	20	30	40	50
	温度(℃)	−0.33	−1.638	−10.436	−10.743	−13.507	−13.650
模型 L_{11}	时间(h)	0	10	20	30	40	50
	温度(℃)	0.165	−0.817	−5.219	−5.371	−6.481	−6.825
模型 L_{15}	时间(h)	0	40	80	120	160	200
	温度(℃)	7.00	−5.220	−15.318	−15.570	−17.011	−17.749
模型 L_{16}	时间(h)	0	10	20	30	40	50
	温度(℃)	7.00	−5.200	−15.248	−15.565	−16.933	−17.724
模型 L_{17}	时间(h)	0	5	10	15	20	25
	温度(℃)	15.00	−8.400	−30.279	−31.314	−33.034	−35.093
模型 L_{18}	时间(h)	0	40	80	120	160	200
	温度(℃)	−0.33	−15.445	−17.396	−17.846	−18.778	−18.813
模型 L_{19}	时间(h)	0	10	20	30	40	50
	温度(℃)	−0.33	−15.444	−16.849	−17.845	−18.778	−18.812
模型 L_{20}	时间(h)	0	160	320	480	640	800
	温度(℃)	−0.165	−7.722	−8.698	−8.922	−9.387	−9.407

在表7-4中，模型 L_1 和 L_2 是第一边界条件和第二边界条件组合情况下的热传导温度，时间缩比为4。模型 L_3 和 L_4 是第二边界条件和第三边界条件组合情况下的温度。由表可得，热参数为常系数时，无论边界条件如何，采用同一土体和同一几何缩比进行模型试验时，原型和模型的温度相等。表明采用同种土进行模型试验

时，原型与模型之间需要满足的相似准则成立。

在表 7-5 中，模型 L_9、L_{10}、L_{15}、L_{16}、L_{18} 和 L_{19} 是原土的温度，时间缩比为 4。由表可得，热参数非线性变化时，采用同一土体和同一几何缩比进行温度场模型试验时，原型和模型在对应时刻的温度相等。表明对于热参数非线性变化的热传导问题，采用同种土进行模型试验时，原型与模型需满足的相似准则合理。

模型 L_{11}、L_{17} 和 L_{20} 是考虑周围环境影响的温度，模型温度与原型温度缩比为 2，时间缩比根据相似准则的不同而差异较大。将表中模型 L_{11} 各个时间点的温度乘以 2，则与模型 L_9 对应时刻的温度正好相等。将模型 L_{17} 各个时间点的温度除以 2，则与模型 L_{15} 对应点的温度吻合。将模型 L_{20} 各个时间点的温度乘以 2，则与模型 L_{18} 对应点的温度相等。这与前文给出的相似常系数间的关系相吻合，从而验证了模型土相似准则的正确性。

对比结果表明，当使用原土进行模型试验时，无论热参数是何种形式，模型与原型的时间缩比等于尺寸缩比的平方。当非线性冻结需要考虑周围环境变化时，原型土已经无法满足模型试验要求，此时应采用给出的模型土进行模型试验。

第8章 模型试验系统开发

开发了一套能控制冷量供给、能施加荷载，具有温度场测试功能和三维应力/应变测试功能的冻土模型试验系统[91]。根据相似性要求，设计了试验的实施过程，确定了各物理量的缩比和相关参数。基于三维应力和三维应变测试装置获得的数据，给出了根据应力/应变突变点间接判断冻结状态的方法，得到了冻结过程中特征点的温度变化过程。

8.1 系统的研制和开发

模型试验系统的研制是基于相似理论，将原型工程在试验室内缩比重现和预演的一个工作平台。相似性的前提是工程的几何指标和物理参数已知，试验系统提供的试验指标已知[92]。为了尽可能反映工程实际，达到获取工程施工技术参数的目的，缩小了的模型必须与原型存在相似关系。但就比例尺寸看，模型试验既可以将原型放大一定倍数进行试验，也可以缩小至一定比例。比如，建立宇宙星体的模型试验是一种缩比试验；而建立分子模型的模型试验是一种放大了的模型试验。由于原型和模型是两个独立的系统，各种参数必须有确定的对应关系[93]。在建立模型试验时，不仅要考虑如何设计模型，还要考虑将来如何将模型试验结果推广到原型。在综合考虑模型材料、制作条件、测点布置、动力设备等因素的基础上选择模型比例，确定几何尺寸，并绘制模型图，是常规的模型试验路径。

人工冻结法施工涉及的物理力学过程极为复杂，比如涉及水分场、温度场和应力场的多场耦合问题。因此，不仅要求模型试验系统可以提供应力场模拟所需的各种软硬件条件，还需要能提供其他功能比如冷冻系统、测试系统、水分补给系统等。本模型试验系统包括模型槽、冷冻设备、冷冻管、温度量测系统（温度传感器）以及其他测试元件。数据监测系统主要包括各类传感器、数据采集仪和计算机等。传感器包括热电偶、位移计、压力计、三维应变花和三维土压力盒等。所有测试、监测元器件的目标功能是实现土体内部参数和冷冻系统参数的自动采集和控制，因此必须是稳定可靠的。

8.1.1 模型箱的制作

模型试验平台是开展模型试验的重要载体，而可以容纳一定量土体的箱体是这个载体的主体。由于土的冷冻模型试验的特殊性，即在试验过程中，必然会发生由于冻结产生的冻胀和融化产生的沉陷，模型箱必须具有足够的强度、刚度和稳定性。由于涉及温度场和热传导，应尽可能地与真实的温度边界条件相似，因此模型箱应具有一定的保温功能。为满足以上要求，依托承担的国家自然科学基金项目，设计了模型箱，其组成如图 8-1 所示。

图 8-1　具有竖向和侧向荷载施加能力的模型箱

该模型箱的骨架由槽钢和角钢组成。底板钢板厚 10mm，搁置在槽钢骨架上。钢骨架内侧长度方向为高强度 PVC 板组成的挡土板。宽度方向一端由固定钢板组成，另一端由活动钢板组成。在必要的时候，可以在该活动挡板处施加侧向力，以模拟工程中的挡土构件。为了模拟冷冻过程中土体与周围环境的热交换过程，在箱体外侧设置了一定厚度的保温板（该图中未画出）。

8.1.2 地下水补给系统

在冻结过程中，当土温低于0℃后，孔隙水会不断凝结为冰，冰的体积会不断增大。直至达到热量平衡状态后，冻结区域将不再明显扩大，冰的体积也将不再增大[94]。因此，土体中原有的孔隙分布和大小，必然在冻结过程中发生改变，从而土中的等效毛细管大小和毛细影响范围也必将发生改变。因此，即使宏观的水力条件不变，土的冻结过程也必然伴随有水的迁移和矿物的运移。

无论处于多么低的温度，冻土中总存在一部分未冻水。冻土中未冻水的势能小于相邻未冻土中孔隙水的势能，从而未冻土中的液态水将向冻结锋面迁移。同时，较高温度冻土中的未冻水将向更低温度的冻土中迁移。最终出现低温冻土吸水，高温冻土和相邻未冻土失水的现象。另外，土中水的含量及来源直接决定了低温时土中水的成冰程度和性状。根据成冰时的来源，土中冰可分为原位冻结成冰和迁移成冰两种。液态水原位冻结形成的胶结冰，常常形成于土颗粒接触处和土颗粒之间。水分迁移形成的冰，常常发生在温度梯度方向上，并在冻结锋面处集结凝聚成侵入冰。现有研究表明，迁移成冰是构成土体冻胀的主要方式。因此，为土体提供水分补给装置以模拟冻结时的侵入冰，在冻结模型试验中是必要的。

人工冻结法施工，是在土体中埋设冻结管，在冻结管内部冷液不断循环条件下，土体沿冻结管壁开始逐步冻结。这种冻结方式区别于天然冻结条件下的单向冻结和双向冻结，一般是沿冻结管径向逐步向外扩张的。土体在冻结过程中水分会向冻结锋面迁移，引起水分的重分布，进而导致土体发生变形。与此同时，水分的迁移必然伴随热量的迁移从而影响温度场。可见，土体在冻结过程中的水热相互作用是复杂的，同时也是引起冻胀的主要原因[95]。在实际工程中，人工冻结法施工处于一个开放的地下水环境中。土中水分在向冻结锋面迁移的同时，必然引起周围土层水分的不断补给和迁移。这个过程反过来又加剧了水分迁移引起的冻胀。因此，在冻土模型试验中，设计合理的补水装置是非常必要的。

本试验设置的补水管位于内外两层箱体形成的密闭压力室中，如图 8-2 中位于四个角部的白色 PVC 管所示。为了便于水分迁移，在压力室中填充了 20cm 厚的粗砂层。在内层箱体内填筑土料并密实，之后启动高压水泵，蓄水池内的水将经由管路送至压力室内。在压力室内，水经过粗砂层的缓冲，最终可以形成富水恒压透水砂层。在内层箱体上设置有透水孔，水将经过透水孔不断向箱内土体补充。每排供水管都设置有阀门和压力表，通过阀门开关可以控制供水方向，调节阀门的通水量配合压力表可以控制压力室内的水压力，以保证箱内的水压力分布均匀[96]。同时，还可以监测试验过程中的补水量。在开启补水装置的同时，可通过系统配置的土壤水分传感器监测箱体内的含水率变化，以研究冻结过程中的水分迁移情况。

8.1.3 加载系统

加载方式采用反力加载系统。系统组成包括加载钢板、垫块、反力梁、液压千斤顶、伺服控制系统等，如图 8-2 所示。

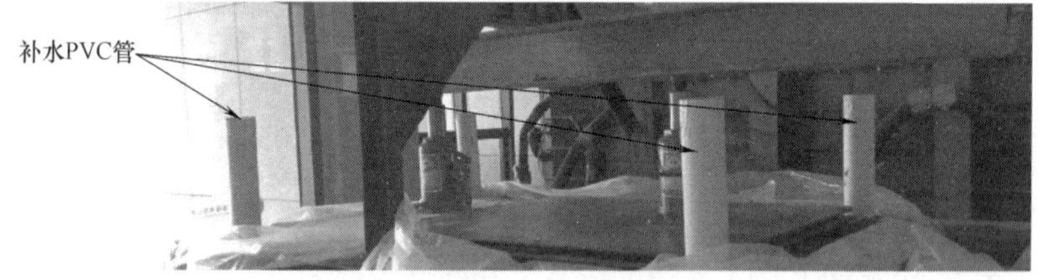

图 8-2 反力架、千斤顶加载系统

加载系统应该能提供模型试验需要的外荷载、应力和变形，本加载系统由液压千斤顶提供动力。在填土之后的固结阶段，土体会产生一定程度的沉降位移。为保证土体处于一个恒定的应力场而不致松弛，要求加载系统能在发生位移时提供稳定的荷载，即荷载不会由于固结沉降而变化。因此，加载系统必须具备伺服功能。该加载系统由 6 个千斤顶组成，为保证它们能协同工作，采用每个千斤顶独立地由一个液压站进行控制的试验策略。千斤顶的位置依赖于模型箱尺寸，并以荷载在上表面的均匀分布为原则。千斤顶下面设置有 20mm 厚，大小为 0.3m×0.3m 的钢板垫块。垫块下面是 10mm 厚的整块钢板，其平面尺寸等于模型箱的平面尺寸。液压伺服千斤顶反作用于由 28 号槽钢制成的横梁上，该横梁固定于箱体的反力架上。该加载系统的传力路径明确，构造简单，安全可靠。通过调整千斤顶，能在土体上表面施加各种形式的均匀、不均匀荷载，以模拟冻结过程中不同的上部荷载作用。

8.1.4　冷冻系统

采用一级压缩制冷原理进行冷冻系统的设计。整个冷冻系统由三部分组成，即 R404 制冷剂循环系统、盐水循环系统和风冷循环系统。目前，人工冻结法施工中一般采用盐水作为冷媒进行供冷。为了更好地模拟工程实际，本模型试验系统也采用盐水循环系统，其原理如图 8-3 所示。

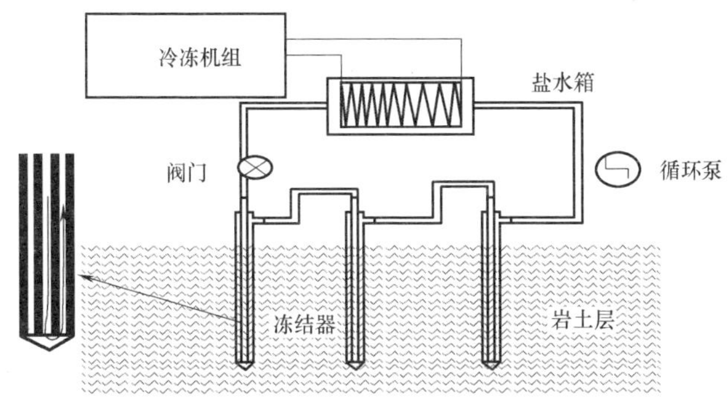

图 8-3　盐水冷媒循环系统示意图

理论上讲，冷冻管材料应该采用根据原型钢材进行缩比后的材料。为了实时监测盐水冷媒的温度和流量，本模型试验系统在冷冻管进出模型槽的部位设置了温度自动采集系统和流量控制系统。

1. R404 制冷剂循环系统

该系统的制冷过程遵循卡诺原理，如图 8-4（*a*）所示。整个制冷机由蒸发器、压缩机、冷凝器和节流阀等部分构成。采用的制冷机如图 8-4（b）所示。相应的制冷设备原理如图 8-5 所示。

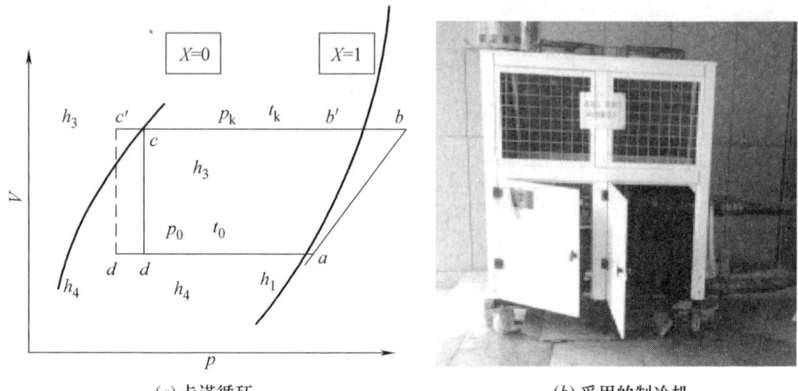

(a) 卡诺循环　　(b) 采用的制冷机

图 8-4　采用的压缩制冷原理

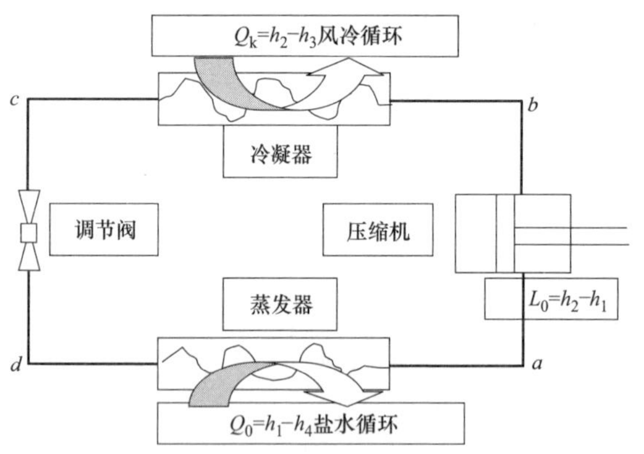

图 8-5　采用的制冷原理

2. 盐水循环系统

盐水循环系统由盐水箱、盐水泵、去回路串联管路、冻结器、流量计、控制阀、温度表等构成。冻结器埋置于土体中，是低温盐水与土体进行热量交换的媒介。冻结器与土体之间热交换的快慢取决于很多因素，这些因素主要包括盐水流速、温度差、接触面积等。显然，流速越大、温差越大、接触面积越大，换热效率就会越高。为了尽可能与实际相符，本模型试验采用高浓度 $CaCl_2$ 作为冷媒。盐水箱中的低温盐水经盐水泵加压后沿串联管路、阀门、流量表、温度计流动，最后经过冻结器再进入盐水泵。盐水在冻结器中循环流动，逐渐带走土体传导至冻结管的热量。可见，循环后从管路流出到盐水箱的盐水温度将会有所升高。盐水箱内置于蒸发器中，蒸发器不断将盐水降温。因此，通过盐水循环和制冷机循环，模型箱内土体的温度将会逐渐降低，从而可以模拟人工冻结法对土体的冷冻过程。工程上一般采用的冻结器是套管形式，即较细管内套于较粗管之内，内外管在端部联通。本模型试验也采用这种内外套管形式，如图 8-3 所示。

3. 风冷循环系统

风冷循环系统主要用于冷却冷凝器中经过压缩机压缩的高温高压制冷剂。制冷剂蒸汽在冷凝器内经过室外空气循环后向外界放热，冷凝成压力较高的液体。制冷剂液体通过节流阀的节流作用后，压力和温度均有一定程度的降低，再进入蒸发器蒸发，如此完成一个循环。之后，进入下一个工作循环。通过不断循环，达到逐渐降低盐水箱中盐水温度的目的。

8.1.5　温度测试系统

温度测量包括直接测量和间接测量两种方式。在工程实践中，温度探头一般放置于测温孔内，通过感知测温孔内壁的温度间接推测管外土的温度，这种方法实际上测量的是测温孔材料的温度而不是土体的温度，故这里称之为间接测量方法。若将温度探头直接埋置于土中，测试的则是土的温度，这种方法称为直接测量方法。在本模型试验中，同时将温度传感器埋置于土体内部和测温管内以监测土的温度变化。也就是说，在本模型试验中，同时采用直接测温方法和间接测温方法监测温度的变化，以获得尽可能准确的温度信息。采用的温度探头如图 8-6 所示。

经过多次尝试，采用了一种直接测试土温度的测试装置。该测试装置的温度探头直接与土接触，从而避免了通过测试测温管温度

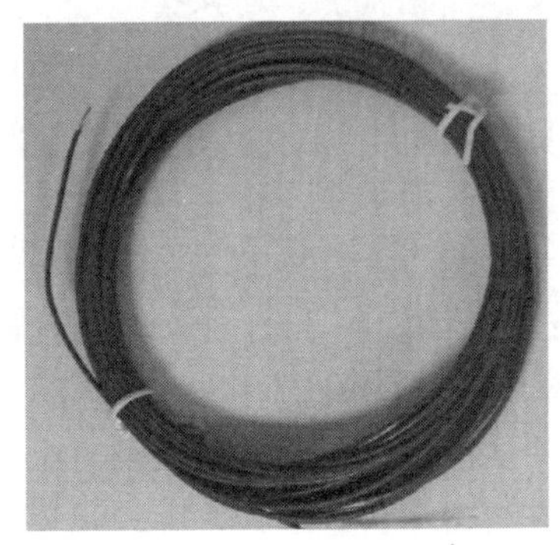

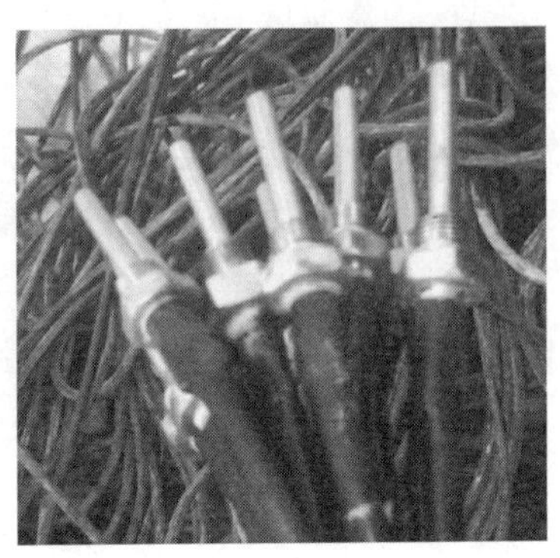

图 8-6　模型试验采用的温度探头

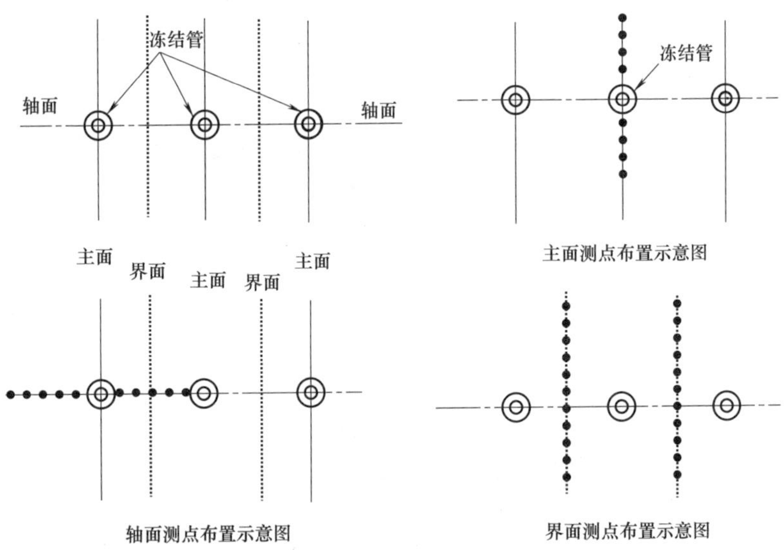

图 8-7　模型槽内热电偶测温点的布置

间接获得土温度的弊端。该测试装置的构造如图 8-7 所示。为了保护测试导线，在测温管壁外壁处设置有倾斜的倒置型护套。可以将温度探头布置在护套里面，从而避免在钻进过程中导线被周围土体摩擦而导致损坏。此外，在管壁上拟测温的点位处开设穿线孔，以便将导线置于管内，从而起到保护温度传感器的作用。稍后的模拟试验表明，该测温辅助装置较目前常用的间接测温装置更为稳定，测试的数据更为可靠。

温度测试装置主要用于测试模型箱内冻结过程中土的温度变化情况，以确认土体的冻结速度、冻结壁形成过程。在工程上，常常通过研究土体温度以确定冻结壁交圈时间。通过监测到的温度，可以研究冻结壁厚度与冷冻功率、冻结时间、冻结管布置的关系，也可以对冻胀和融沉作出预测。

本模型试验采用与联络通道冻结法施工温度监测相同的 T 型康-铜热电偶。数据采集系统采用的是 Agilent 温度巡检仪，该数据采集系统具有自动设置时间间隔功能，且能自动绘制出需要的图表和自动存储采集到的数据。在测试之前，热电偶温度传感器需要在低温恒温反应浴中进行标定。显然，温度的标定范围应大于预计的土体温度变化范围。通常情况下，地温是恒定的，其数值在 20℃以下，冻结法施工中的冷媒温度一般在－25℃左右。综合考虑各种因素后，温度的标定范围取－25～25℃。标定是否满足要求的标准是能否满足回归公式 $y=ax+b$ 的精度要求。其中，y 表示真实温度，x 表示热电偶的测试读数，a、b 为回归系数。

温度测点的布置位置要求具有一定的代表性。因此，本模型试验温度测点的布置设置在预计出现冻结壁的三个特征界面上，这里分别命名为主面、界面和轴面。主面是通过冻结管轴线的竖直方向上的平面；界面是与冻结管轴线平行且位于两个冻结管中间位置的竖向平面；轴面是通过冻结管轴线的水平平面。

测温点的布置宜密不宜疏，综合研究之后决定，沿三个轴面布置的热电偶温度传感器间距设置为 5cm。为了使测试结果具有自可比性，三个方向的布置均是对称的，以便在试验过程中对测试数据的真伪及时作出判断。另外，在界面距轴线上下各 15cm 处，各设置一个测温管 G_1 和 G_2。在这两个测温管内部，也设置若干个温度传感器。其中，在 G_1 管内填充与模型箱填土相同的黏性土，而 G_2 管不填土即保持空置状态，以研究测温管内填土与空置两种情况下，测试温度的异同并研究存在差别的原因。详细的测温点布置方案如图 8-8 所示。

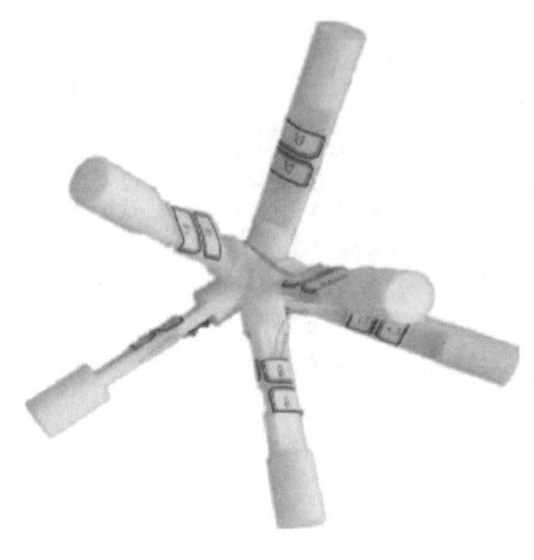

(a) 三维应变花

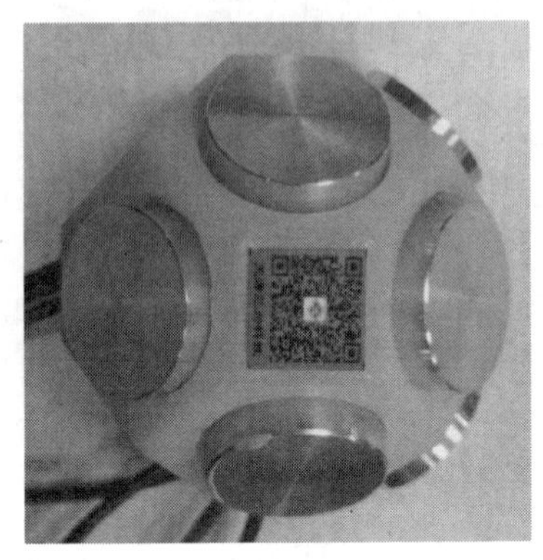

(b) 三维土压力盒

图 8-8 三维测试传感器

8.1.6 三维冻胀和融陷测试系统

人工冻结法施工中必然伴随有土体的冻结和融化，并引起冻胀和融沉等问题。过量的冻胀和融沉会对地表建筑物、地下结构物和冻结区域及附近的地下管线产生破坏。

一般情况下，常常在地表设置沉降观测点，以评估冻结区域附近的冻胀量和融沉量。但地表宏观测量值往往带有严重的滞后性，且观测值是一维的。实际上，无论是冻胀还是融化阶段，岩土层的应力和变形都是三维的。因此，地表观测是片面的，难以反映应力和应变的真实面貌。

采用课题组开发的三维应变花和三维土压力盒成功解决了这一问题，如图 8-8 所示。它们可分别测试土层中的 3 正应变＋3 剪应变和 3 正应力＋3 剪应力，因而能全面刻画冻胀和融陷现象发生的实质和过程[97]。

8.1.7 数据采集系统

这里所说的数据采集系统包括两部分，各种传感器和数据采集仪。在土体冻结过程中，孔隙中的水在冰点以下不太宽的温度范围内将发生相变，相变的发生将改变土体的热物理参数，并进一步影响土体温度场的变化。由于结冰引起的渗流和土体的冻胀作用，原有的应力场和应变场将会被改变。因此，除了配备前文所说的温度传感器、土压力盒、三维应变花之外，尚需配置水分传感器及其他位移传感器和相应的数据采集仪器。本试验系统中的土压力盒、应变花、水分传感器等采用的都是电测方法，因此需要一台电阻数据采集仪和一台温度采集仪。数据采集系统如图 8-9 所示。

图 8-9 温度数据采集系统和应力应变数据采集系统

8.2 相似准则

在模型试验中，需要首先给出一些基本假设，这些假设包括：(1) 导热系数不受地层横观各向异性的影响，因此可将空间轴对称问题转化为平面轴对称问题；(2) 在冻结区域内，假定土体是连续、均匀、各向同性的；(3) 在冻结区域内，沿冻结管径向方向上的温度相等，模型土体的初始温度均匀一致；(4) 土体在冻结时，潜热释放全部集中于冻结锋面，且是连续的。模型试验是原型在几何尺寸方面的比例缩尺，是相关物理、力学参数方面的相似。

8.2.1 模型缩比和参数确定

土的模型试验一般需要一个模型箱。根据试验项目，箱内装土或者其他满足相似性要求的内置材料，并在内置材料内部设置测试元件。除了必要的测试元器件之外，为了模拟地下土体的冻结过程，本试验系统配备有竖向加载系统以模拟上部土体荷载和其他荷载作用。根据冻结法施工的过程特点和相关模型试验经验[98]，几何缩比确定为1∶5，即$C_\xi=5$。

通常，联络通道的水平通道为直墙圆弧拱结构，冻结法施工时一般采用钢支架喷射混凝土初次衬砌，厚度为250mm。C30-S8防水钢筋混凝土二次衬砌，厚度设计为400mm。原型联络通道的宽度为3300mm。为满足试验便利性要求，在考虑对试验结果不会产生明显影响的前提下，将模型的高度设置为400mm，宽度设置为350mm，弧顶曲率半径设置为220mm，厚度设置为15mm。模型箱侧壁采用有机玻璃，主要原因在于有机玻璃密度小、强度大、耐腐蚀、耐湿、弹性模量与实际结构接近，具有良好的力学性能。更为重要的是，衬砌部分不是研究的主要内容，且其本身较土体强度大得多。由于其尺寸较稳定影响区域小得多，因此在温度场研究中，可以忽略衬砌的影响。

8.2.2 时间缩比

按照傅里叶准则：

$$F_0=\frac{a\tau}{r^2}=F_0'=\frac{a'\tau'}{r'^2} \tag{8-1}$$

经过转换得到：

$$\frac{C_aC_\tau}{C_l^2}=1 \tag{8-2}$$

式中 C_a——导温缩比；

C_τ——时间缩比；

C_l——几何缩比。

本模型试验采用与现场岩土材料性质近似的材料，即模型土体与原型土体相同，则：

$$C_a\approx1 \tag{8-3}$$

所以

$$C_\tau=C_l^2 \tag{8-4}$$

故

$$\tau = C_l^2 \tau' \tag{8-5}$$

在模型试验中经历 1h 的过程，则相当于原型 25h 的工程历时过程。实际工程中，现场的积极冻结时间通常为 45d，则模型试验的冻结时间应该为 45/25d。根据实际测量结果，积极冻结 7d 后盐水的温度降至－18℃以下，积极冻结 15d 后盐水温度降至－24℃以下。根据工程经验，当去、回路盐水温差不大于 2℃时可以开始开挖，开挖时盐水温度降至－28℃以下。根据这些原型数据，可以对模型试验的温度趋势进行预测。

根据时间缩比，模型试验的积极冻结时间应该为 45d/25＝43.2h。为了使模型试验能模拟和反映与原型相似的水分场、应力场、位移场和温度场，实际积极冻结时间以冻结温度场基本形成、冻结壁达到预计的设计强度和预定厚度为准。实际上，无论多么完美的模型试验，归根到底也都还是模型，都难以完全反映实际工程。因此，为了使模型试验时间与原型时间缩比尽可能与相似准则推导出的缩比相等，除了考虑原型之外，还需要对模型的冻结管布置和单孔流量进行修正、改进、布置和控制。考虑能量损失、地下水流动等因素后，对时间缩比进行了修改。采用 $C_\tau=36$，即模型试验 1h 的过程，相当于原型 36h 的过程。

8.2.3 温度相似准则

为了保证冻结壁的自模拟，使模型与原型的柯索维奇准则数相等，即：

$$K_0' = \frac{Q'}{C'_{t'}} = \frac{Q}{C_t} = K_0 \tag{8-6}$$

$$\frac{C_Q}{C_a C_t} = 1 \tag{8-7}$$

也就是

$$C_t = \frac{C_Q}{C_a} \tag{8-8}$$

式中 C_Q——潜热量比例常数；

C_a——容积比热容缩比；

C_t——温度缩比。

温度准则为：

$$\theta=C_t=1 \tag{8-9}$$

因此，要求模型的土体温度与原型的土体温度相等，模型中的盐水温度与原型中的盐水温度相等，土体的原始温度与模型中的土温也相等。模型中的冻结壁与原型冻结壁的柯索维奇准则应该相等，傅里叶准则也相等。模型的温度分布和导热性能与原型一致，在对应时间点，模型的冻结壁厚度与原型的冻结壁厚度相似。一般情况下，模型与原型的初始条件容易满足相似性要求；而受环境影响，比如模型箱所处环境的温度、供水条件等影响，边界条件的相似却难以完全满足。由于模型试验用土与原型工程岩土的性质相近，模型试验过程中需恰当控制盐水流量与盐水温度 t_y 及冻结时间 τ。模型的这些控制参数与原型相似，即可保证原型的自动模拟。单冻结器的温度场计算模型为：

$$\frac{\partial t_n}{\partial \tau}=a_n\left(\frac{\partial^2 t_n}{\partial r^2}+\frac{1}{r}\cdot\frac{\partial t_n}{\partial r}\right) \tag{8-10}$$

其中，$\tau>0$，$0<r<\infty$。根据热学定理，不考虑潜热时冻结锋面上的热量平衡方程为：

$$\lambda_2\frac{\partial t_2}{\partial r}\bigg|_{r=\zeta}-\lambda_1\frac{\partial t_1}{\partial r}\bigg|_{r=\zeta}=Q\cdot\frac{\mathrm{d}\zeta}{\mathrm{d}\tau} \tag{8-11}$$

模型的初始条件为 $\tau=0$，$t(r)=t_0$。模型的边界条件为 $\tau>0$，$t(r=0)=t_y$，$t(\infty)=t_0$，$t(r=\zeta)=t_d$。

式中 t_n——距离冻结管中心 r 位置的温度，$n=1$ 表示未冻土，$n=2$ 表示已冻土；

τ——冻结时间；

a_n——导温系数；

r——以极坐标形式表示的冻土柱半径；

λ_1、λ_2——未冻土和冻实土的导热系数，且 $\lambda_1<\lambda_2$；

ζ——冻结壁边界位置坐标，即冻土柱扩展半径；

Q——土单元冻结过程中释放的潜热量；

t_0——冻结管内的盐水温度，即冷源温度，也为恒定值；

t_d——土体的冻结温度。

根据式（8-10）和式（8-11）可以得到，要想模拟冻结模型试验中的温度场，需要的物理力学参数和热力学参数至少包括温度 t、时间 τ、土的比热容 C_s、土的导热系数 λ_n、潜热量 ψ、冻结管冷源温度 t_c、冻结管外壁温度 t_b、土体初始温度 t_0。以上各参数的量纲详见表 8-1。

相似准则分析中参数的量纲　　　表 8-1

序号	符号	物理量	量纲
1	ζ	冻结壁厚度	[L]
2	τ	冻结时间	[T]
3	d	冻结管径	[L]
4	γ	土密度	$[ML^{-3}]$
5	c	黏聚力	$[ML^{-2}]$
6	φ	内摩擦角	[O]
7	λ	导热系数	$[D^{-1}T^{-1}]$
8	C_s	比热容	$[D^{-1}]$
9	E	变形模量	$[ML^{-2}]$
10	t_d	冻结温度	[D]
11	t_c	冷源温度	[D]
12	t_b	冻结管温度	[D]
13	a	导温系数	$[L^2T^{-1}]$

根据相似准则，可以得到各参数间的方程为：

$$\phi(t,\tau,a,t_0,t_d,t_c,\zeta,Q,r,\lambda)=0 \tag{8-12}$$

π 项式可以表示为：

$$\pi=(t^A,\tau^B,a^C,t_0{}^D,t_d{}^E,t_c{}^F,\zeta^G,Q^H,r^I,\lambda^J) \tag{8-13}$$

根据相似原则，因次分析表如表 8-2 所示。

相似分析因次表　　　表 8-2

物理量	A/t	B/τ	C/a	D/t_0	E/t_d	F/t_c	G/ζ	H/Q	I/r	J/λ
温度/D	1	0	0	1	1	1	0	0	0	−1
时间/T	0	1	−1	0	0	0	0	0	0	−1
长度/L	0	0	2	0	0	0	1	−1	1	−1
热量/K	0	0	0	0	0	0	0	1	0	1

各项目的代数方程组可以表示为

$$A+D+E-F-J=0 \tag{8-14}$$

$$B-C-J=0 \tag{8-15}$$

$$2C+G-3H+I-J=0 \tag{8-16}$$

$$H+J=0 \tag{8-17}$$

根据以上代数方程组列出矩阵，应用线性代数理论求解矩阵中的参数。其结果如表 8-3 所示。

相似分析矩阵计算表 **表 8-3**

准则	A/t	B/τ	C/a	D/t_0	E/t_d	F/t_c	G/ζ	H/Q	I/r	J/λ
π_1	1	0	0	0	0	−1	0	0	0	0
π_2	0	1	1	0	0	0	0	0	−2	0
π_3	0	0	0	0	0	0	1	0	−1	0
π_4	0	0	0	1	0	−1	0	0	0	0
π_5	0	0	0	0	1	−1	0	0	0	0
π_6	0	−1	0	0	0	1	0	1	2	−1

因此，模型试验的待求相似准则分别如下。

温度相似准则Ⅰ：

$$\pi_1=\frac{t}{t_c} \tag{8-18}$$

傅里叶准则：

$$\pi_2=\frac{a\tau}{r^2}=F_0 \tag{8-19}$$

几何相似准则：

$$\pi_3=\frac{\zeta}{r} \tag{8-20}$$

温度相似准则Ⅱ：

$$\pi_4=\frac{t_0}{t_c} \tag{8-21}$$

温度相似准则Ⅲ：

$$\pi_5=\frac{t_d}{t_c} \tag{8-22}$$

柯索维奇准则：

$$\pi_6=\frac{Qr^2}{\tau\lambda t_c}=\frac{Q}{t_c c}\cdot\frac{r^2}{\frac{1}{c}\tau\lambda}=K_0F_0 \tag{8-23}$$

其中

$$c=\frac{a}{\lambda} \tag{8-24}$$

根据以上推导，可以得到模拟准则方程，其表达式为：

$$\varphi(K_0,F_0,\theta,R)=0 \tag{8-25}$$

当模型试验所用岩土与原型岩土近似相同且含水率相同时，单位土体结冰时放出的潜热量必然是相等的，即：

$$C_Q=1 \tag{8-26}$$

因此

$$C_t=1 \tag{8-27}$$

所以

$$t=t' \tag{8-28}$$

此式表示，模型试验中的各点温度与原型工程中各对应点的温度是相等的。也就是说，温度不需要缩比。

8.2.4　水分场相似准则

一般认为，水分场的数学模型为：

$$\frac{\partial h}{\partial \tau}=b\left(\frac{\partial^2 h}{\partial r^2}+\frac{1}{r}\cdot\frac{\partial h}{\partial r}\right) \tag{8-29}$$

其中，初始条件为 $\tau=0$，$h=h_0$。边界条件为 $\tau>0$，$H(h=\infty)=h_0$，$h(h=\zeta)=0$。这里 h 表示土的含水率，b 为土的导湿系数，可以通过常规土力学试验和渗透试验获得。在岩土介质中，水分场、电场、渗流场具有类似的物理过程和数学过程，其相似准则的函数表达式为：

$$\varphi(\zeta,h,b,h_0,\tau,r)=0 \tag{8-30}$$

其 π 项式为：

$$\pi=(\zeta^A,h^B,b^C,h_0{}^D,\tau^E,r^F) \tag{8-31}$$

对应相似模拟的矩阵因次表如表 8-4 所示。

量纲分析的因次　　表 8-4

物理量	A/ζ	B/h	C/b	D/h_0	E/τ	F/r
长度/L	1	−3	2	−3	0	1
时间/T	0	0	−1	0	1	0
质量/M	0	1	0	1	0	0

据此，可以得到代数方程组，即：

$$A-3B+2C-3D+F=0 \tag{8-32}$$

$$-C+E=0 \tag{8-33}$$

$$B+D=0 \tag{8-34}$$

根据上面的列矩阵，运用线性代数方法求解，可以得到 3 个相似准则，其结果如表 8-5 所示。

相似分析的矩阵列表　　表 8-5

准则	A/ζ	B/h	C/b	D/h_0	E/τ	F/r
π_1	1	0	0	0	0	−1
π_2	0	1	0	−1	0	0
π_3	0	0	1	0	1	−2

因此，待求的三个相似准则可以分别得到。其中，几何相似准则为：

$$\pi_1=\frac{\zeta}{r} \tag{8-35}$$

含水率相似准则为：

$$\pi_2=\frac{h}{h_0} \tag{8-36}$$

傅里叶准则为：

$$\pi_3=\frac{b\tau}{r^2}=F_0 \tag{8-37}$$

由以上结果可以得到相应的准则方程，即：

$$\varphi(F_0,\Theta,R)=0 \tag{8-38}$$

8.2.5 应力场相似准则

由于冻胀、开挖、构筑等工程活动作用，人工冻结壁的受力过程是非常复杂的。其弹性数学模型为：

$$\sigma_r-\sigma_t+r\frac{\mathrm{d}\sigma}{\mathrm{d}r}=0 \tag{8-39}$$

$$\varepsilon_r=\frac{1}{E}(\sigma_r-\mu\sigma_t) \tag{8-40}$$

$$\varepsilon_t=\frac{1}{E}(\sigma_r-\mu\sigma_t)=\frac{u}{r} \tag{8-41}$$

$$P=\rho gHA \tag{8-42}$$

式中　E——弹性模量；

ε_r、ε_t——径向应变和切向应变；

u——径向位移；

μ——泊松比；

ρ——岩土体的密度；

H——深度；

A——侧压力系数。

影响冻结壁应力随冻结过程变化的因素很多，测试起来也容易受诸多因素制约。比如，测试元器件的灵敏度容易受环境温度即接触到的岩土体温度影响，而本模型试验是针对冻结法施工的，温度变化幅度很大。另外，场地的富水性和土层的复杂性也会对测试元件的适应性产生影响。因此，在本模型试验中，相关参数的准确量测并不容易。为此，把冻结壁的模拟分为外载模拟和自模拟两个阶段，对提高测试精度有一定作用。

从上述推导可得到模型试验中力的相似准则和几何相似准则。只要模型所用的岩土材料与实际工程的岩土材料具有相同的物理力学性质，且通过加载系统施加的竖向压力与实际工程由上覆土重和荷载引起的竖向压力相等，则模型中的地压与原型的地压就是相等的。相应地，应力场也是相似的。

研究表明，冻土的强度 σ 是温度、含水率、密度、冷冻时间、荷载大小、受力时间等因素的函数，但最主要的影响因素是温度。如果模型冻结壁与实际工程冻结壁的傅里叶准则数相等，那么两者的温度分布则是相似的。如模型的初始条件和边界条件与工程实际的初始条件和边界条件均相似，则模型冻结壁的应力状况与原型冻结壁的应力状况也是相似的。由于模型与原型的岩土性质相同，则模型试验过程中只需要控制盐水温度 t_y、地层温度 t_0 和冻结时间 τ，就可以实现模型与原型在这些方面的相似，从而实现模型与原型的自模拟。

8.2.6 荷载相似准则

由力学相似准则得到：

$$C_\sigma = C_P = C_E \tag{8-43}$$

式中 C_σ——应力缩比；

C_P——压力缩比；

C_E——弹性模量缩比。

假设模型试验所用的材料与原型的材料相同，即都是性质相同的黏性土且制备过程严格一致，则：

$$C_E = 1 \tag{8-44}$$

因此

$$C_\sigma = C_P = 1 \tag{8-45}$$

相似比等于 1，说明模型的面积分布荷载和应力分布与原型的面积分布荷载和应力分布是相同的。

对于线分布荷载，其相似比 C_L 等于几何相似比，即：

$$C_M = C_\zeta \tag{8-46}$$

对于集中荷载，则满足集中荷载相似比 C_N 等于几何相似比 C_ξ 的平方，即：

$$C_N = C_\zeta^2 \tag{8-47}$$

对于集中弯矩，集中荷载相似比 C_M 也等于几何相似比的平方，即：

$$C_M = C_\zeta^2 \tag{8-48}$$

在冻结法施工中，压力荷载一般是由土的自重荷载引起的，即：

$$P = \rho g H \tag{8-49}$$

因此，模型试验系统中施加的面积分布力应该等于自重应力，即：

$$P'=P \tag{8-50}$$

其中，ρ、g、H 分别为土的密度或有效密度（地下水位之下）、重力加速度、上覆土层的厚度。

对于本模型试验系统，荷载包括模型中相应深度处的上覆土压力和模型试验加载系统提供的荷载。原型中，某冻结部位上覆土厚度为 15.736m。根据岩土工程勘察提供的数据，土的平均重度为 $18kN/m^3$，故原型中上覆土的自重应力为 283.248kPa，为方便计算取 285kPa。在模型试验中，可提供的上覆土层厚度为 0.6m，模型土的重度为 $20kN/m^3$，所以模型上覆土自重压力为 12kPa，则加载系统需要提供的竖向压力荷载为 273kPa。模型箱的尺寸为 2m×1m×1.2m。因此，需要施加的荷载为 273×2×1=546kN。

8.3 模型试验实施步骤

模型试验的实施过程包括土料准备、土体固结、传感器埋设、冻结过程模拟等几个环节。主要任务是基于研发的土体冻结模型试验系统开展黏土的冻结过程模拟。先填土固结，然后安装冻结管和传感器等，最后施加荷载，开启冷冻机进行冻结。

8.3.1 土料准备

模型试验用土取自新乡小店。首先，对场地进行勘探，通过钻探法取样；然后，取回的土样在试验室内进行常规土力学试验。获得的原状土密度、干密度、含水率如表 8-6 所示。

取粉质黏土Ⅰ作为模型箱填土，并进行模型试验。除表 8-6 给出的数据之外，该层土的其他物理指标分别为液限 39、塑限 18、塑性指数 21。模型箱填土与原状土相同，即干密度控制为 $1.73g/cm^3$，含水率控制为 40%。由于试验所用土体与原型土体近似相同，含水率、密度一致，进而比热容、导热系数、导温系数与原型的相应参数基本一致。

原状土样参数　　表 8-6

土层名称	含水率 w(%)	密度 ρ(g/cm³)	干密度 ρ_d(g/cm³)
淤泥质黏土	35.5～42.9	1.82～1.84	1.29～1.32
粉质黏土	17.7～28.7	1.90～1.92	1.50～1.51
黏土	18.8～26.0	1.91～1.98	1.61～1.65
粉质黏土Ⅰ	15.1～20.5	2.00～2.06	1.71～1.78
粉质黏土Ⅱ	25.79～31.61	1.88～1.96	1.42～1.49
粉砂	16.19～22.49	2.01～2.04	1.69～1.77
粉土	18.01～23.61	1.96～2.01	1.65～1.69

在配土之前，需要测试土的含水率。根据测试得到的当前含水率，模型箱内土预定的含水率 40%及密度 1.73g/cm^3，计算出单位土重需要添加的水率。在此基础上，计算出总的用水率。用喷壶对土体进行喷水并同时用铁锹搅拌，搅拌过程中要注意剔除石块等杂物。喷水完毕后，再持续拌合几遍以尽量使各部位含水率一致。土体搅拌均匀后用不透水塑料布覆盖，并放置 48h 以上以便水汽运移达到平衡。拌合好的土料以塑料膜覆盖，等待向模型槽内填筑。

8.3.2　模型槽的填筑和固结

本试验拟模拟实际工程冻结过程，即在开放条件下模拟饱和土体（联络通道一般位于地下水位以下）的冻结过程。这就要求模型槽具备一定的密闭性，必要的保温效果和一定的补水性能。

在模型槽侧壁内部四周及底板上铺设保温板以模拟热量边界条件。在保温板上铺设塑料布以提供防渗功能，从而确保在冻融试验过程中模型箱土的含水率不发生明显变化。为补充冻结过程中由于孔隙的毛细作用改变引起的水分迁移，在模型箱四周设置带孔 PVC 管、底部设置 20mm 厚透水砂层以进行垂直补水。在冻结试验过程中，始终保持补水管内的水位处于同一水位，即 1m 高度。若水位降低则需要补水；若水位升高，多余的水则会通过溢流设施流出。以此模拟冻结过程中，原型四周具有稳定的补水条件。

然后，在模型槽内逐层填土。粉质黏土按每层 25cm 的厚度计算需要的土料，土料铺匀后轻拍、压实，直至达到 25cm 厚为止。随后，按照相同方法填筑下一层土。土体填筑达到 1.2m 高度后，填土过程完成，试验进入固结阶段。安装反力架并确保相应连接可靠，在填土表面放置预先准备好的 10mm 厚荷载板，荷载板上放置垫块。安装油压千斤顶和液压设备及管路；在模型槽四个角部和中间位置各安装一个百分表以监测试验过程中的总体沉降。施加 10kPa 预压力对模型箱内的土体进行预压，并检查模型箱、加载系统、测试系统、数据采集系统的工作性能。待确认各系统都处于正常工作状态后，分级施加压力荷载对模型箱内的土体进行固结。施加各级固结荷载时，应注意适当的时间间隔，即等到上级荷载稳定后即固结结束后再施加下一级荷载。具体操作细则遵循载荷试验规程。在固结过程中，始终保证沿补水管路水流的畅通，以确保孔隙水的自由出入。固结完毕后，用取土器取槽内土体并测量其含水率和密度。并保证最终含水率为 40%，最终密度为 1.73g/cm^3。如果不满足，则采用减小荷载或继续固结等措施以促使土体达到上述指标。

8.3.3 冻结管的植入和传感器的埋设

在人工冻结法施工过程中，冻结管植入土体的方法采用的是跟管钻进法，即先在预定位置钻孔，随即将冻结管插入到预定土体中。在本次模型试验中，利用冲击钻在侧壁预定位置开孔，孔径尺寸稍大于冻结管直径。然后用洛阳铲深入孔内掏取模型箱内的填土，掏土至设定深度后，迅速将冻结管植入预定位置，如图 8-10（*a*）所示。采用类似的方法，将三维应力和三维应变测试装置也植入预定位置。与冻结管的植入不同的是，三维应变花和三维土压力盒的埋设需要事先在固结完成的土体内自上而下开一个竖井，然后将测试元件放入井内，再在上面覆土并压密，如图 8-10（*b*）和图 8-10（*c*）所示。

之所以不在填土过程中将三维测试装置埋入预定位置，主要原因在于，测试元器件会随着土层的沉降而改变预定位置，且这种位置的改变幅度难以预测。采用在填土固结完成之后埋设测试元器件的方法，能有效避免该现象的发生。

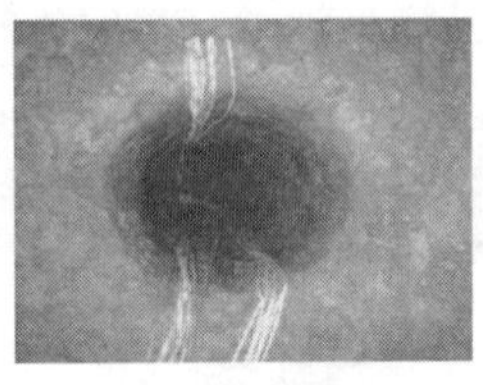

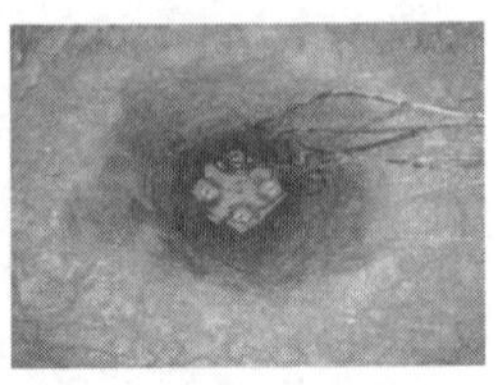

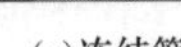

(a)冻结管　(b)三维应变花　(c)三维土压力盒

图 8-10　冻结管的植入和传感器埋设

8.3.4　冷冻系统的连接和试运行

用相关零件将冻结管、不锈钢软管、冷冻机、测温表、流量阀等连接起来，从而组成一个循环系统。随后，进行冲水预循环。即在循环系统中充满清水，压力、流速等参数设置为正常工作参数，以检查整个系统是否满足要求，尤其检查是否存在漏液、循环瓶颈等问题。同时，还可以对循环管路进行必要的清洗。预循环检查完毕后，采用保温材料对管路和管路上的元件进行保温，以减少冷冻过程中的热量损失。之后，排出清水，装入配制好的 $CaCl_2$ 盐水以备冻结试验。

8.3.5　开机试验

首先，将温控开关设置为－30℃，启动制冷机开始制冷，同时打开循环水泵。随时间的延续，盐水箱内的盐水温度将逐步降低，并在 1h 后最终稳定在－28℃左右。随后，随时间的持续，模型试验箱内的土体开始进入积极冻结期。

根据先前的时间缩比 1∶25，即模型箱积极冻结 1h 相当于实际工程冻结 25h。按预设冻结壁形成时间为 1.8d（相当于实际的 45d 积极冻结期），随后进入融化阶段。在融化阶段，关闭冷冻机，但保持数据采集系统正常工作，以便采集到融化阶段的各项参数。

使用安捷伦温度巡检仪及配套的 IO 软件进行温度数据采集；采用 DH30081 应力应变数据采集仪进行应力应变的数据采集。为了获得尽可能多的数据，两种数据采集系统设置的采集频率均为

1次/5min，并保证应力应变数据采集与温度数据采集保持同步。另外，为了获得尽可能全的测试数据，在冻结开始前进行了初始温度场和初始应力场的数据采集，作为后期理论分析的依据。

8.4　模型试验成果

一般情况下，冻结开始之前土层的初始温度场是稳定的、均匀的。当低温 $CaCl_2$ 盐水溶液在冻结管中循环流动时，低温盐水与外围土体必然产生以传导为主的热交换，并逐渐在冻结管周围的土体中形成冻结圆柱体[99]。当相邻两个冻结圆柱逐渐膨胀交圈后，土体的冻结速度由于冻结范围的扩大将逐渐放缓，最终形成具有一定厚度的冻结帷幕。

8.4.1　单管冻结成果

在冻结前期，每根冻结管周围土体的温度场基本上是独立的。因此，进行单管冻结模型试验是必要的。在冷冻机盐水管出口位置安装温度监测点，测得的冷冻管内盐水降温曲线如图8-11所示。

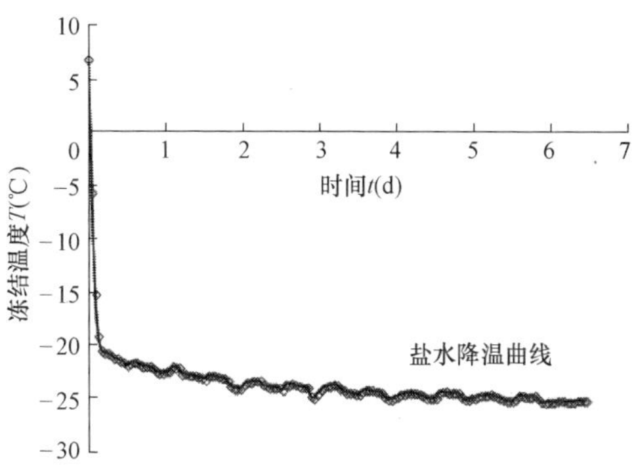

图8-11　盐水温度变化曲线

由盐水的降温曲线可知，在冷冻机开机的前5.5h内，盐水温度迅速下降至−20℃以下。在开机第二天的时候，盐水温度下降至−25℃以下，此后盐水温度一直维持在−25℃左右。按照模型试验时间缩比1∶25的设定和冻结法施工中对盐水温度的要求，积极冻结 7d 时原型中的盐水温度应该降至－18℃，则模型对应的冻结时间约为 6.7h，比 5.5h 略长。原型中积极冻结 15d 时的盐水温度应该降低至－24℃以下，根据时间缩比，模型中的时间约为 15h，而在试验中盐水温度降至－24℃所用的时间约为 24h。

可见，本模型试验系统的边界条件设定与实际工程还是有较大差别的，这也是模型试验的局限性所在。模型箱内布置有大量的温度传感器。根据不同时刻测点的温度数值和测点位置，可以利用绘图软件绘制出温度场等温线的分布。图 8-12 所示为单管冻结过程中，不同时刻模型箱内土体的温度场分布。

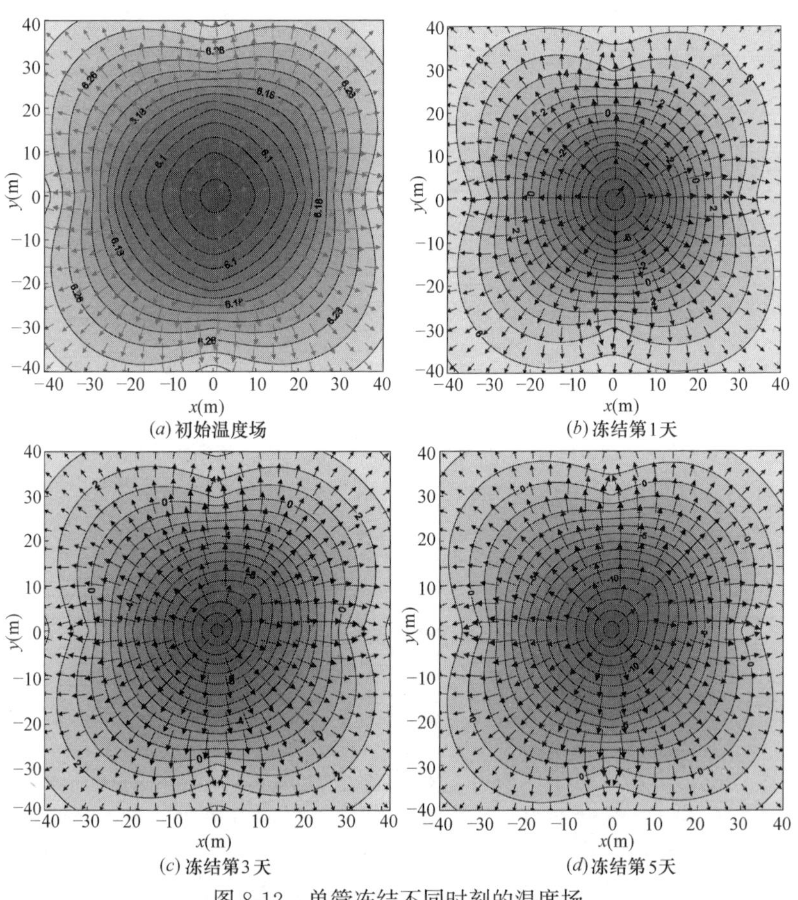

(a) 初始温度场　(b) 冻结第1天　(c) 冻结第3天　(d) 冻结第5天

图 8-12　单管冻结不同时刻的温度场

可见，在单管冻结模型试验中，冻结 3d 时冻结圆柱的半径已经达到 0.2m 以上；冻结 5d 时，冻结圆柱体的半径达到 0.3m 左右，冻结圆柱体的平均温度达到－6℃。在冻结过程中，土体温度沿冻结管径向的分布如图 8-13 所示。可见，在冻结初期的一段时间，土体的冻结速度较快。随着冻结时间的持续，冻结壁扩展速度逐步减慢。当冻结至 6d 以后，冻结壁的厚度基本趋于稳定，冻结区与未冻结区的热量散失与冻结管的供给量处于换热平衡状态，冻结锋面基本稳定在距冻结管 0.3m 左右的范围。

图 8-13 表明，与冻结管垂直的平面上不同测点处的温度变化是非常明显的。冻结开始时，由于冻结管温度与土体温度存在巨大的温度差，管壁附近的土体与冻结管必然发生剧烈的热交换，从而导致周围较近的土温迅速降低。由此导致，已冻土与尚未冻土之间的热物理性质存在显著差别，并引起非稳定热传导。由于冻结器是杆形构件，因此周围土体的温度梯度也是不均匀的，即沿冻结管径向温度梯度越来越小。

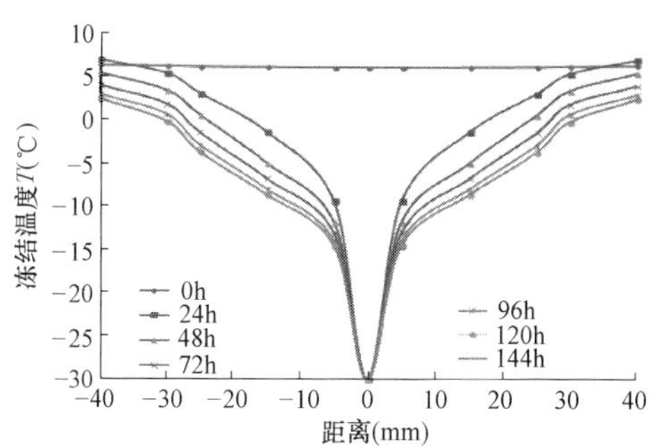

图 8-13　测点冻结温度与距离的关系

图 8-14 所示为冻结管周围各测点整个冻融循环过程的温度—时间曲线，各测点经历了由温度剧烈下降到缓慢变化，再到稳定不变的降温过程，并且越靠近冻结管位置，土的冻结速度越快，降温幅度越大。

冻结开始后的第二天时，各测点温度降幅较大。当冻结进入第四天以后，各测点温度下降比较缓慢，并逐渐趋于稳定。测点 T_5、

T_{15}、T_{25} 的温度呈对数函数的规律下降。测点 T_{30}、T_{40} 接近模型槽表面，受边界条件限制与外界气温影响小，其温度呈直线型缓慢下降趋势。在 6d 的冻结时间内，冻结锋面扩展了 0.4m。冻结进行到 7.5d 后，停止冷冻，土体进入融化阶段。在 6.3d 时温度出现跳跃，其原因是临时断电所致。停电 10h 之后进入自然融化阶段，各测点在经历快速升温后，进入稳定升温阶段。在 0℃附近后，各测温点的温度基本呈直线规律上涨。

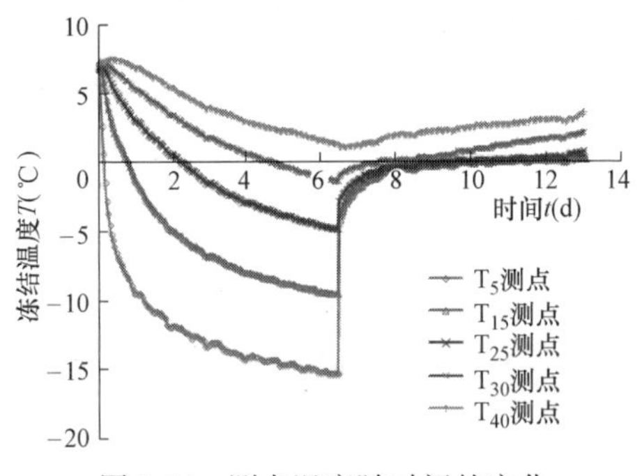

图 8-14　测点温度随时间的变化

根据冻结壁的相似准则，达到预定的冻结壁厚度 0.28m 需要的积极冻结时间大约是 1.8d。而实际冻结 4d 左右，冻结壁才达到该数值。分析产生这种现象的原因发现，根据相关试验规程，冻结管单孔流量应该是（3～5）$Q_{yk}m^3/h$，串联长度不应该大于 40m。而本次模型试验所用的冷冻机为 DFY-5/40 型，其流量只有约 20L/min，也就是 1.2m^3/h。可见其供冷量明显不足。加上保温效果与施工原型存在差别，从而导致试验效果与实际存在一定差别。

8.4.2　双管冻结成果

双管冻结模型试验采用与单管模拟试验相同的方法。参照单管冻结试验结果，相应地调整冻结设计参数。两根冻结管间距取 0.2m，冻结管之间的连接方式采用串联，冻结的时间与单管冻结持续时间相同。最终得到的双管冻结温度场等值线如图 8-15 所示。

可见，模型试验槽内的初始温度场基本是均匀的，大约为

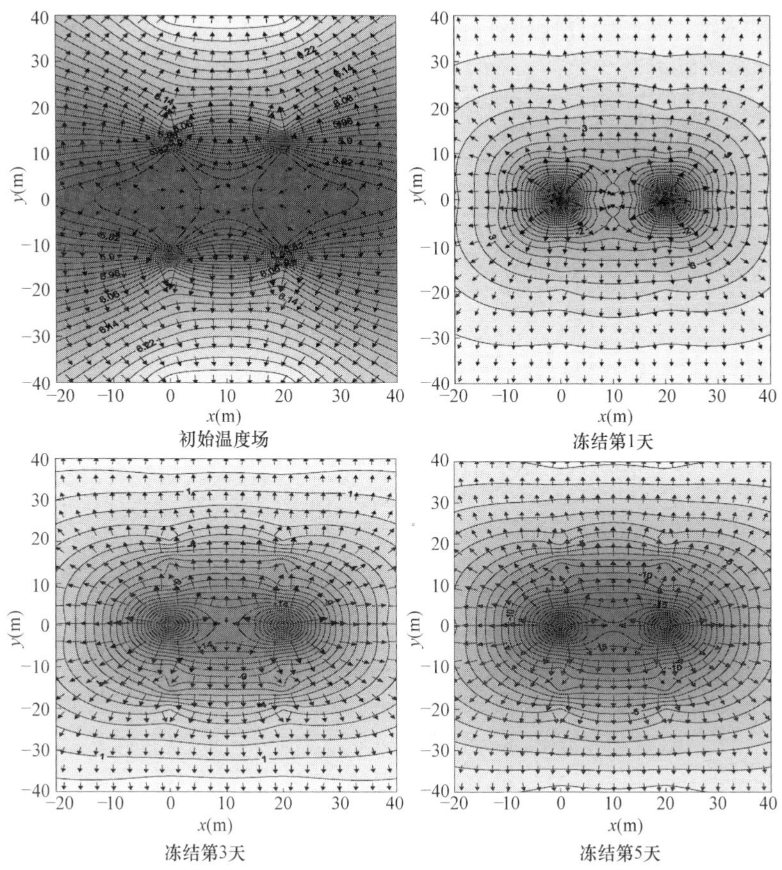

图 8-15 双管冻结温度场等值线云图

7℃。冻结 1d 后，冻结范围扩展至 $r=10$cm，双管冻结壁已完成交圈。冻结第二天时，冻结范围扩展至 $r=19\sim26$cm，在 $r=15$cm 位置处冻结温度达到－3.5℃左右。预计的冻结壁实现浇圈且基本形成，冻结壁内的平均温度达到－7℃。对比不同时刻的温度云图发现，在冻结初期，冻结壁范围内的温度变化较快。当冻结持续到第五天左右时，冻结壁内的温度梯度变化已经很小，最终的冻结锋面基本稳定在 $r=30$cm 附近。

从图 8-16 不难看出，双管冻结形成的温度等值线基本呈中部凹陷状态。由冷能传输矢量分布图得到，距离冻结管越近的矢量箭头越长。沿冻结管径向外，矢量箭头逐渐变小，表明在冻结管附近冷能传输的效率较高。在距离冻结管较远处，受冷能传输距离变长和环境因素影响，能量转换的效果较低。典型测点在不同时刻的温度如表 8-7 所示。

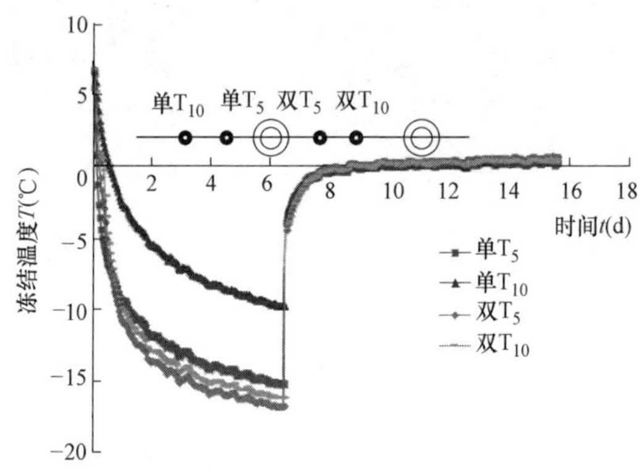

图 8-16　叠加效应对测点温度的影响分析

测点在特征时间点的温度　　　　表 8-7

测点	24h(℃)	48h(℃)	72h(℃)	96h(℃)	120h(℃)
单 T_5	−9.35	−11.79	−13.01	−15.02	−15.52
单 T_{10}	−2.59	−5.47	−7.02	−8.12	−8.96
单 T_5＋单 T_{10}	−11.91	−17.24	−20.08	−22.13	−23.48
双 T_5	−10.73	−13.62	−15.83	−15.71	−16.13
2×单 T_{10}	−5.16	−10.92	−15.06	−16.31	−17.81
双 T_{10}	−9.82	−12.83	−15.12	−15.97	−15.59

可见，处于对称位置的温度测点，其冻结温度具有相似的变化趋势。测点单 T_5、T_{10} 位于冻结管的同一侧。双 T_5、T_{10} 对应于双管冻结，它们均处于两根冻结管之间。测点单 T_5、T_{10} 可以认为只受左侧冻结管的影响，而测点双 T_5、T_{10} 同时受到来自两侧冻结管传输冷量的温度叠加作用。对比四条温度随时间的变化曲线可知，由于受到来自两侧冻结管冻结温度的影响，双 T_5、T_{10} 在冻结开始时冻结速度较单 T_5、T_{10} 快一些。随着冻结时间的持续，

各测点温度变化梯度趋于稳定，双管的温度叠加效应不是简单的两个单管温度叠加之和，而是基本满足 1+1<2 的规律。由表 8-7 可知，冻结管之间的冻结叠加效应并不满足简单的温度求和算式（即线性叠加不适用），而是远小于单管的温度场叠加。图 8-16 所示是具有叠加效应的测点温度随时间的变化曲线。

不难看出，两管中心位置处的温度，基本等于单管的温度场求和，二者相差 2℃左右。由此可见，双管间距如果取 0.2m，间距似乎偏小。冻结管间距设置应遵循的原则为双管中心位置的温度小于或等于单管温度场的叠加。此原则不仅应在轴面上满足，其他各区域位置也均应得到满足。在进行冻结双管模拟试验及多管模拟试验时，冻结管间距的选取影响着冻结壁的形成时间及冻结壁的温度[100]。因此，应结合相关理论通过计算选取合理的冻结管间距。

8.4.3　双管冻结的冻胀测试

三维应变花和三维土压力盒布置在两个冻结管之间，它们之间的距离为 25cm。两测试装置的方向 x、y、z 分别平行于冻结管、垂直于冻结管、竖直向上。温度传感器、三维应变花、三维土压力盒这三类测试装置，在冷冻开始后 30h 内的测试数据如图 8-17 所示。

根据三维应变与测试数据之间的关系及三维应力与测试数据之间的关系，可以将图 8-17 中的测试数据整理为常规应变和常规应力表示方法，其结果如图 8-18 所示。

从图 8-17 和图 8-18 可见，应变和应力随温度的降低不断发展。由于测试装置距离冻结器较近（中心距离是 25cm 的一半，考虑测试装置的尺寸后不到 10cm），该位置处土的温度降低很快，在十几分钟后即开始冻结。由于孔隙水冻结后体积膨胀约 9%，因此，在土温降低至 0℃时，应变和应力明显增大。但是，由于土中水的冻结是逐步的，即随着温度的降低孔隙水逐步冻结而不仅仅在 0℃冻结，所以，应变随温度的降低持续了较长时间。应力的发展也有类似规律。可见，根据三维应变和三维应力突变点，并联合温度监测数据，可以确定黏土冻结的起止时间和位置，以达到评估土

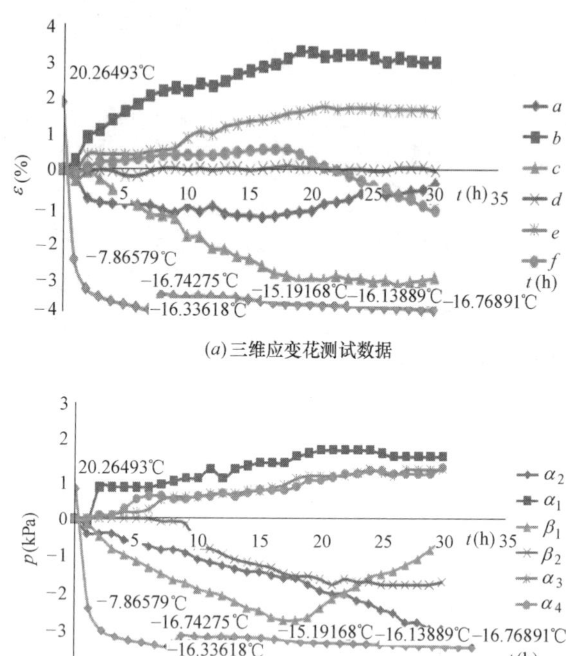

(b)三维土压力盒测试数据

图 8-17 温度、应变、土压力测试数据随时间的变化

体内部温度场和冻结过程的目的。但由于土冻结过程的复杂性、测试元器件的局限性，对温度场和冻结壁形成过程的判断和评估也还只是初步的。

由图 8-18（a）可以看到，在温度降低至 0℃以后，三个主应变即 ε_{xx}、ε_{yy}、ε_{zz} 均随着温度的降低而逐渐增大，且整体上是单调的。这反映了土在冻结过程中，体积逐渐膨胀的自然现象，即所谓冻胀。由于本试验采用的模型箱是由型钢和钢板制成，具有一定的刚度和强度，对冻胀必然存在一定程度的约束作用。所以，模型箱内的冷冻试验其土的膨胀量要小于自然冻胀量。另外，模型箱的长度和宽度并不相同，从而模型箱对土的冻胀约束程度并不一致，因而 ε_{xx} 和 ε_{yy} 并不相同。与此同时，剪应变也随温度的变化而显著变化，反映出在冻胀过程中，土体形状的改变也比较明显。

与正应变的规律性比较明显相反，正应力变化的规律性并不明

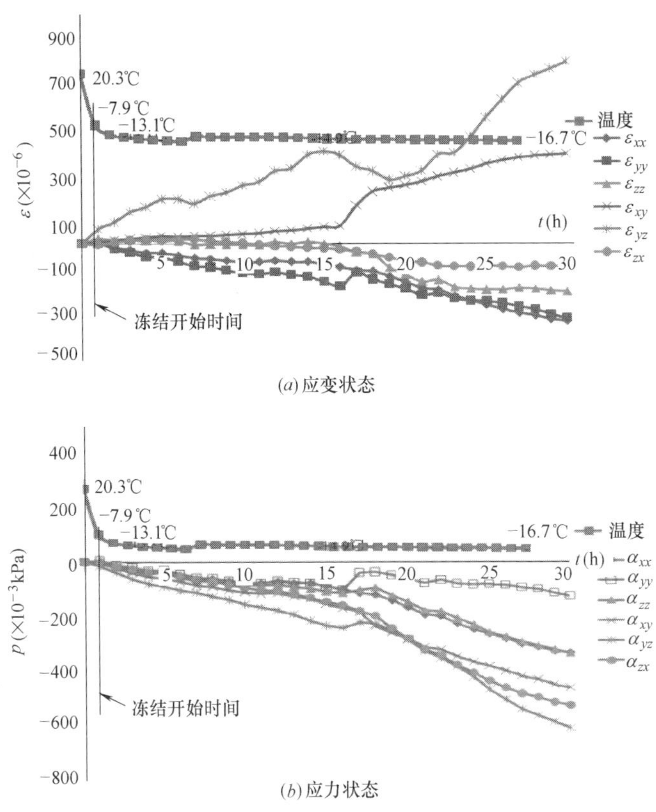

图 8-18　常规三维状态表示

确，如图 8-18（b）所示，其主要原因源于模型箱的约束作用。实际上，以现有手段，很难对模型箱的约束作用进行力学量化分析。一方面，水结冰后土体积有膨胀的趋势（但由于土孔隙的存在，膨胀量难以精确得到）；另一方面，模型箱的约束作用相当于给土体施加了周围压力以阻止其膨胀（但该膨胀压力又与膨胀趋势耦合）。但两种作用的结果难以用数学描述，从而导致土在模型箱内冻结时必然表现为复杂的应力过程。

第 9 章

冻结过程温度场模拟

相变阶段是土冻结过程最复杂的阶段，除了要考虑常规的稳态和瞬态状态、四类边界条件等复杂条件外，还涉及未冻水变化规律、潜热释放等独有物理过程。另外，水分迁移也会携带大量热量，因而对冻结法温度场演变影响很大[101]。

9.1 水分迁移对温度场的影响

水的比热容约为 4.2J/(g·℃)，而土颗粒的比热容约为 0.8J/(g·℃)，二者相差悬殊。若地下水流速大于 5m/昼夜，则水分迁移会大大加快热量损失，将对冻结过程中的温度场产生很大影响，岩土层的冻结将大幅度延缓。

9.1.1 模型及其参数

在采矿工程中，冻结法加固在竖井施工中的应用非常普遍。建立如图 9-1 的竖井模型。

竖井开挖面直径 r 为 3m，开挖面连同周围冻结岩土体的直径 R 为 5m，竖井模型的高度为 6m。在竖井开挖面周围等间距布置 8 根直径为 0.2m 的冻结管，冻结管距离开挖面中心距离 d 为 4m。测温点的布置如图 9-2 所示。

图 9-2（a）中，测温点等间距的布置在两根相邻冻结管弧线连线的中心点上，且相邻两个测温点之间的距离为 1.2m。图 9-2（a）中，测温点 11～14 布置在直径 R 方向上，测温点 11 与测温

点 13 距离为 1m，测温点 13 与测温点 14 的间隔为 0.5m，测温点 12 位于测温点 21 与冻结管之间的弧线中点上。

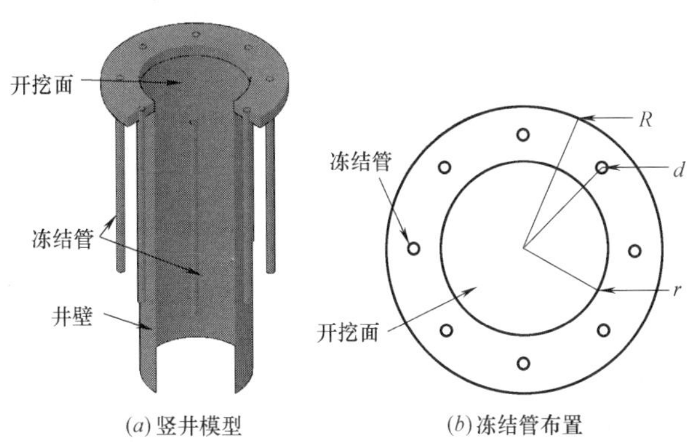

图 9-1 竖井模型与冻结管布置图

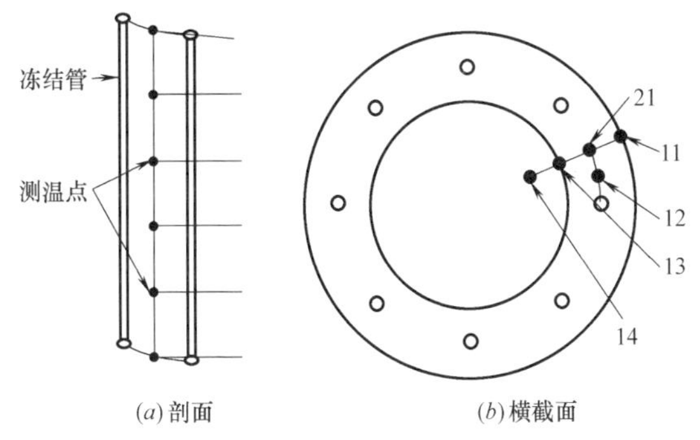

图 9-2 测温点布置图

设置两组冻结模拟试验 E 和 F，其中 E 组模拟试验不考虑水分迁移影响，F 组模拟试验考虑水分迁移影响。模拟试验用土为粉质黏土，粉质黏土的干密度为 $1600kg/m^3$ 且饱和，粉质黏土的热参数及其他物理参数如表 9-1 所示。

$$\rho=\rho_d(1+w+\Delta w_1) \tag{9-1}$$

式中 w——水分迁移前土体的含水率；

Δw_1——水分迁移量。

竖井模拟试验的物理参数　　表 9-1

试验	导热系数 λ [W/(m·K)]	比热容 c [kJ/(kg·K)]	相变潜热 Q(kJ/kg)	密度 ρ(kg/m³)	初始温度 T(℃)	冷源温度 T(℃)
E	1.6	1.63	60.6	2010	5	−30
F	1.7	1.66	91.0	式(9-1)		

9.1.2　温度场的计算结果与分析

冻结 30d 后，竖井横截面的温度分布如图 9-3 所示。

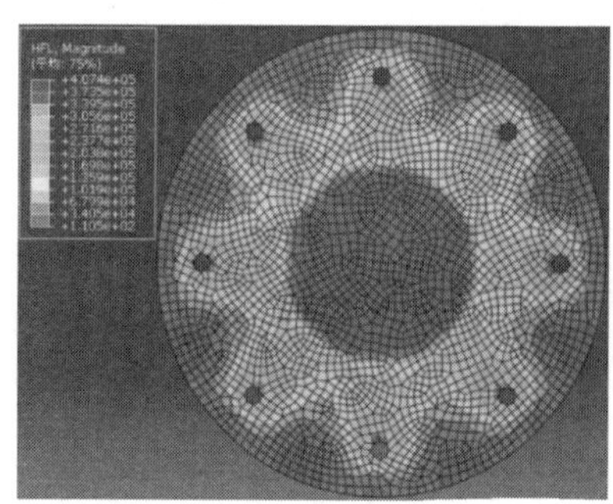

(a) 不考虑水分迁移

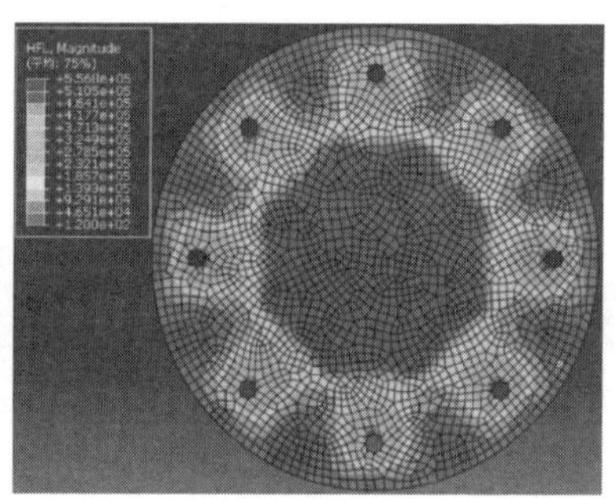

(b) 考虑水分迁移

图 9-3　竖井横截面温度场分布

从图 9-3 可以看出，沿直径 R 方向，不考虑水分迁移的温度场发展速度快于考虑水分迁移的温度场发展速度。图 9-4 所示为冻结后竖井竖向剖面的温度场分布。

为了更清楚地对比水分迁移与否对冻结温度场发展的影响，选取测温点 11～14 与测温点 21 以及冻结管壁处的温度数据，并绘制成曲线，如图 9-5 所示。

从图 9-5 可以看出，水分迁移对冻结温度场的影响是不容忽视的。从测温点 11、12、13、21 的温度曲线可以看出，水分迁移减缓了温度场的发展，尤其当土体进入负温阶段，这种制约现象更为突出。从测温点 14 可以看出，在土体正温阶段，水分迁移对土体温度场变化的影响很小，一定程度上可忽略。从测温点 21、11、

(a) 不考虑水分迁移

(b) 考虑水分迁移

图 9-4　竖井竖向截面温度场分布

12、13 的温度曲线可以看出，在土体处于 0～－20℃时，即土体处于正冻阶段，水分迁移对土体温度场的影响很大，最大温度差异甚至可达到 10℃。从冻结管壁处的温度变化曲线可以看出，当土体处于快速冻结时，水分迁移对温度的影响较小，在误差允许的情况下可忽略水分迁移的影响。

产生上述变化的原因是：(1) 当处于正温阶段时，土体内部没有孔隙水冻结成孔隙冰，不会产生相变热；该阶段温度场的差异性变化主要是由水分迁移对土体热参数的改变导致的。(2) 当土体处于正冻阶段，即土体已完全处于负温环境中时，土体内部将发生剧烈的水分迁移现象；水分不断地向低温区移动积聚，其中迁移的大部分水冻结成冰，并释放出相当含量的相变热，这部分相变热阻碍着温度的降低；其最终效果如图 9-3 和图 9-4 所示。(3) 从冻结管壁的温度变化可知，当土的冻结速率较快时，即使处于负温环境下，水分迁移对温度场的影响也较小。因为较快冻结速率条件下，孔隙水迅速冻结。此时，负温土体内部的水分迁移量很小，不足以产生足够的相变热，温度场的发展不受水分迁移影响[102]。

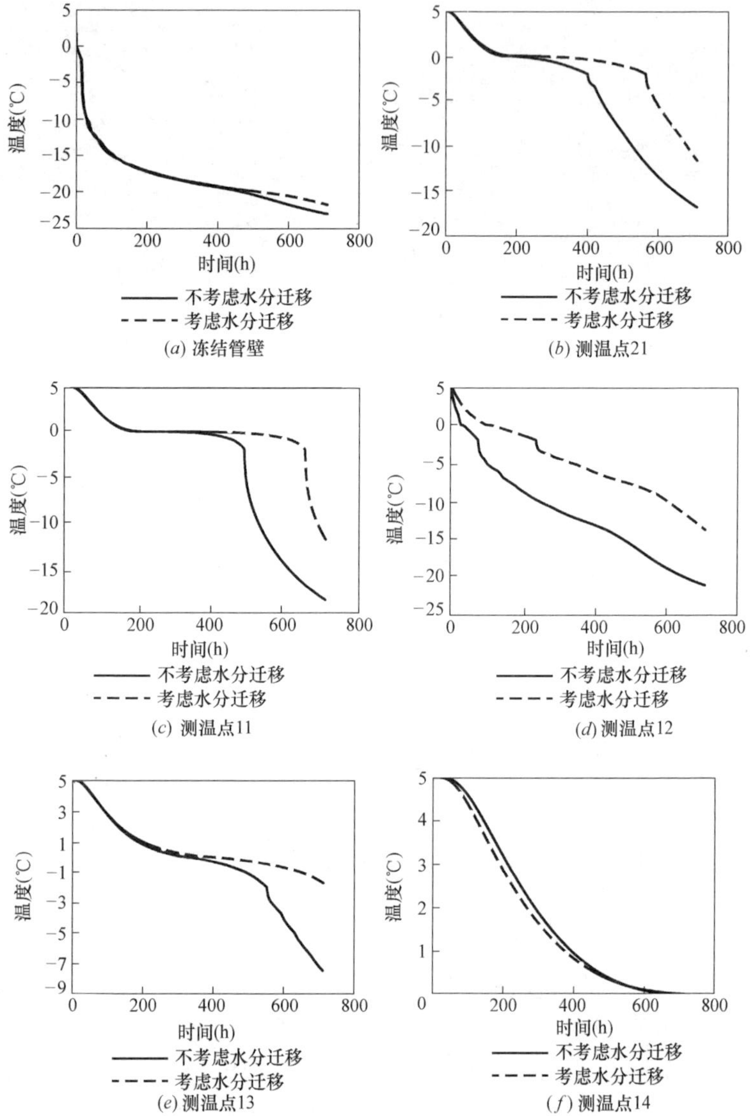
温度(℃)
时间(h)
不考虑水分迁移
考虑水分迁移
(a) 冻结管壁
温度(℃)
时间(h)
不考虑水分迁移
考虑水分迁移
(b) 测温点21
温度(℃)
时间(h)
不考虑水分迁移
考虑水分迁移
(c) 测温点11
温度(℃)
时间(h)
不考虑水分迁移
考虑水分迁移
(d) 测温点12
温度(℃)
时间(h)
不考虑水分迁移
考虑水分迁移
(e) 测温点13
温度(℃)
时间(h)
不考虑水分迁移
考虑水分迁移
(f) 测温点14

图 9-5　不同测温点的温度线

9.1.3　温度场的修正方法

水分迁移主要引起土体内部水分的重分布，以及土的导热系数、比热容、相变热以及密度变化。由于假设土颗粒不发生位移，根据表面势能是控制未冻水含量的主要因素的观点，可认为水分迁移不会引起未冻水含量的变化[103,104]。

1. 水分迁移对密度的影响

利用公式（9-1）可描述密度的变化，水分迁出区土体的密度减小，水分迁入区的密度增大。

2. 水分迁移对热参数的影响

根据第4章的研究，水分迁移对冻土导热系数和比热容的影响较小，在误差允许范围内可忽略其变化。但是水分迁移对相变热的影响较大，不能忽略。温度场的通用表达式为：

$$\rho c \frac{\partial T}{\partial t}=\lambda \nabla^2 T+q \tag{9-2}$$

其中，q 为单位时间单位容积土体中热源产生的热量（土体内部孔隙冰冻结或融化时释放的相变热）。当考虑土体内部相变热为内热源时，q 可通过公式（9-3）计算，即：

$$q=\frac{Q}{t}=\frac{L\rho_{\mathrm{d}(w-w_{\mathrm{u}}+\Delta w)}}{t} \tag{9-3}$$

化简得到：

$$q_{\mathrm{e}}=\frac{Q_0}{t}+\frac{L\rho_{\mathrm{d}}\Delta w}{t} \tag{9-4}$$

式中　Q_0——不考虑水分迁移的相变热。同理可以表达密度受水分迁移的影响

$$\rho_{\mathrm{e}}=\rho_0+\rho_{\mathrm{d}}\Delta w \tag{9-5}$$

式中　ρ_0——不考虑水分迁移时土的密度。由于水分迁移量 Δw 是温度的函数 $f(T)$，根据式（9-3）～式（9-5）可以对温度场的通用表达式进行修正。即：

$$\rho_{\mathrm{e}} c \frac{\partial T}{\partial t}=\lambda \nabla^2 T+q_{\mathrm{e}} \tag{9-6}$$

3. 试验对比分析

为了对比温度场修正公式与原计算的差异，这里设计水平冻结试验。采用单侧冻结方法，区域面积为 0.5m×0.4m×0.3m 的立方体。在距离冻结板 0.05m 和 0.15m 处布置测温点 1 和测温点 2，如图 9-6 所示。

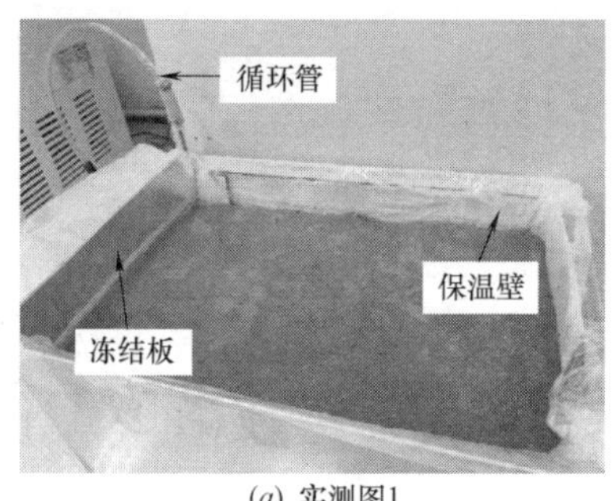

(*a*) 实测图1

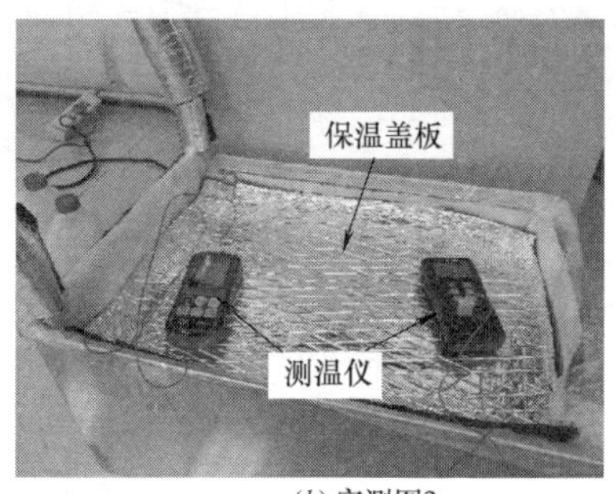

(*b*) 实测图2

图 9-6　试验装置

该试验装置同时为第 4 章水分迁移试验装置，所以试验土体为粉质黏土，干密度为 1600kg/m^3，其他试验参数如表 9-2 所示。

横向冻结模拟试验的参数　　**表 9-2**

试验	导热系数 λ [W/(m·K)]	比热容 c [kJ/(kg·K)]	相变潜热 Q (kJ/kg)	密度 ρ (kg/m^3)	初始温度 T(℃)	冷源温度 T(℃)	冻结时间 t(d)	换热系数 h [W/(m^2·℃)]
1-1	1.56	1.82	60.6	2010	25	−20	15	5
1-2			91.0	式(9-5)				

考虑到实际冻结过程中，内部水冰相变释放相变热以及模型箱与周围环境发生的换热行为，模拟时需考虑相变潜热及与周围环境的热交换系数（换热系数）。不同测温点模拟的温度结果如图 9-7 所示。

从图 9-7 可以看出，考虑水分迁移影响比不考虑水分迁移影响的模拟值更接近实测值。以水分迁移冻结后释放相变热作为温度场内热源，其计算结果更为精确，更符合实际的测试结果[105]。

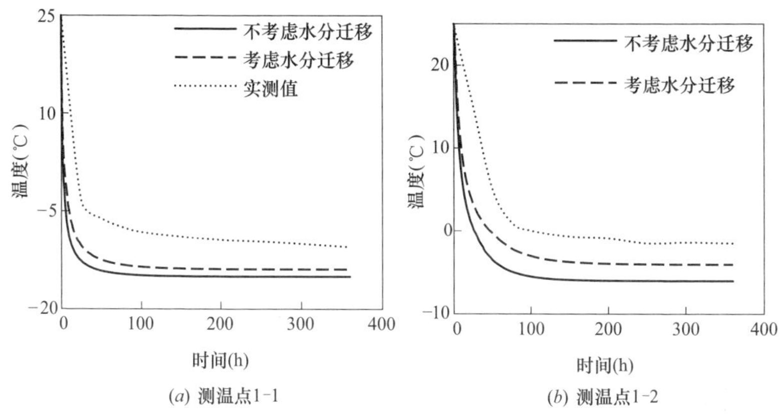

(*a*) 测温点1-1　(*b*) 测温点1-2

图 9-7　温度变化曲线

9.2　考虑相变潜热时的等价比热容和等价导热系数

由比热容的等价计算方法，可得：

$$C=\begin{cases}\dfrac{C_{su}+wC_w}{1+w}, & T>T_u\\ C_j+\dfrac{L(w_{u1}-w_{u2})}{T_1-T_2}, & T_f\leqslant T\leqslant T_u\\ \dfrac{C_{sf}+(w-w_u)C_i+w_uC_w}{1+w}, & T<T_f\end{cases}\tag{9-7}$$

式中　C_{sf}、w、w_u、C_i、C_w——干土的比热容、含水率、冻水含量、冰的比热容［常压下冰的比热容大小为 2.1kJ/(kg·℃)］、水的比热容。一个大气压条件下，水的比热容为 4.2kJ/(kg·℃)；

下标“f、u”——冻结状态和未冻结状态，T_f 冻区 Ω_f 内的温度，带“u”者表示未冻区 Ω_u 内的相应物理量。L 为土中水的相变潜热。

式（9-7）中的 C_j 并非常数，而是一个关于含水率和含冰量的函数。由于含水率和含冰量在冻结过程中是变化的，所以理论上讲 C_j 应该根据未冻水含量计算得到。因此，将其视为常数的做法是不对的[106]。另外，式（9-7）难以保证得出的比热容在 T_u 和 T_f 连续，更无法保证在这两个点可导。因此，式（9-7）存在明显缺陷。

根据导热系数的等价计算法得出：

$$k=\begin{cases} k_f, & T>T_u \\ k_f+\dfrac{k_f+k_u}{T_1-T_2}(T-T_f), & T_f\leqslant T\leqslant T_u \\ k_u, & T<T_f \end{cases} \tag{9-8}$$

式（9-8）在计算冻结阶段土的导热系数时采用的方法实际上是线性插值方法，也不能反映未冻水含量随温度变化的非线性导致的导热系数非线性变化。而且，该模型在 T_u 和 T_f 两点的导数也是不连续的。因此，研究更合适的比热容和导热系数计算模型是非常必要的。

数值计算模型所用土材料与前文模型试验所用材料相同，本次冻结试验采用原状试样，取土地点为新乡小店，取土深度 10m。其各项物理指标分别为液限 39，塑限 18，塑性指数 21，干密度 1.73g/cm^3，含水率 40%。另外，模型箱重塑土的干密度为 1730kg/m^3，含水率为 40%。本书给出的方法将相变阶段从“0℃以下”温度范围内独立出来，作为特殊阶段着重研究。并基于前文研究成果，给出连续、可导的比热容和导热系数模型。

考虑到土中水的冻结是一个发生在一个负温区间的物理过程且并非线性，0℃以上为未冻结区；－10～0℃为冻结区；－10℃以下为冻实区，孔隙水剧烈相变为冰的潜热释放主要分布在－2～0℃这个温度区间。采用差分方法获得的平均值作为数值计算中土材料的比热容。另外，对 0℃和－10℃两个温度点的导热系数进行测试。经测试，未冻土的导热系数为 5000J/(m·h·℃)，－10℃即冻实状态下土的导热系数为 6400J/(m·h·℃)。可见，全温度范围内，不同温度点的比热容和特殊温度点的导热系数如表 9-3 所示。

全温度范围内土的热参数 表 9-3

比热容[J/(kg·℃)]					导热系数[J/(m·h·℃)]				
常规方法		考虑相变潜热的方法			常规方法		考虑相变潜热的方法		
0℃以下	0℃以上	−10℃以下	−10～0℃	0℃以上	0℃以下	0℃以上	−10℃以下	−10～0℃	0℃以上
1550	1730	1550	见表 4-6	1730	6400	5000	6400	见表 5-5	5000

由于土的干密度为 1.73g/cm^3，含水率为 40%，所以孔隙率 n 为：

$$n=1-\frac{\rho_d}{d_s+\rho_w}=0.36 \tag{9-9}$$

不考虑冻胀率时，饱和土孔隙冰和水的体积百分比之和应该等于孔隙率，即：

$$\phi=n=0.36 \tag{9-10}$$

根据土的三相比例关系和土的物理参数，可以得到不同温度的未冻水含量对应的未冻水体积百分占比，如表 9-4 所示。同时，根据复合材料的导热系数经验公式 $\lambda_f=(2.22)^{\phi-\Delta\phi}(0.55)^{\Delta\phi}\lambda_m{}^{1-\phi}$ 可以分别计算 0℃和−10℃时，土矿物颗粒的导热系数 λ_m。根据未冻土的导热系数得到 $\lambda_{m1}=842727$J/(m·h·℃)；根据冻实土的导热系数得到 $\lambda_{m2}=664355$J/(m·h·℃)。可见，矿物颗粒的导热系数 λ_m 在温度等于 0℃和−10℃时并不相等，也就是说矿物颗粒的导热系数并非常数。假设 λ_m 随温度的变化是线性变化的，则不同温度对应的矿物颗粒导热系数可以通过计算得到[107]，结果也列于表 9-4 内。

考虑相变时冻土的导热系数 表 9-4

温度(℃)	0	−0.5	−1	−2	−3	−5	−8	−10
未冻水含量 w(%)	40	21.9	17.5	13.7	12.2	10	9.6	9.2
未冻水体积 $\Delta\phi$(%)	36	19.7	15.8	12.3	11.0	9.0	7.7	7.4
λ_m[J/(m·h·℃)]	842727	833808	824890	807053	789216	753541	700029	664355
导热系数[J/(m·h·℃)]	5000	6234	6538	6770	6796	6784	6590	6400

将不同温度对应的总的孔隙水体积含量、未冻水的体积含量和

λ_m 代入到上述复合材料的导热系数经验公式中，可以得到不同温度对应的导热系数，如表 9-4 第 4 行所示。另外，保温材料的热参数如表 9-5 所示。

保温材料的参数 **表 9-5**

密度(kg/m^3)	比热容[kJ/(kg・℃)]	导热系数[J/(m・h・℃)]
40	1.380	144

9.3 不考虑相变潜热的温度场计算

现有对瞬态冻结温度场进行模拟时，往往忽略热物理参数随温度的变化。或者仅仅将冻结过程分成降温阶段和冻结阶段两个阶段进行计算，并分别设置相应的两套热参数。从而导致计算参数不连续，并带来方法上的不合理和较大的误差。

时间设置为 150h，最大分析步数为 10000，初始分析步为 0.015h，最小分析步为 0.00015h，最大分析步为 1h，最大温度变化为 10℃。通过 surface film condition 设置土体与空气的热交换系数（热膜条件），本模型设置为 15W/(m^2・K)。在 load 中定义边界条件，给定冻结管壁的恒温为－25℃，保温板底板外壁温度为 0℃，其余外壁温度为 6℃。土体和保温板的初始温度定义为 6.6℃。将 mesh 工具栏中的 element type 选择为 heat transfer 类型，采用标准线性迭代方程求解，单元类型设置为 DC3D8。

9.3.1 温度场

假设上表面为散热边界，其他边界为保温边界，双管冻结。冻结 150h 后的温度场如图 9-8 所示。

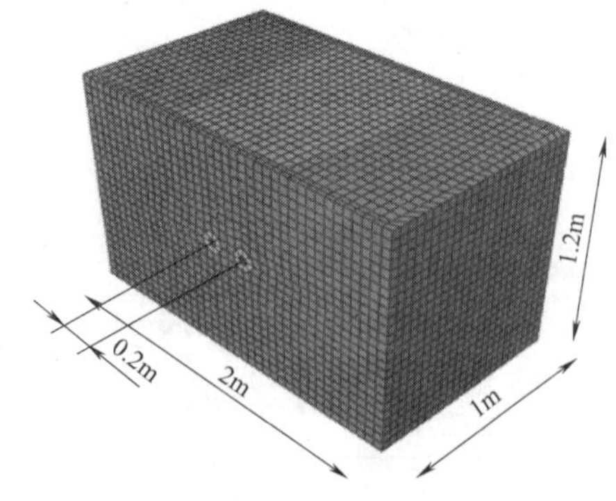

图 9-8 常规法冻结 150h 后的温度场云图

图 9-8 是局部放大后的 150h 温度场。可见，在冻结开始阶段一个相当长的时期内，两个冻结管的

冻结互不影响，即两者对周围土体温度的影响不存在相互干涉现象，每个冻结管周围都形成了独立的、属于自己的冻结圆柱体。随着时间的持续，不断有冷量注入冻结管周围土体中。相应地，随各冻结管周围土体温度的降低，冻结圆柱体的半径不断扩大，直至两个冻结圆柱体相互连接在一起。这就是冻结法施工中所说的交圈现象，即单个冻结柱体相互连接形成了冻结壁。随着时间的持续，冻结壁不断加厚，其范围逐渐增大[108]。

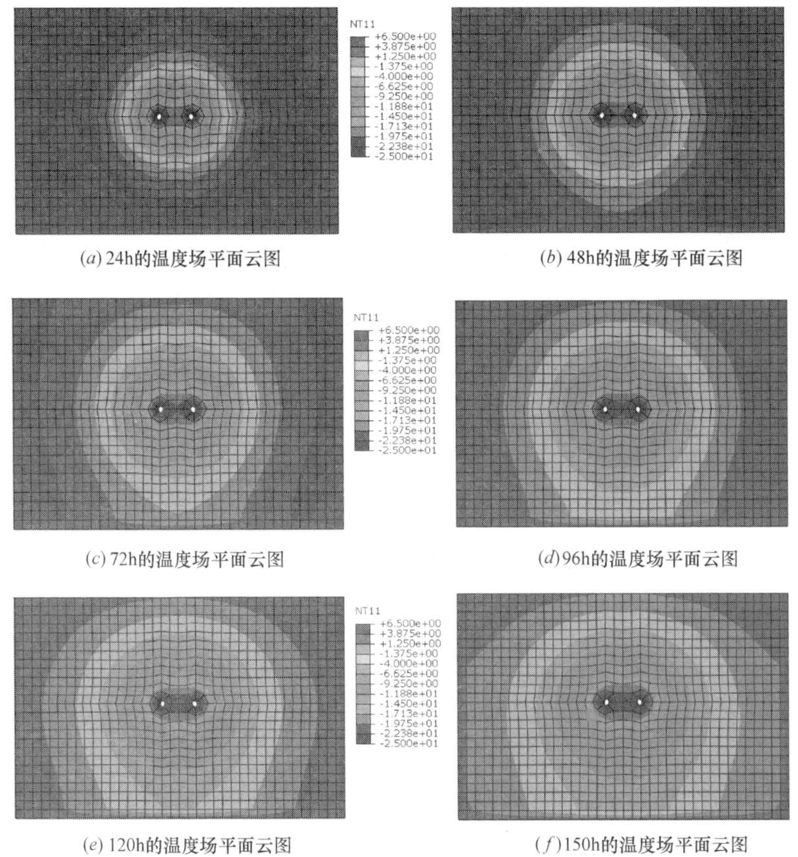

(*a*) 24h的温度场平面云图　(*b*) 48h的温度场平面云图

(*c*) 72h的温度场平面云图　(*d*) 96h的温度场平面云图

(*e*) 120h的温度场平面云图　(*f*) 150h的温度场平面云图

图 9-9　常规法冻结温度场

由双管冻结 150h 时的温度场演变可以看出，由于上边界存在热交换，其他边界是绝热的，因此温度场对称（图 9-9）。下部的等温线范围明显大于上部的等温线范围。从热学角度看，上部土体由于与外部空气存在一定的热交换，外界热量在冷冻过程中会不断补充进入土体中，而下部土体由于有保温材料，热量补充明显小于上部空气界面的热量补充。所以，随着时间的增加，上下两部分土体的温度场在空间上的不对称性会越来越显著。

沿两根冻结管的中心线作一个水平剖面，可以得到水平面的温度场，如图 9-10 所示。从图 9-10（a）和图 9-10（b）可以看出，在冻结管两个端部，温度场的变化低于其他部分，即该处温度较高、冻结质量较差。主要原因在于，保温材料的效果是一定的而不是绝热的。当存在温差时，通过保温材料必然有一定的热量散失，保温材料并不能提供严格的绝热条件。

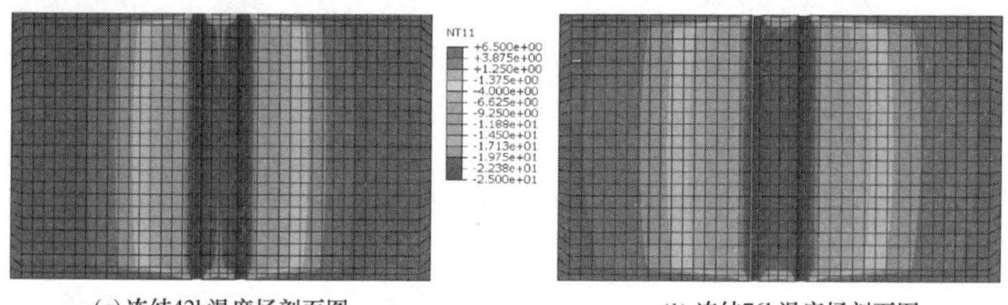

(a) 冻结42h温度场剖面图　　(b) 冻结76h温度场剖面图

图 9-10　沿两冻结管中心水平剖面的温度场

虽然保温材料能起到很好的隔热效果，但外界热量还是能或多或少地传递到临近土体中，从而降低了该部分土体的冷冻速度。因此，在人工冻结工程中，位于冻结管两端的土体由于受到周围土体或外界温度的影响，其冷冻速度要低于其他部位的温度，其工程性质也低于其他部位的土体，很容易形成工程上的所谓“软弱喇叭口”。

9.3.2　特征点处的温度

根据埋设的测温点，可以得到该特征点的实时温度。根据计算模型中设置的数据提取点，也可以得到指定节点的计算温度。由于两根冻结管在空间是对称的，所以可以考虑只在模型的一半区域布置温度测试点。经研究后确定，测温点的布置如图 9-11 和图 9-12 所示。

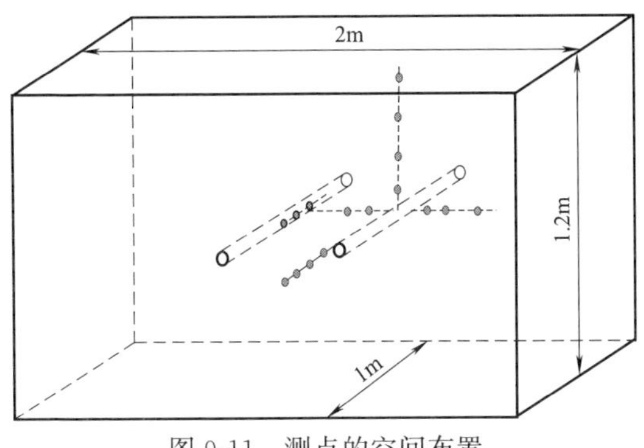

图 9-11 测点的空间布置

第 1～6 号测温点布置在冻结管的进出口和管壁上，目的是通过管壁温度间接得到冻结管内盐水的温度。除了某些温度测点布置在①号和②号两条线上外，其余测点都布置在位于冻结管长度方向中间的截面上，对应的测点名称及详细位置如图 9-12 所示。其中，位于①和②号两条线上的测点，距离 20 号测点的垂直距离均为 15cm。为了掌握边界温度，第 11 号测点和第 19 号测点布置在模型槽的内表面上。

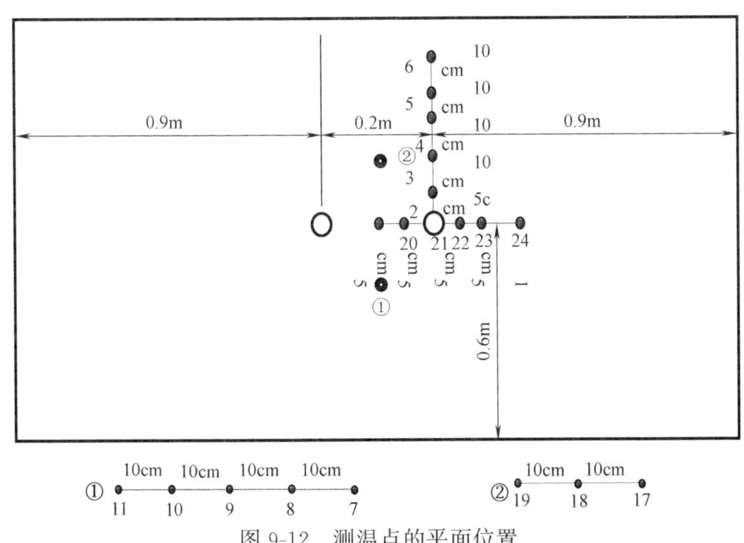

图 9-12 测温点的平面位置

整理实测数据后发现，7 号测点和 12 号测点的温度似乎有些异常，其原因尚不明确。排除这两个歧义点后，将各测点的温度与实测温度进行比较。选择了 6 个具有代表性的测温点与实测数据进行比较，结果如图 9-13 所示。可以看出，在双管冻结数值模拟中，温度监测点的变化规律基本和实测规律一样。即呈现先快速下降趋势，后又随着冻结过程的继续，冷却速度逐渐变慢。这与自然冷冻和人工冷冻过程中的温度场演进过程特点是基本一致的。

从图 9-13 还可以看出，常规方法模拟的降温速度明显大于实测的降温速度。尤其在温度达到冻结法施工规定的温度（即 −10℃）前，降温速度远大于实测的降温速度。分析产生这种现象的原因后发现，一方面，模型槽冻结试验由于受多种因素作用（包括土体的多样性、离散性、参数的不确定性、测点位置误差、温度对测量仪器的影响），使得实测数据与模拟数据不能完全吻合[109]。另一方面，土在冻结过程中，未考虑其结冰相变释放的潜热，从而导致计算的降温速度大于实测的降温速度。可见，当达到一定低温后，数值模拟得到的温度发展特点和实测得到的温度发展特点具有基本一致的规律，但数值有一定差距。这个结果间接证明，土中水结冰时释放的潜热是影响模拟准确性与否的一个关键因素。

另外，距离冻结管的位置越远，不考虑相变潜热的计算结果其精度越差。研究发现，主要原因是影响测温点温度变化的土体面积随着距离的增加而迅速增大。根据几何关系和量纲分析，体积与距离的关系是三次幂。因此，距离的小幅增大会引起相变潜热较大幅度的增加。如果忽略土在冻结过程中的相变潜热，则计算精度随到冻结管距离的增大会越来越低[110]。

针对 15 号测温点和 16 号测温点进行模拟得到的温度与实测温度相差较大。这至少印证了本书的两个主张。一是距离冻结管越远，则在采用数值方法模拟土体的冻结时，不考虑相变潜热导致的计算精度就会越差；二是可以推断出，在容易受到外界温度影响的区域，更应该在数值模拟过程时设置恰当的边界条件和初始条件以便更好地对试验过程进行模拟。

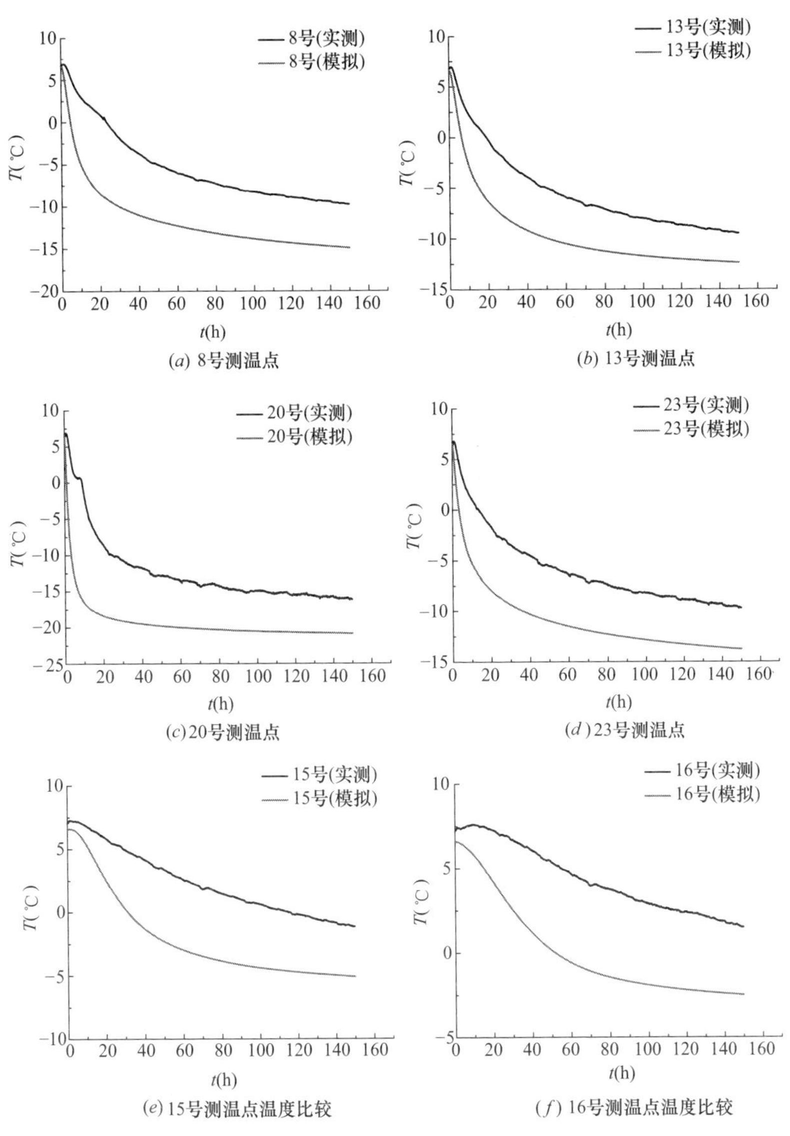

图 9-13　基于常规方法的温度计算与实测数据的比较

9.4 考虑相变潜热的温度场计算

为提高数值模拟的合理性和真实性，提高冻结工程数值预测的准确度，需要将相变潜热作用纳入到冻结过程的数值模拟之中。

9.4.1 温度场分析

考虑相变潜热的数值模型如图 9-14 所示。由模型在冻结150h 后的温度场云图可以看出，设置的保温材料起到了保温隔热效果。

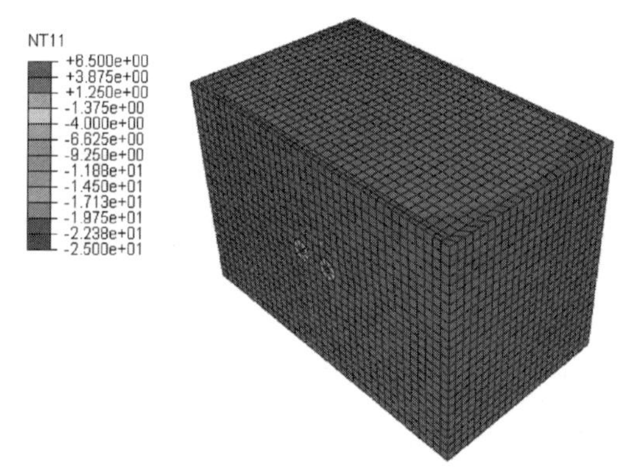

图 9-14 考虑相变潜热时冻结 150h 后的温度场

可见，考虑冻结过程相变潜热的温度场云图和常规方法模拟得到的温度场云图，具有基本一致的规律。在冻结的开始阶段，同单管冻结一样，必然会先在冻结管周围形成冻土圆柱。随着冷量的持续供给，冻结圆柱逐渐变大，最终实现了单体冻结圆柱不断膨胀并逐渐交圈。两个冻结圆柱交圈以后，形成一道冻结壁。在冻结壁形成的初始阶段，冻结柱开始向平壁两侧发展，并继续向外扩展。然后，冻土圆柱慢慢变成冻土椭圆柱，并随着时间的增加椭圆柱逐渐增大。

剖面上的温度场演变分析见图 9-15。同样可以看出，位于两根冻结管之间的土体，其温度下降最快，并形成温度很低的冻结

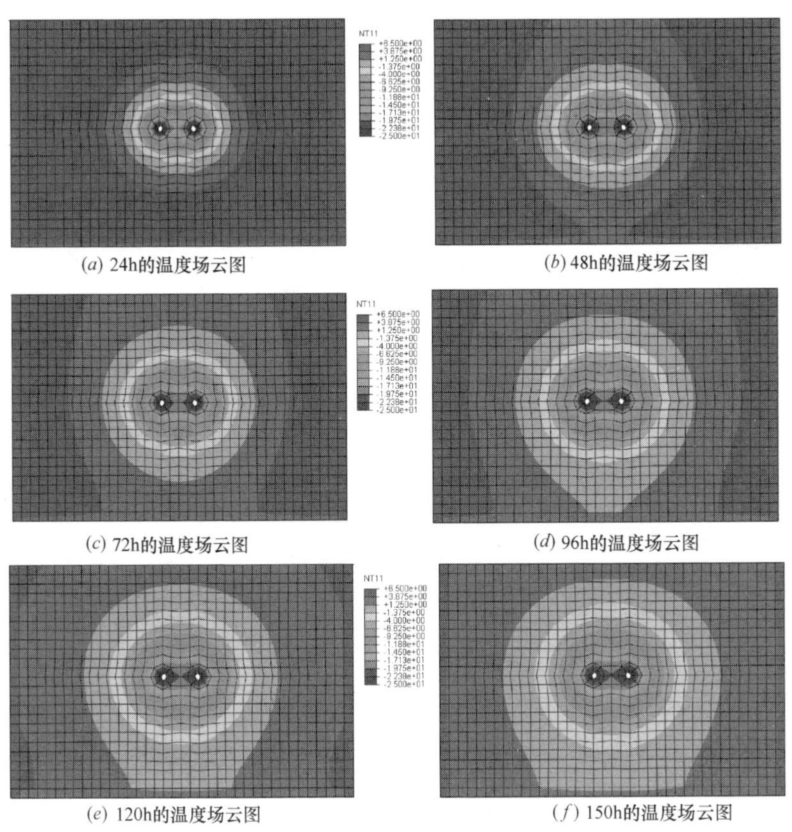

(*a*) 24h的温度场云图

(*b*) 48h的温度场云图

(*c*) 72h的温度场云图

(*d*) 96h的温度场云图

(*e*) 120h的温度场云图

(*f*) 150h的温度场云图

图 9-15　考虑相变潜热的温度场演变

壁。由此可知，在冻结法施工中，设置单排管或多排管进行人工冻结时，很容易形成冻结壁或冻土帷幕，从而为工程提供有利的高强度和低渗透保障。

如果沿两根冻结管的水平中心线剖切，则可以得到如图 9-16 所示的温度云图。从图 9-16 可以看出，在冻结管两端部分，温度场降温变化明显低于其他部分。主要原因是保温材料虽然能起到一定的隔热效果，内外温度的差异还是能不断将热量传到土体中，从一定程度上抑制了这部分土体的冷却降温速度。由此可以得出结论，在冻结工程中，位于冻结管两端的土体由于受到周围土体或外界温度影响，其降温速度低于冻结管其他部位土体的降温速度。同时可以看出，距离冻结管的距离越远，土体端部的温度小于中间温度的幅度越大。所以，合理地设置冻结管间距是保障土体有效冻结的必要措施。

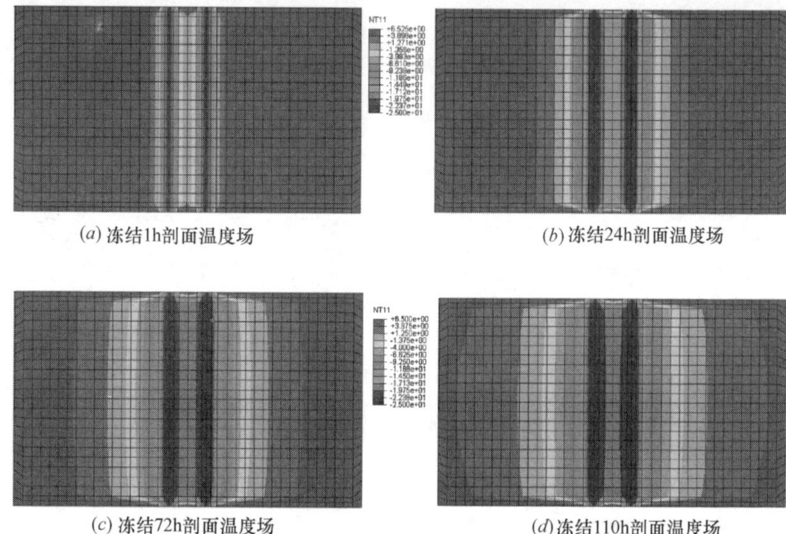

(*a*) 冻结1h剖面温度场　(*b*) 冻结24h剖面温度场

(*c*) 冻结72h剖面温度场　(*d*) 冻结110h剖面温度场

图 9-16　沿两冻结管中心剖面得到的温度场

由图 9-16 在不同冻结阶段的温度场云图可知，冻结前期，即冻结 24h 内，土体中的温度场下降速度较快。随着冻结的持续，受复杂的多因素影响，温度的整体下降速度逐渐趋缓，冷冻进程明显减慢。比较冻结 24h 和冻结 72h 的温度场云图可以看出，两个时间点的－9℃等温线范围变化不大。

9.4.2　特征点处的温度变化

为比较考虑相变潜热与否模拟结果的有效性和差异性，这里选择一些特征点以比较计算温度与实测温度的差异，如图 9-17 所示。从图 9-17 可以得出，同常规方法得到的模拟结果相比，考虑相变潜热的计算结果与测试结果基本一致。位于两根冻结管中间部位的温度，小于同一时刻其他部位的温度。

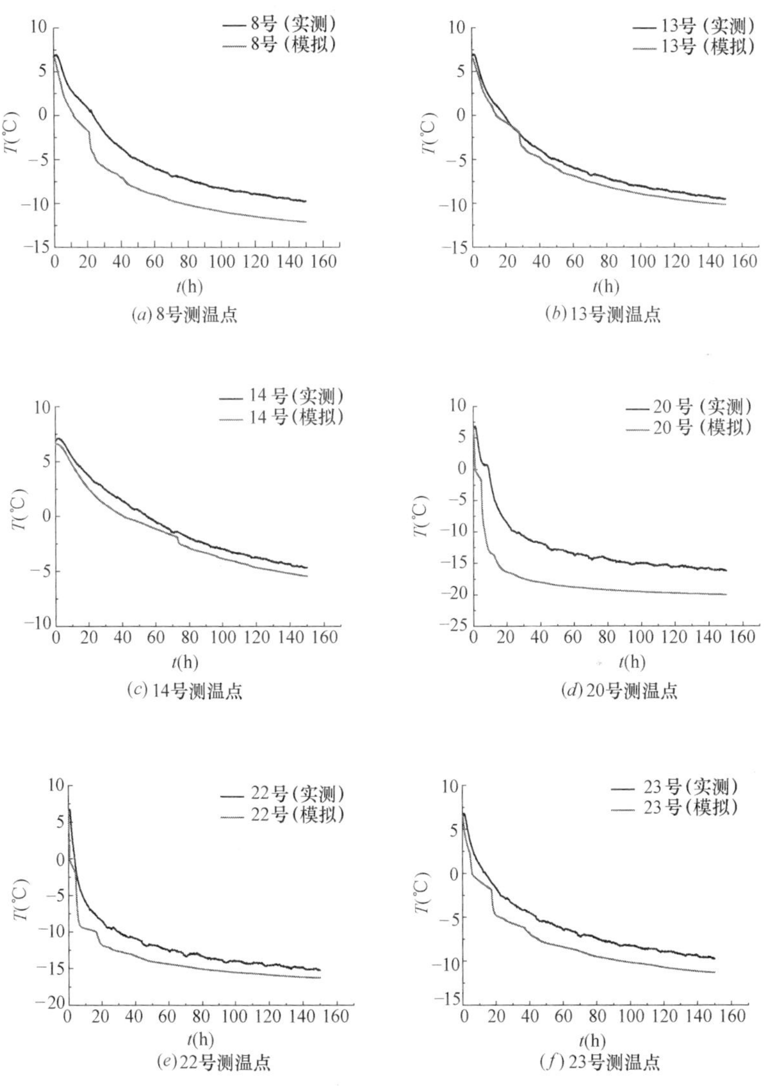

图 9-17　考虑潜热时计算温度与实测数据的比较

从图 9-17 还可以看出，在考虑潜热的双管冻结结果中，监测点温度的变化规律与实测变化规律基本一致。即先呈现快速下降趋势，随着冻结过程的继续，降温速度逐渐变慢。可以看出，考虑相变潜热的双管冻结，其降温速度基本和实测降温速度一致，降温曲线的几何特征也一致。

测点的放置位置和测量仪器的系统误差，会影响显热法计算结果与实测数据的吻合程度。从图 9-17 也可以看出，即使考虑相变潜热，某些测温点的计算结果也与实际温度存在一定差距。分析其原因，一方面可能是测量存在误差，包括测点位置误差、温度传感器误差及土体热物理参数误差等；另一方面，采用显热法考虑相变潜热的模拟方法仍存在理论上的问题，使得数值模拟方法在冻结不同阶段具有不同的适应性。

另外，实测温度与模拟温度之间的差值基本相等，并不随冻结管距离的改变而变化。可见，土体冻结过程考虑相变潜热的模拟更加真实可靠。而且，虽然测温点的实测数据与用显热法模拟的温度场数据存在一定差值，但差别并不大，能基本全面反映实测温度场的变化规律。另外，在－2～0℃之间存在着可能的歧义点。表现在计算曲线在较好地吻合实测曲线之后，又开始与实测曲线存在较大偏差。分析产生这种现象的原因发现，可能源于土体冻结过程中相变不仅存在于－10～0℃这一温度段，还存在于－10℃以后的整个降温过程。考虑相变潜热得到的 9 号和 17 号两个测温点的计算结果，与实测数据的对比如图 9-18 所示。

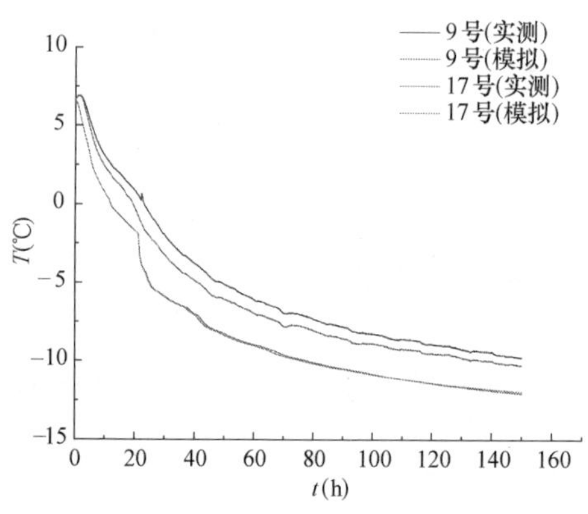

图 9-18　基于常规方法 9、17 号测点温度与实测数据的比较

从图 9-18 可以看出，无论是常规方法模拟得到的 9 号测点和 17 号测点温度，还是考虑相变的 9 号测点和 17 号测点的计算温度，它们的变化曲线都具有相似的趋势，而不像实测温度曲线那样存在显著的差异性。同时，在图 9-18 中，9 号测点实际测得的温度始终高于 17 号测点的温度。可以推断，这不是上部土体与外界空气进行热交换产生的误差所致。分析产生这种现象的原因，可能是受上部荷载作用，导致测温点的位置改变从而出现偏差所致，也可能是测量仪器的适应性引起的误差所致。

9.5　考虑相变潜热与否的温度场对比

从上面的分析可以得出，冻结过程中考虑相变潜热情况的模拟比常规模拟结果更加准确。下面从温度场演变、特征点温度变化等方面进行对比，以全面研究两种方法的优劣。

9.5.1　温度场对比

两种模拟方法温度场计算的结果对比如图 9-19 所示。

从图 9-19 所示的两种模拟方法冻结 150h 的温度场云图演变对比可以得出，在冻结 150h 过程中，每一个时间点上的常规法温度场都与考虑相变潜热的温度场存在差异，且常规法得到的同一等温线范围比考虑相变潜热时的同一等温线范围更大。因此，常规法模拟冻结温度场的降温速度要比考虑相变潜热的降温速度快很多。在冻结法施工中，冻结壁温度一般要求－10℃以下。从图 9-19 常规法冻结的温度场演变可以看出，冻结 24h 时冻结壁的最大厚度约为 16cm；冻结 48h 时冻结壁的最大厚度约为 25cm；冻结 72h 时冻结壁的最大厚度约为 32cm；冻结 96h 时冻结壁的最大厚度约为 35cm；冻结 120h 时冻结壁的最大厚度约为 37cm；冻结 150h 时冻结壁的最大厚度约为 41cm。

从图 9-19 中显热法得到的云图可以看出，冻结 24h 时冻结壁的最大厚度约为 13cm；冻结 48h 时冻结壁的最大厚度约为 19cm；冻结 72h 时冻结壁的最大厚度约为 22cm；冻结 96h 时冻结壁的最大厚度约为 25cm；冻结 120h 时冻结壁的最大厚度约为 26cm；冻结 150h 时冻结壁的最大厚度约为 28cm。

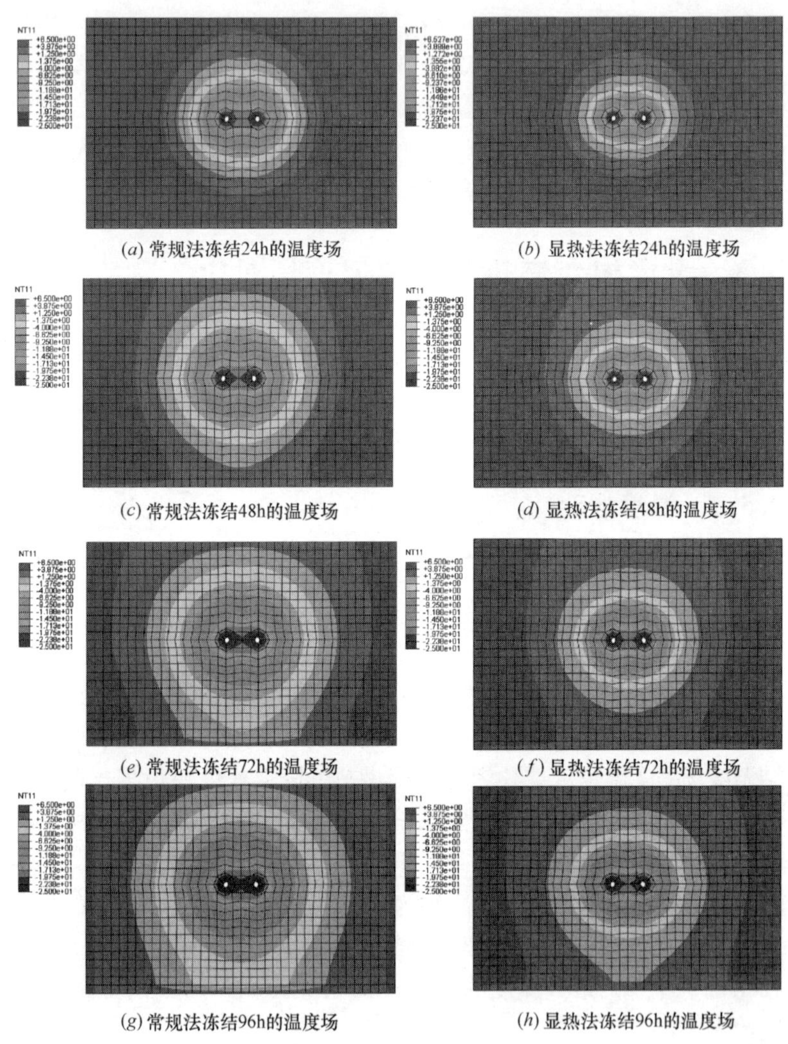

(*a*) 常规法冻结24h的温度场　(*b*) 显热法冻结24h的温度场

(*c*) 常规法冻结48h的温度场　(*d*) 显热法冻结48h的温度场

(*e*) 常规法冻结72h的温度场　(*f*) 显热法冻结72h的温度场

(*g*) 常规法冻结96h的温度场　(*h*) 显热法冻结96h的温度场

图 9-19　两种模拟方法冻结温度场对比（一）

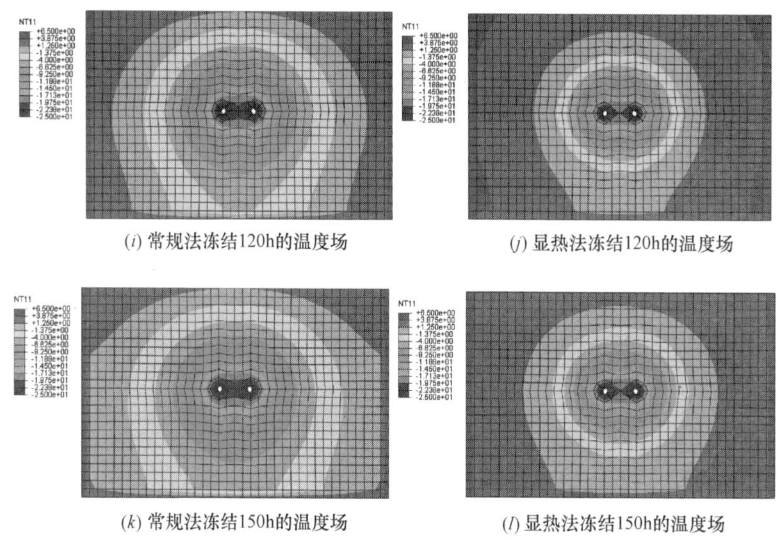

(*i*) 常规法冻结120h的温度场　　(*j*) 显热法冻结120h的温度场

(*k*) 常规法冻结150h的温度场　　(*l*) 显热法冻结150h的温度场

图 9-19　两种模拟方法冻结温度场对比（二）

整理两种模拟方法得到的冻结壁的最大厚度，如图 9-20 所示。由图中冻结壁厚度的变化可以明显看出，冻结管周围土体的温度在冻结初期下降较快，形成冻结壁的速度也较快。随着冻结过程的继续进行，形成冻结壁的速度明显降低，冻结壁厚度变化逐渐趋于平缓。从图 9-20 两种模拟方法得到的最大冻结壁厚度对比可以看出，

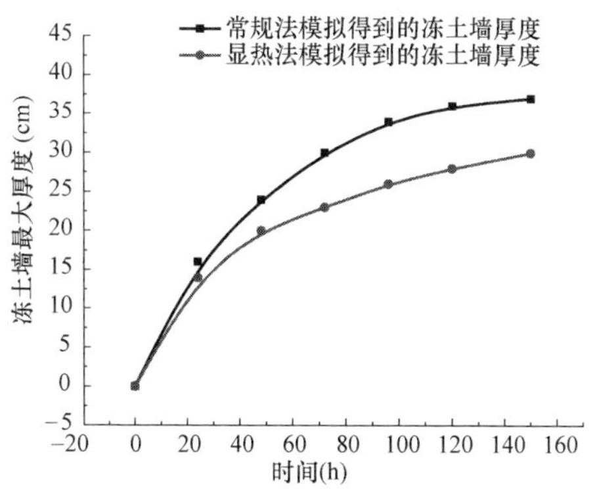

图 9-20　两种方法得到的最大冻墙厚度对比

常规方法模拟得到的冻结壁的最大厚度发展要大于考虑相变潜热模拟得到的冻结壁的最大厚度。综合图 9-19 和图 9-20 可以得出结论，土体冻结过程中的相变潜热是影响土体热传导最主要的因素之一。在模拟土体冻结的过程中，绝不能忽略土中水相变潜热的影响。

9.5.2 特征点温度对比

为进一步比较上面两种方法的实际效果，选择测点实测温度曲线与模拟得到的温度曲线进行比较，详见图 9-21 和图 9-22。其中，

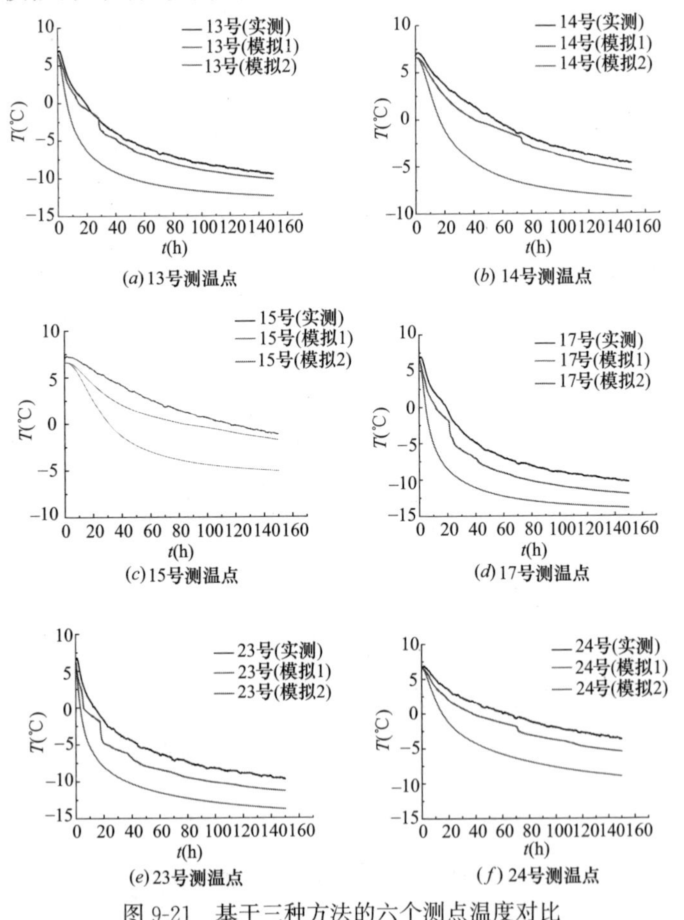

图 9-21　基于三种方法的六个测点温度对比

模拟 1 代表常规模拟得到的温度曲线，模拟 2 代表考虑相变潜热时的温度曲线。从图 9-21（*a*）、图 9-21（*b*）和图 9-21（*c*）三个测温点三种方法得到的温度变化曲线比较可以看出，考虑相变潜热的温度场模拟能够比较真实地反映实际温度的降温情况。

考虑相变潜热得到的测点温度变化曲线虽然较常规方法得到的温度变化曲线更加趋近真实温度，但仍与实测温度存在一些差距。经过分析，可能是测温点位置偏差、土颗粒热物理参数非线性以及未冻水含量测试误差等原因所致。

从图 9-22（*a*）和图 9-22（*b*）所示三种方法得到的温度曲线可以看出，采用显热法考虑相变潜热的温度虽然比常规方法得到的温度有一定改进，但偏离实际温度仍然较大。产生这种现象的原因在于，将相变潜热等效成等价比热容的方法可能仍然存在一些不足，而作者给出的考虑相变潜热的、连续可导的热参数计算方法则更为合理。20 号和 21 号是两个位于冻结管之间的测温点，在刻画温度演变过程时，仍然存在一定的误差，需进一步改进。

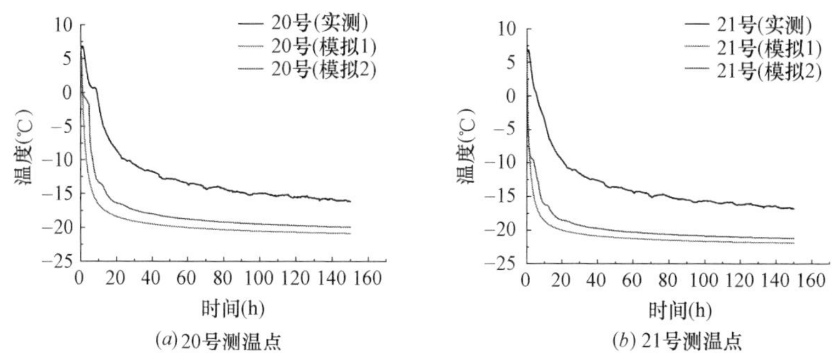

图 9-22　基于三种方法得到的 20 号和 21 号测点温度变化曲线

考虑相变潜热的计算方法，对大型冻结工程的温度场模拟仍然比较困难。采用常规方法模拟虽然不能准确地预测冻结温度场的发展进程，但对冻结温度场的发展能进行一定程度的预测。考虑相变潜热的模拟对冻结壁形成时间的预测比常规模拟得到的结果更加准确。采用显热法考虑相变潜热的模拟方法仍存在一些问题。对于单管冻结而言，它是准确可靠的，但对于双管及多管冻结而言，特别是两根冻结管之间的土体，其温度预测仍然与实际有一定的差距。所以，显热法仍需要某种程度的改进。

9.6 工程中的冻结温度场

建立一个三维模型，尺寸为 10m×10m×10m，冻结管半径为 0.045m，用于研究不考虑重力系统影响时土体在一定负温条件下温度的变化。

9.6.1 单管冻结

将模型的整个域初始温度设为 293.15K，即常温 20℃。将模型外表的六个表面设为开边界，设置开边界的节点以模拟一个开放的边界热通量，热量可以流出域或进入指定的外部温度域。

在几何模型的基础上，通过确定单元的控制参数划分网格。单元的控制参数包括网格密度和划分网格，网格密度是模型的细分问题，是指定模型的线或边上网格的间隔长度或者个数，而划分网格是为了确保网格划分时单元类型和相应的材料单元相匹配。采用用户控制网格中自由剖分四面体网格将模型划分成单元组，冻结管周围局部加密[111]。

9.6.2 单管冻结模拟

求解时采用的是瞬态求解方式，设置求解步长为 1h，求解时长为 900h。土的干密度为 1.6g/cm^3，饱和度为 50%，所以根据 3.5 节中粉土导热系数的经验公式可以得到各个阶段的导热系数。将参数 λ、C 输入进行计算，可得到图 9-23 所示的温度场。

图 9-23 所示是冻结过程中按照时间的顺序排列的温度场的分布云图，可以看出靠近冻结管的位置温度较低，而远处的土体温度较高。这是由于冷盐水首先通过冻结管，附近的土体最先吸收了冷量导致温度降低。随着冻结时间变长，远端的土体温度慢慢降低。

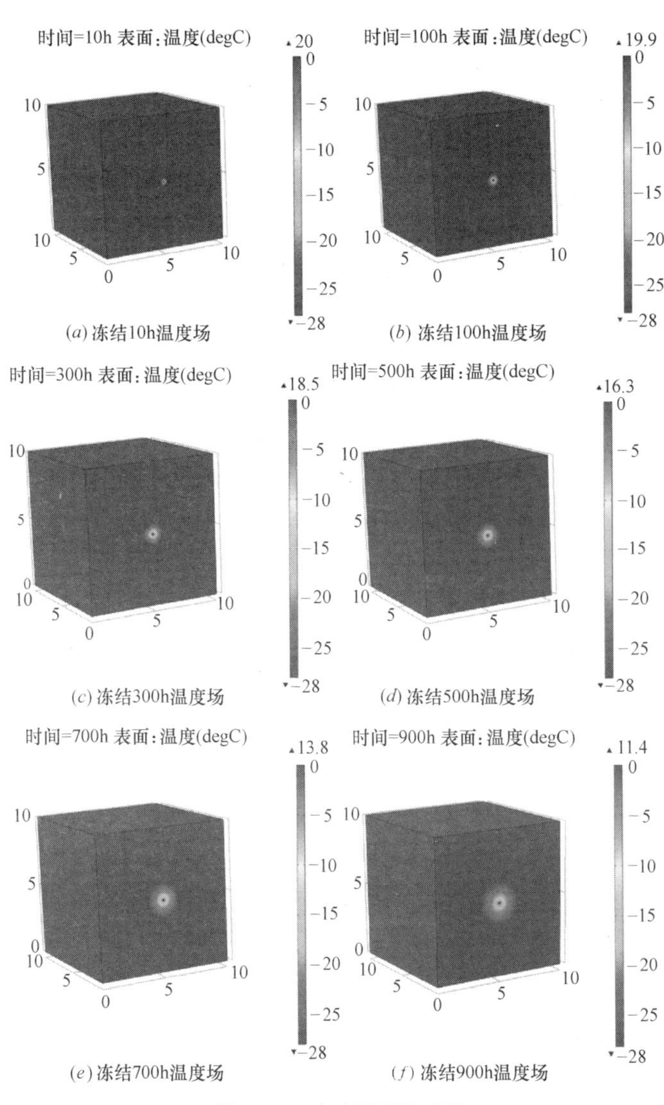

(*a*) 冻结10h温度场　(*b*) 冻结100h温度场

(*c*) 冻结300h温度场　(*d*) 冻结500h温度场

(*e*) 冻结700h温度场　(*f*) 冻结900h温度场

图 9-23　冻结温度场云图

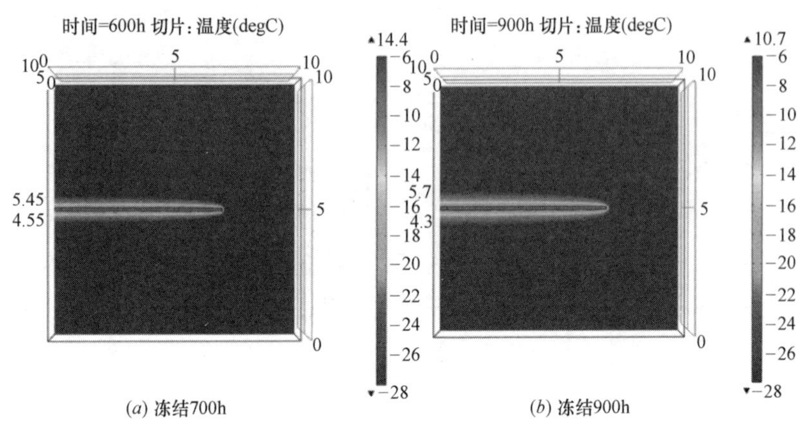

(*a*) 冻结700h　　(*b*) 冻结900h

图 9-24　冻结管中心轴线剖面温度

冻结管中持续通有温度为−28℃的冷盐水，将冻结管设置为−28℃的恒温条件。从图 9-24 冻结管中心轴线的切片温度可以看出，冻结 600 个小时后，冻结管中心轴线 0.45m 范围内，平均温度达到了−8℃。冻结 900 个小时后，冻结管中心轴线 0.8m 范围内，冻结土柱温度都达到了−8℃。

为更清晰地研究冻结发展过程，提取了不同时间的冻结温度等温面，如图 9-25 所示。

从图 9-25 可以看出，冻结管周围土体温度刚开始降得较快，这是由于附近土体首先吸收冻结冷量，导致其温度迅速降低。随着时间的推移，周围土体的温度下降速度有所降低，这是由于土体中的水分在冻结成冰过程中需要释放大量潜热，需要更多时间将热量从冻结管中输送出来。随着冻结时间继续增大，周围土体的温度下降速度又有所提高，等温面成杯形发展，最后逐渐扩展到整个土体。

9.6.3　双管冻结模拟

双管冻结土的热物理参数和单管冻结时的参数一致，网格划分和边界条件相同，求解时采用的也是瞬态求解方式。设置求解步长为 1h，求解时长为 600h。计算结果如图 9-26 所示。

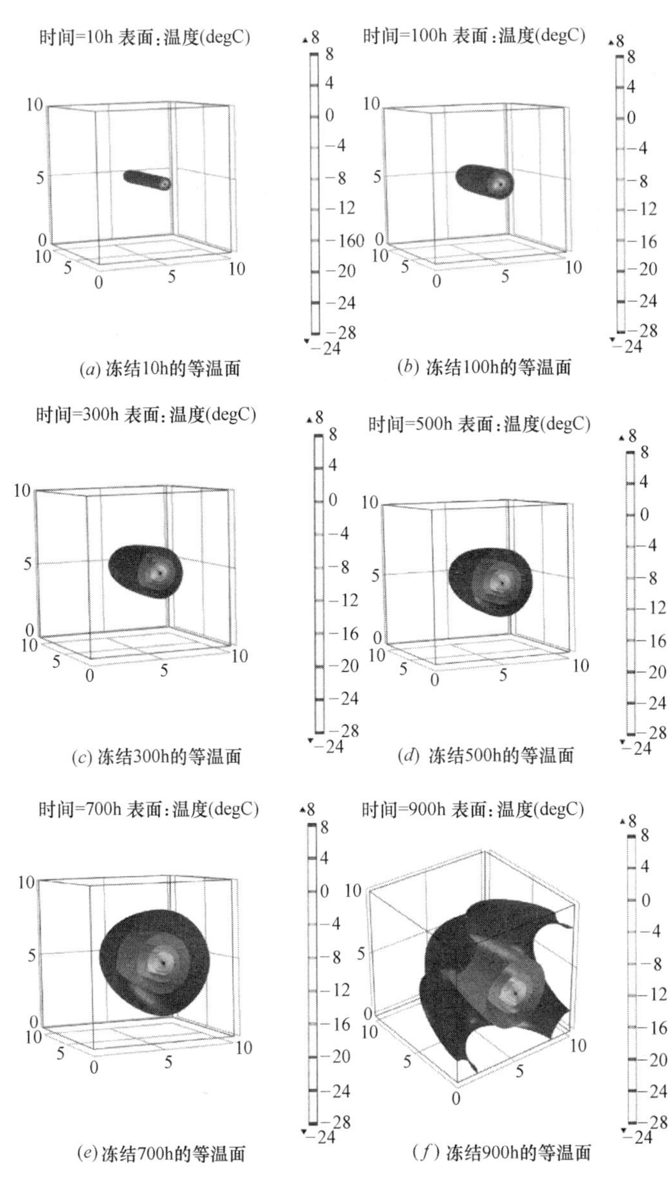

(*a*) 冻结10h的等温面

(*b*) 冻结100h的等温面

(*c*) 冻结300h的等温面

(*d*) 冻结500h的等温面

(*e*) 冻结700h的等温面

(*f*) 冻结900h的等温面

图 9-25　冻结温度场等温面图

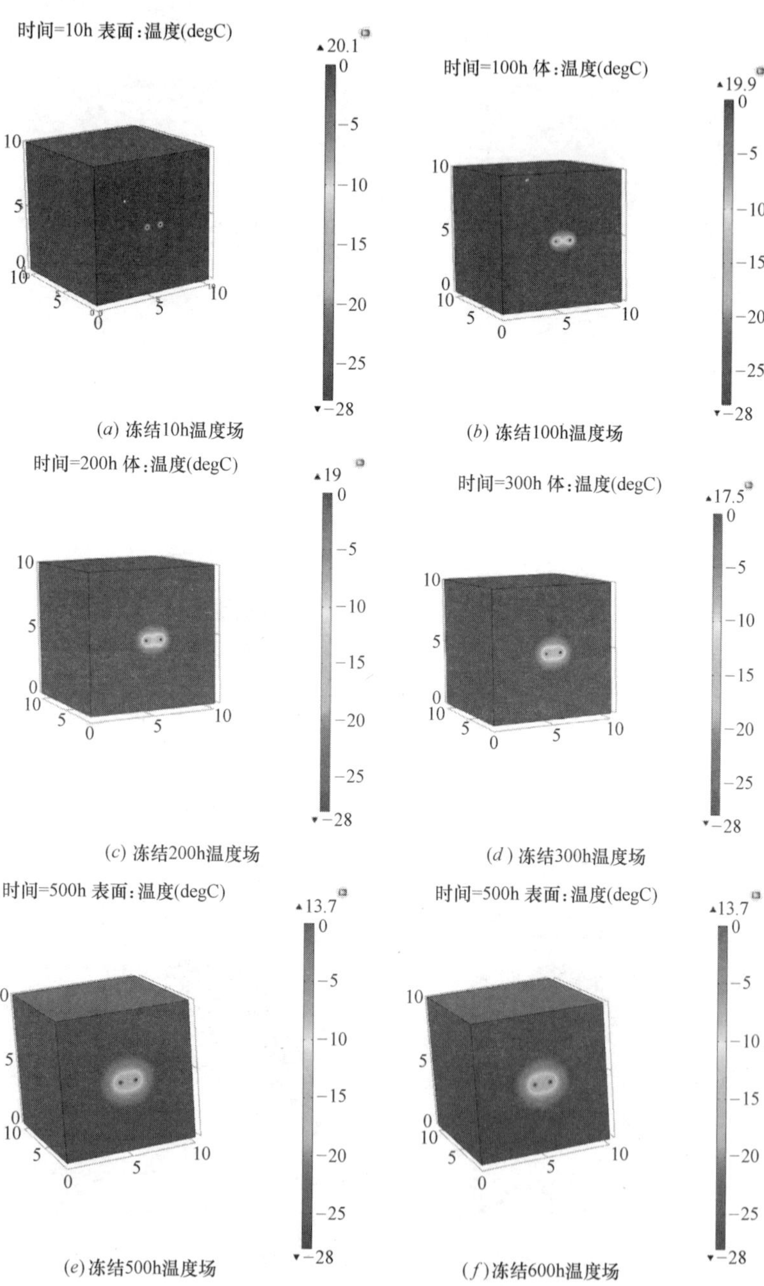

(*a*) 冻结10h温度场

(*b*) 冻结100h温度场

(*c*) 冻结200h温度场

(*d*) 冻结300h温度场

(*e*) 冻结500h温度场

(*f*) 冻结600h温度场

图 9-26　双管冻结的温度场云图

从温度场云图和等温面图可以看出，双管冻结刚开始和单管冻结一样，在冻结管的周围附近温度较低，而远处土体温度较高。随着冻结时间的延续，温度逐渐降低。冻结约 24h 后，两根冻结管的冻结土柱逐渐交圈。之后，两根冻结管周围的冻柱形成了一个冻土平壁，然后逐渐向两侧土体扩展。

从图 9-27 可以看出，双冻结管在冻结 600h 后，在冻结管中心半径 1.2m 范围内，冻结温度都达到了－8℃。对比单根冻结管 600h 时半径 0.45m 范围内的－8℃温度范围发现，双根冻结管的冻结时间明显降低，但不是比例关系。这是由于冻结壁的发展速度与盐水温度、冻结管间距、含水率等多种因素有关，所以当要求的冻结范围和温度一定时，认为单管冻结与双管冻结在冻结时间上是倍数关系的观点是不对的。

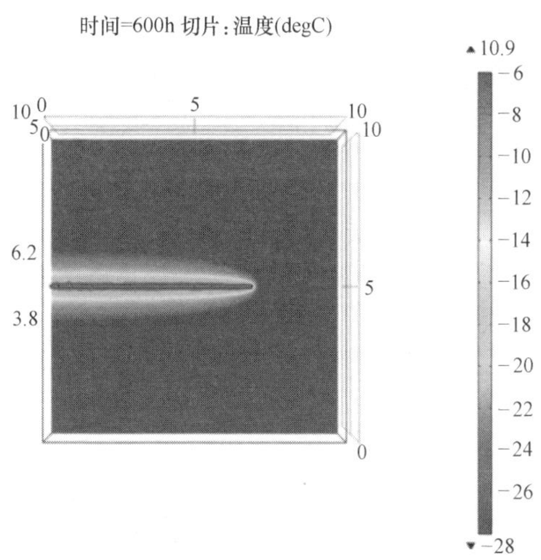

图 9-27 冻结管中心轴线切片温度（600h）

双管冻结的等温面如图 9-28 所示。

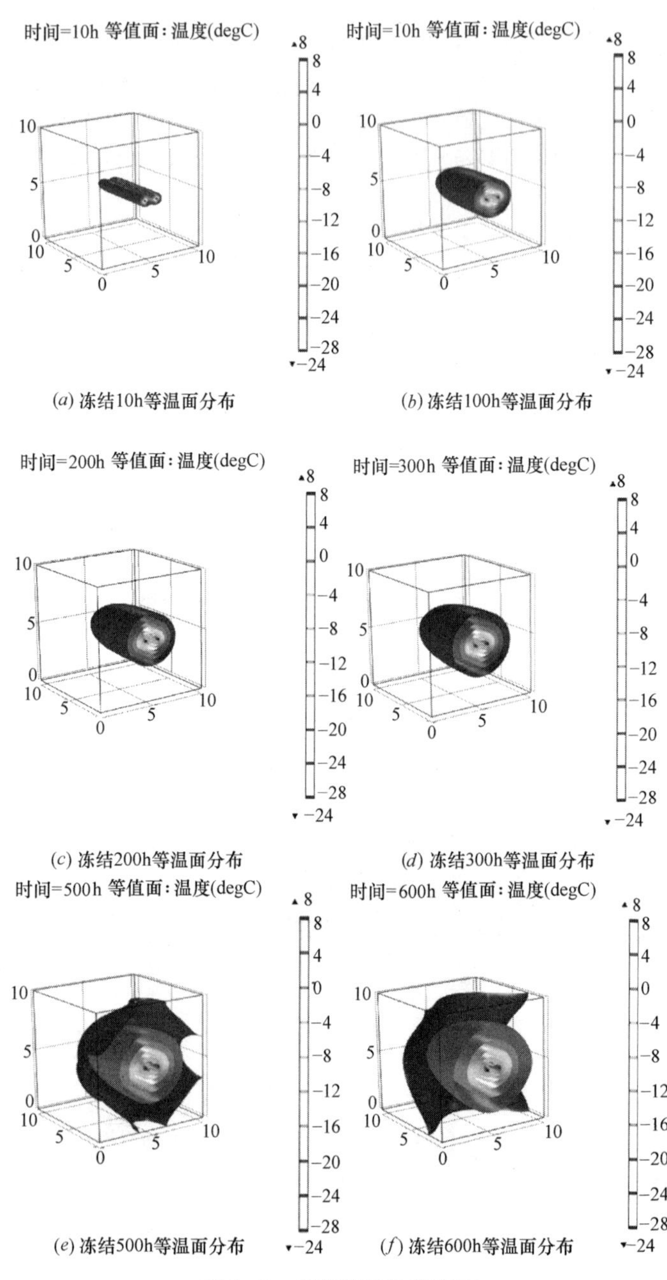

(*a*) 冻结10h等温面分布

(*b*) 冻结100h等温面分布

(*c*) 冻结200h等温面分布

(*d*) 冻结300h等温面分布

(*e*) 冻结500h等温面分布

(*f*) 冻结600h等温面分布

图 9-28　双管冻结的等温面

第10章

冻胀力和冻胀变形

原位冻胀和分凝冻胀会对地下或地上建（构）筑物产生不良影响甚至产生破坏作用。因城市冻结法施工工程附近的地下或地上建（构）筑物很多，冻胀常常引起这些建（构）筑物产生开裂、大变形、漏水、失稳等破坏作用。因此，正确认识冻结法施工中的冻胀、融沉机理，尤其是分凝冻胀和融沉机理，了解产生冻胀和融沉土的类型，采取有针对性的措施控制冻胀融沉，是地层冻结法成功应用的关键。

10.1　水的冻结和土的冻胀

一个标准大气压条件下，4℃时纯水的密度是 1g/cm^3，而 0℃冰的密度是 0.917g/cm^3。因密度不同，纯水在冻结成冰时其体积将增大约 9.05%。反之，固相冰融化成液态水时，其体积会缩小约 9.3%。

在解冻时，岩土中的冰融化成液态水，其体积要缩小。岩土中的固相部分，与一般固体一样具有热胀冷缩的性质，但其膨胀系数一般很小。因此，即使不存在水分迁移，地层冻结时也会产生一定的体积增加，即冻胀；冻结地层融化时会产生体缩，即融沉。

在地层冻结法中，如果只有地层原位水冻结成冰，所产生的冻胀叫“原位冻胀”。原位冻胀主要由岩土中的孔隙水部分或全部转化成冰所致。一般情况下，原位冻胀量非常有限，当冻结过程允许排水时更是如此。但多数岩土层在冻结时会产生水分向冻结锋面的连续迁移，使水分在冻结锋面上不断积聚并冻结成冰，从而形成大的冰晶体，即所谓分凝冻胀。这种水分迁移冻胀因为可以形成较大的冰晶体而可能产生显著的冻胀。

冻胀和融沉是冻结和解冻两个逆过程中的现象，两者之间有密切关系。如果有效控制了冻胀，融沉问题也可以得到基本解决。

10.2 冻胀的危害和控制

当岩土体的冻胀不受约束作用时，其膨胀是自由的；当岩土体的冻胀受到刚性约束或一定程度的约束作用时，将会产生冻胀力，且约束作用越强，冻胀力越大。

10.2.1 冻胀的危害

随着人工地层冻结技术在岩土工程中的应用，由土体中水冻结成冰而形成的冻胀现象对建（构）筑物的影响越来越受到工程界的重视。为了保证工程顺利建设以及既有建（构）筑物的安全，必须了解和认识冻胀、融沉机理，以及冻结过程中冻土与工程和环境的相互作用，并采取相应措施以确保相关建筑物、构筑物、环境和设施的安全与稳定性。由于冻结法施工多在闹市区和人口密集区进行，地上条件和地下条件复杂，冻胀及相应的融沉问题显得更为突出。近年来，由于对冻胀规律的认识欠缺、处置方法失当等原因，由冻结法引起的地表隆起、建筑物开裂、地下管线和设施损毁现象时有发生，有的甚至造成了社会问题[112]。

对岩土冻胀的研究源于寒冷地区土木工程的现场冻胀观测和探索。随着冻结法向市政工程和地铁建设领域的推广，人们逐渐将冻土观测站和现场冻胀观测与室内试验结合起来，采用理论与实践相结合的方法研究土壤冻胀规律和发生机理。

10.2.2 冻胀的控制

在封闭式冻土帷幕冻结过程中，封闭交圈前帷幕内几乎不会出现冻胀力。从交圈开始形成时冻胀力开始显现，在冻土帷幕厚度达到最大时，冻胀力增长几乎达到最大值。

土体中的原位水冻胀量（融沉）非常小，开放系统饱水土体水分迁移冻胀量（融沉）要大很多。所以，土中的水分迁移冻胀是构成土体冻胀的主体。水分迁移冻胀量（融沉）是需要高度关注和控制的[113]。对此，工程人员要对那些冻敏性土高度关注和严格控制。土的粒径是影响冻胀敏感性的一个重要因素，一般来讲，颗粒越小冻胀性越强。

在遇到冻敏性土壤时，可从控制水分迁移方面入手以间接控制冻胀。比如，可以通过间歇式冻结（控制冻结速度、冻结温度、冻结时间）实现对水分迁移和冻胀的控制。另一方面，也可以采用快速冻结法控制水分迁移和冻胀，其原理是，以足够高的冻结速度使得大多数水分来不及迁移，以此达到水分无法迁移和形成冰晶体的目的。其实，这一技术早已用于试样的干燥处理和蔬菜的脱水处理。如果水分迁移无法阻断，要确保相邻建（构）筑物的安全，就要有效地控制冻胀。可采取的措施包括在冻土结构和相邻建（构）筑物之间设置泄压孔，或者事先预设花管以释放冻胀应力应变，以此达到减少冻胀影响的目的。

融沉对相邻建（构）筑物的影响有时也相当大。融沉与冻胀密切相关，通常控制了冻胀就可以控制融沉。工程上常常采取强制解冻、跟踪注浆等方法，综合控制融沉幅度和影响[114]。

10.3　冻胀的发生机理

无论是人工冻土，还是寒区的季节冻土或永久冻土，都是由于土中水结冰形成的。在冻结过程中，随着土体温度下降，土体温度达到土中水结晶点时便结晶成冰。土中孔隙水和外界水源不断补给，会在土体中形成多晶体、透镜体、冰夹层等各种冰侵入体，引起体积增大。当土体的变形受到约束限制时，就会在土层中产生冻胀力。

冻结过程中土体性质的变化，主要是由土中水分迁移及液态水相变引起的。分布于土骨架孔隙中的水，可能含有多种溶质，且与土粒表面有物理和化学作用。因此，土中水的性质与自由水有显著区别。因有土颗粒存在，土中水的结冰过程与纯净水结冰有显著差异。土颗粒表面带有电荷，当水与土颗粒接触时，就会在静电引力的作用下发生极化作用，使靠近土颗粒表面的水分子失去自由活动能力而整齐、紧密地排列起来，形成所谓的双电层结构。按物理、化学性质和作用大小划分，土中水可分为结合水、毛细水和重力水。

距土颗粒表面越近，静电引力越大，土颗粒对水分子的吸引力也就越大，从而在土颗粒表面形成一层密度很大的水膜，称之为吸附水或结合水。离土颗粒表面稍远，静电引力强度减小，水分子自由活动能力增大，这部分土中水被称为薄膜水或弱结合水。距离更远处，水分子的活动主要受重力作用控制，这部分水被称为毛细水。更远的水只受重力作用，被称为重力水（自由水）。

因其所受土粒约束力作用的不同，这几种水的冰点温度相差较大。由于结合水层作用力强，密度较大（相对密度为 1.2～1.4），冰点温度最低。要使其完全结冰，最低温度要达到－186℃左右，但其含量很少。薄膜水的相对密度略大于 1，冰点温度低于 0℃，一般在－20～－30℃时才全部结冰。而自由水的相对密度为 1，能传递静水压力，在一个大气压环境中其冰点温度为 0℃[115]。

由于土中水的冰点温度不同，无论是人工冻土、季节性冻土，还是永久性冻土，其中都有未冻水存在。在外荷载作用下，土骨架、固相水、冰、空气和未冻水，相互作用形成一个整体。冰在高应力区融化成未冻水而向低应力区迁移，未冻水在低应力区冻结成冰，从而形成冰和水的转化。因此，冻土是一种结构不均匀、不稳定的复合材料。

由于土颗粒彼此间的距离很小，并且冻土中含有一定的未冻水，所以相邻土颗粒的薄膜水往往是公用的。在冻结过程中，低温区增长着的冰晶不断地从邻近的水化膜中吸取水分，造成其水化膜变薄，而相邻厚膜中的水分子又不断向薄膜补充，这样依次传递就形成了冻结时水向冻结锋面迁移的现象。变薄了的水膜不断从自由水中吸取水分，因此冻土的含水率会随冻结过程的进行而增大。当原位水的体积增量和迁移水的体积增大势能足以引起土颗粒相对位移时，就形成土的冻胀现象。

10.4　冻胀的影响因素

土中水分迁移速度与土的颗粒组成、外荷载和水分补给条件等因素密切相关。在细粒土中，特别是粉质亚黏土和粉质亚砂土中，水分迁移最强烈，冻胀最大。黏土虽然颗粒很细，但其颗粒间作用力较大，水分迁移难度较大，因此其冻胀性稍次于粉质亚黏土和粉质亚砂土。砂、砾石由于颗粒较粗，毛细现象差，冻胀性最小。另外，外界补水条件是影响水分迁移和冻胀的主要因素。饱水砂土各向冻结时，开始阶段体积增大但数值不大，然后冻胀量趋于平稳。分散性黏土冻结初期会有一些收缩，随后会发生冻胀，冻胀持续较长时间。粉质黏土冻胀初期如黏土一样会有一些收缩，而后发生极强烈的冻胀（冻胀率可达10%以上），然后随温度降低趋于稳定。因其透水性较好，粉质亚黏土的冻胀性最强。在一定冻结温度和含水率范围内，冻结温度愈低，含水率愈大，粉质亚黏土的冻胀量愈大。

1. 土的因素

土的因素包括土的粒度成分、矿物成分、化学成分和密度等，其中最主要的是土的粒度成分。大的冻胀通常发生在细粒土中，其中粉质亚黏土和粉质亚砂土中的水分迁移最为强烈，因而冻胀性最强。黏土由于土粒间孔隙太小，水分迁移有很大阻力，冻胀性较小。砂砾、特别是粗砂和砾石，由于颗粒粗，表面能小，冻结时一般不产生水分迁移，所以不具冻胀性。细砂冻结时出现排水现象，也不具冻胀性。

2. 粒径

土壤粒径与土的矿物成分有关，反映出黏土表面力场的差异性，这种表面效应指标是土颗粒的比表面积。颗粒由大变小，其比表面积由小变大，与水的相互作用力逐渐增大，从而影响土冻结过程中的水分迁移，并导致土壤冻胀变形特征各不相同。

3. 冻结温度

温度对冻胀的影响主要表现在两个方面。一是未冻水含量的多少和水分迁移量大小取决于温度。土壤的冻结过程，实际上是土中水的相变过程。当土体温度低于土体起始冻结温度时，土中水相变结晶，体积增大，逐渐填充土颗粒间的间隙，直至造成土颗粒迁移，引起冻胀。在任一特定负温条件下，冻土中总保持着特定的含水率。冻土中的未冻水含量随负温的降低而不断减少。因此，温度愈低，冻土中的未冻水含量就越少。

二是温度场的梯度愈大，冻结速率愈大。冻结锋面处原始水分的冻结，破坏了物质平衡和能量平衡，引起冻结锋面处水的势能偏低，从而吸引未冻土中的水分向冻结面迁移。当温度场梯度达到一定程度时，迁移到冻结锋面的水分难以维持相变所需的水率。为了维持相变界面的物质和能量平衡，冻结锋面会加快推进以达到新的平衡。

4. 冻胀温度

土的冻胀开始于某一温度，称为起始冻胀温度，其值略低于起始冻结温度。当温度继续降低至某一值时，在封闭系统中未冻水结成冰的数量已可忽略不计，土体不再冻胀，该温度称为停止冻胀温度。黏土的停止冻胀温度为－8～－10℃，粉质黏土为－5～－7℃，粉质砂土为－3～－5℃，砂土为－2℃左右。冻结速度对冻胀也有影响，冷却强度大时，冻结面迅速向未冻部分推移，未冻部分的水来不及向冻结面迁移就在原地冻结成冰，此时无明显冻胀。冷却强度较小时，冻结面推移慢，未冻水克服沿途阻力后到分凝层冰面结冰。在外部水源补给下，冻结面向未冻部分推移越慢，形成的冰层越厚，冻胀也越大。

5. 含水率

含水率是引起土体冻胀的主要因素之一，但并非所有含水的土在冻结时都会产生冻胀。只有土中的水分超过一定界限值之后才会产生冻胀，通常将这个界限含水率称之为起始冻胀含水率，它与塑限含水率有密切关系。按有无水分补给，冻胀划分为封闭系统冻胀和开敞系统冻胀，在冻结过程中有外来水分补给时，冻胀形成的冰层厚，产生的冻胀强烈。秋末降水多，冬季土的冻胀量就大。地下水位越浅，土的冻胀量也越大。

6. 荷载

外界荷载对土体冻胀有抑制作用。随荷载增加，土壤的冻胀率降低，其原因在于，荷载对土壤冻胀的影响主要是增大了土颗粒间的接触应力，降低了土体中水的结晶点，使得冻土中未冻水含量增加。另外，荷载的作用会减少未冻土中水分向冻结锋面的迁移。当含水率和冻结温度相似时，土体的冻胀率随着荷载增加而减小，直至冻胀停止。

土体结晶中心形成后就开始冻结，形成胚胎和冰芽，周围处于负温的水便向它靠近，使冰晶逐渐生长。一般情况下，大孔隙里的冰晶生长温度在−0.1～0.3℃之间。细小孔隙的黏性土中，受各种力场作用，冰晶生长的温度可达−0.5℃甚至−2～−8℃。

10.5 冻结法施工中的冻胀和冻胀力

在冻结过程中，若边界是自由的，即不存在边界约束力，土体将有较大的冻胀变形；若边界是刚性的，即不允许发生冻胀变形，则会产生较大的冻胀应力。一般情况下，边界既不是自由的也不是刚性的，此时既有冻胀变形发生又有冻胀力发生。

10.5.1 冻结法施工中的有限约束

覆盖层和隧道管片等地下结构对土的约束作用，既不是刚性的也不是自由的，可以称之为有限约束，如图 10-1（*a*）所示的土单元。不难理解，处于有限约束环境中的土体，在冻结过程中将同时产生冻胀应力和冻胀变形。从能量角度看，冻胀应力和冻胀变形会引起类似弹塑性变形能的某种势能增加。与一般变形能相似（比如浸水后膨胀土的膨胀势能），这种集聚在土中的势能会在开挖过程中由于约束的减弱或解除而释放一部分或全部，从而导致开挖应力场和变形场更为复杂。

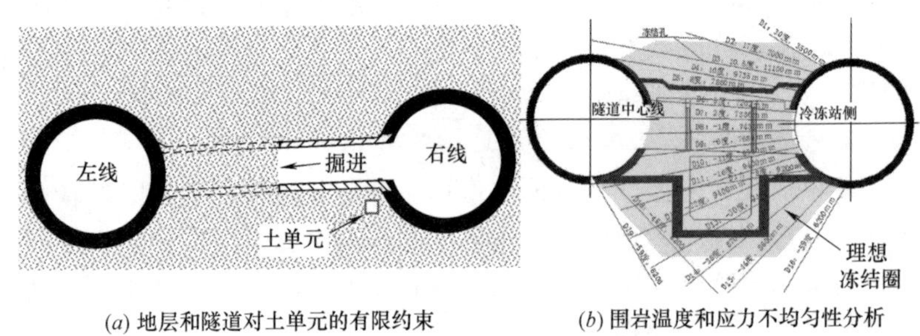

(*a*) 地层和隧道对土单元的有限约束　　(*b*) 围岩温度和应力不均匀性分析

图 10-1　联络通道冻结法施工示意图

工程上通常认为，积极冻结之后会形成一个均匀的“理想”冻结圈，如图 10-1（*b*）所示。显然，冻结圈中不同位置点的温度是不同的。且受开挖面散热影响，开挖前后同一位置点的温度也不相同。由此导致，冻结圈内不同土单元的冻胀应力和冻胀应变实际上是不同的，而且差别很大[116]。另外，受不均匀冻结圈冻胀影响，冻结圈外一定范围内的未冻区域也存在不可忽视的应力和应变增量，且由近及远该影响逐渐减弱并最终趋于 0（图 10-1）。

由于冻结层埋深较浅，地面建筑物和周边设施又复杂多样，冻结和解冻期间比热容发生复杂的相互作用。如果冻融过程中的冻胀和融沉不能得到有效控制，将对周边环境产生严重影响[117]。轻则延长工期、提高工程造价，重则导致地下管线、既有运营地铁线路和地表建筑物损坏，危及施工安全。广州地铁 3 号线天河客运站折返线联络通道采用水平冻结法施工，冻结期地表最大冻胀量超过 400mm，导致地表道路和地下管线发生了损坏[118]。又如，南京地铁 1 号线的冻结加固工程施工结束后，在解冻阶段地表出现了严重变形，导致地表累计下沉量达到 122mm，大大超出了规定的 30mm 报警值。

10.5.2　测试装置和土料

搭建了一个有限约束冻结试验系统，以便对土体进行冻结试验，研究不同约束条件下的冻结期间的温度、冻胀力，以及它们之间的变化规律。有限约束冻结试验系统主要由试验测试系统、冻结设备以及冻结约束设备组成，如图 10-2 所示。

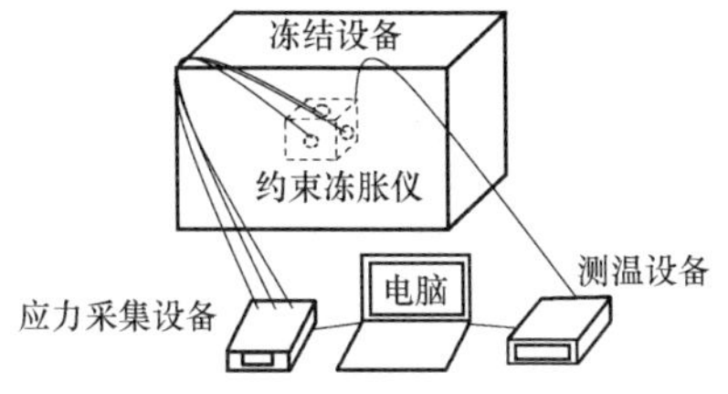

图 10-2 有限约束冻结试验示意图

冻结设备由 10mm 厚钢板组装而成，以螺栓固定。研究冻胀过程中冻胀力发展规律，需要量测不同冻胀变形条件下土体的温度和冻胀力，所用测试系统分别为温度测试系统和冻胀力测试系统。冻胀力测试系统由约束仪两个侧面和顶面上设置的三个土压力盒和数据采集系统组成（图 10-3），用以测试冻结过程中的土压力即冻胀力。

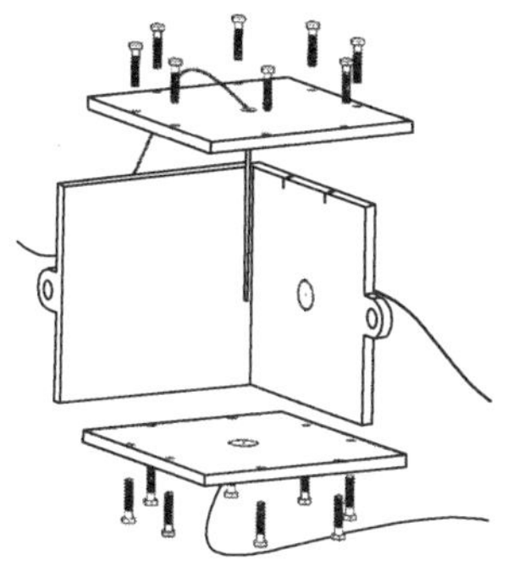

(a)冻胀约束仪剖面图

(b)冻胀约束仪实物

图 10-3 冻胀约束仪

为研究不同冻胀应变条件下的冻胀力，设置了可插入式 10mm 钢板 30 块，以便插入约束仪侧面从而控制冻胀变形量。

采用土料的粒径级配累计曲线如图 10-4 所示。

经测试，其塑性指数为 15.8。可见，该土定名为粉质黏土。

10.5.3 测试方案

根据干密度计算饱和用水量，湿润后静置 24h，使试样内部含水率达到一致，并制作 20cm×20cm×20cm 的土体试样。将所有

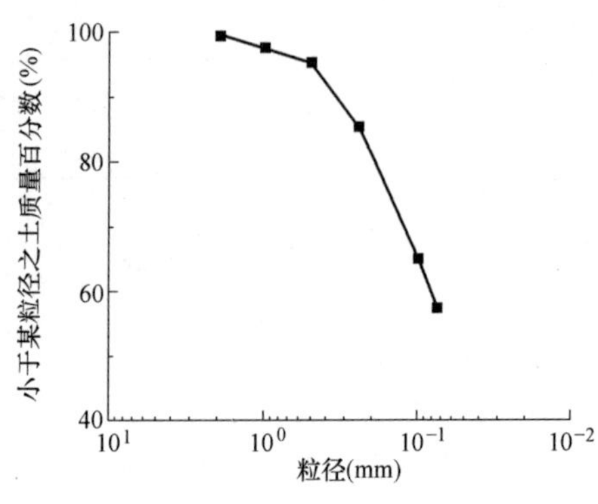

图 10-4　粒径级配累计曲线

试样分成若干组，分别进行有限约束条件下的冻结试验。具体方案如表 10-1 所示。

有限约束冻胀方案　　表 10-1

单元土体编号	试验温度(℃)	约束条件	含水率(%)	尺寸(cm)
1	−10、−20、−30	刚性约束	30	20×20×20
2	−10、−20、−30	10mm 自由冻胀量	30	19×19×19
3	−10、−20、−30	20mm 自由冻胀量	30	18×18×18
4	−30	刚性约束	15	20×20×20
5	−30	刚性约束	20	
6	−30	刚性约束	25	

1. 刚性约束冻胀试验

通过放置钢板使冻胀约束仪内部尺寸为 20cm×20cm×20cm。将 1 号试样放入冻胀约束仪中，冻结温度依次降低至−10℃、−20℃、−30℃进行冻结，通过冻结约束仪上的土压力盒，测量刚性约束冻结过程中土体的冻胀应力，揭示冻胀应力随温度的变化规律。

2. 有限冻胀量约束冻胀试验

制样时，在冻胀约束仪内通过插入厚度为 10mm 钢板，制样完毕后拔出钢板的方式，分别制备 3 个方向分别有 5%和 10%的空隙的试样（大小分别为 10mm 和 20mm，需分别插入和抽出 1 块钢板和 2 块钢板）。相应试样分别编号为 2 号、3 号。同样将冻结温度按−10℃、−20℃、−30℃依次进行冻结，通过土压力盒分别测量三个方向上的冻胀力，揭示其变化规律。

3. 不同含水率冻胀试验

将不同含水率条件的20cm×20cm×20cm尺寸的4～6号试样放入冻胀约束仪中，其质量含水率分别为15%、20%、25%，将冻结温度降低至−30℃进行冻结，通过冻结约束仪上的土压力盒，测量刚性约束冻结过程中土体的冻胀应力，揭示不同含水率冻胀应力随温度的变化规律。

10.5.4　测试结果

1. 温度的变化

根据温度可以直观地确定土体的冻结状态，黏土开始冻结的温度大约在−1℃。温度场的变化显示了冻结过程的发展过程。温度随时间变化曲线，如图10-5所示。

不同试样的温度变化具有如下特征：

（1）单元土体的冻结温度在0～−1℃之间。随冻结不断进行，土体内外侧温度均不断降低。

（2）当冻结温度依次降低至−10℃、−20℃、−30℃时，内外温度均会逐渐降低并趋近于冻结温度，但内侧温度相对于外侧温度降低有迟滞现象。这是由于土壤传热和冻结需要一个较长的时间过程。

（3）根据图10-5，在单元土体温度由零上降低到零下这一过程中，温度一直持续在0～−1℃，这是由于土中水的结冰需要大量热交换。当土体内部潜热完全放出后，土体温度继续降低。

2. 冻胀力

单元土体的冻胀力是由冻胀力测试系统中的土压力测试与采集系统完成的。不同约束条件下三个方向上的冻胀力与冻结时间的关系如图10-6所示。

图10-6（*a*）～图10-6（*f*）给出了1～6号试样的冻胀力变化。其中图10-6（*a*）～图10-6（*c*）给出的是含水率为30%、不同约束冻胀量时冻胀力随时间的变化。图10-6（*d*）～图10-6（*f*）给出的是刚性约束、不同含水率情况下冻胀力随时间的变化。

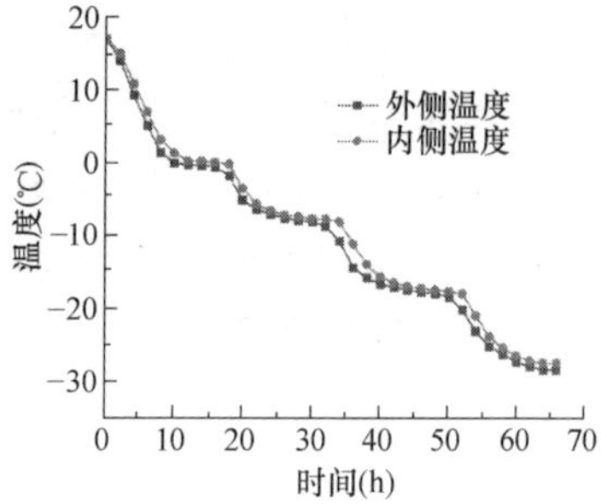

(*a*) 1号试样温度

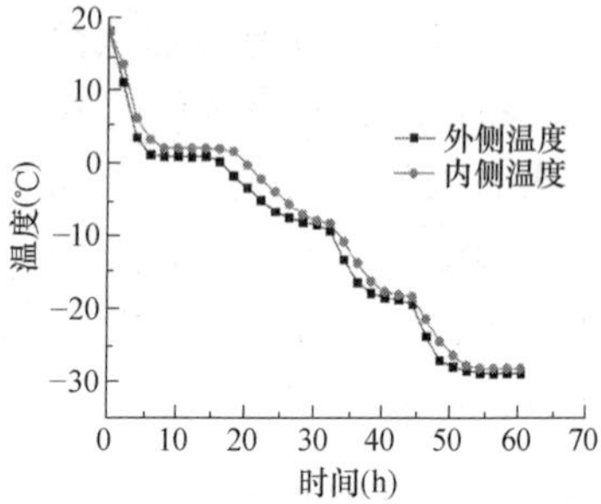

(*b*) 2号试样温度

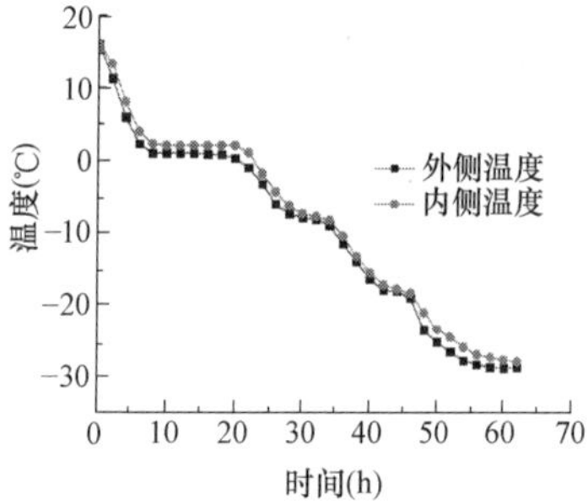

(*c*) 3号试样温度

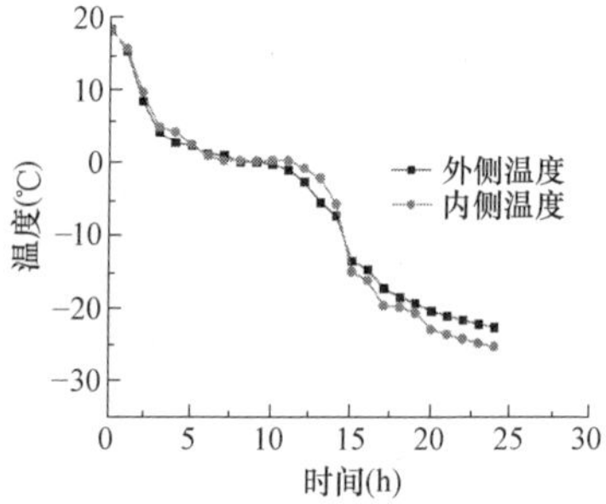

(*d*) 4号试样温度

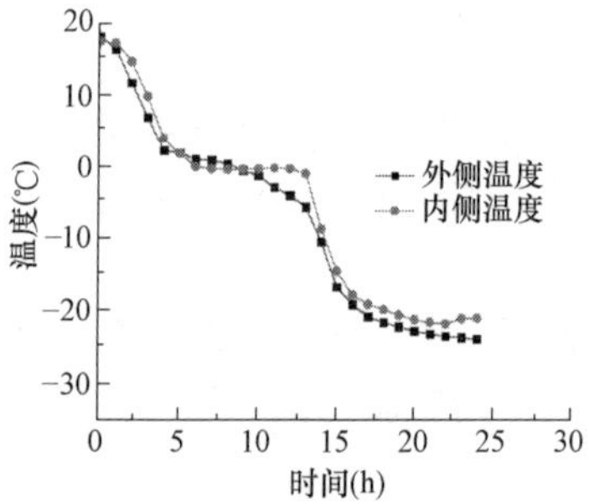

(*e*) 5号试样温度

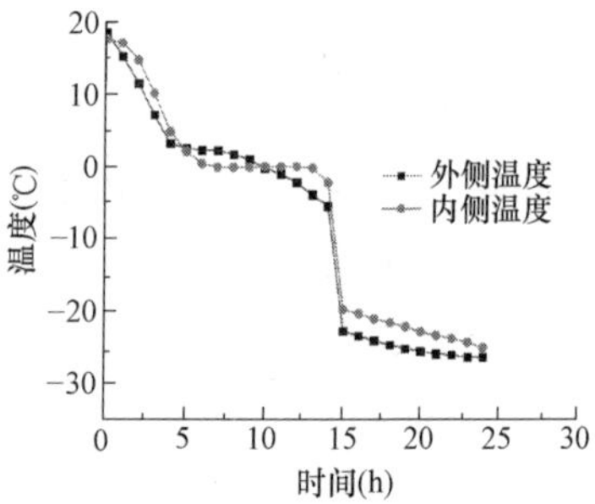

(*f*) 6号试样温度

图 10-5　单元土体冻结过程的温度变化

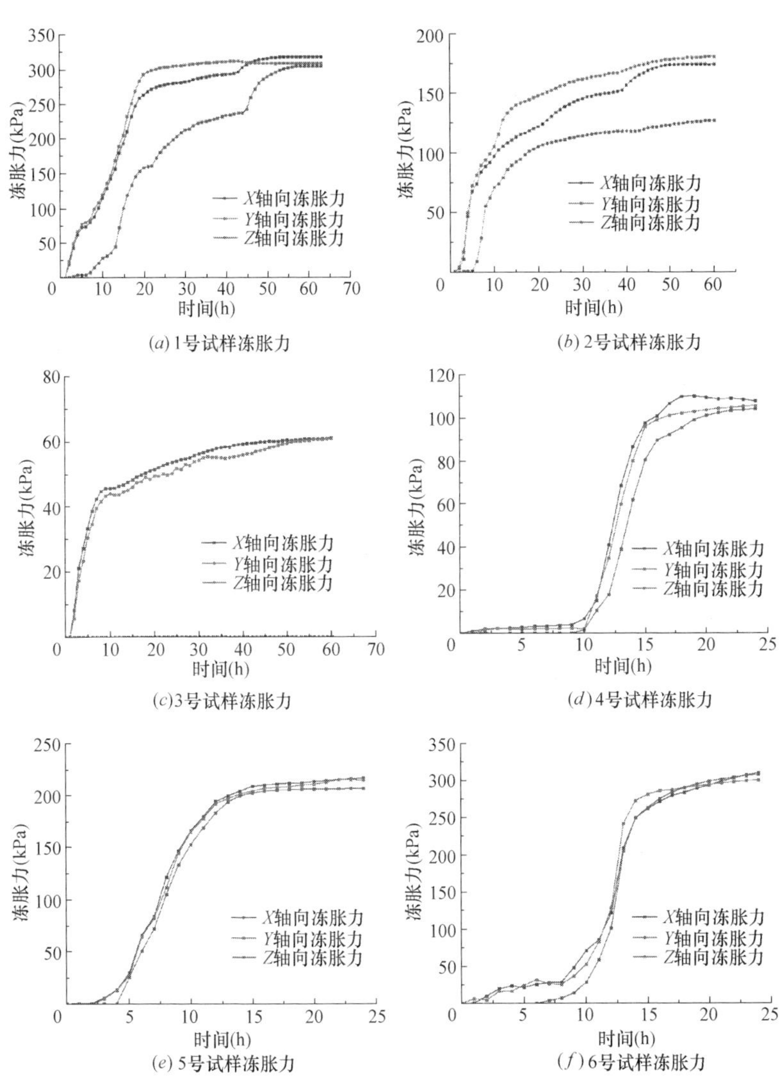

图 10-6　冻结过程中冻胀力的发展

3. 冻胀力与负温的关系

由图 10-5 和图 10-6 可以看出，随冻结的不断进行，在温度降低的同时，三个方向的冻胀力随之增大。图 10-6 中所有试样的 X 轴向以及 Y 轴向为水平方向，Z 轴方向为竖向方向。

1 号试样的 X 轴向冻胀力和 Y 轴向冻胀应力较 Z 轴向冻胀力较大。这是由于 1 号试样含水率为 30%，土中水分较多。由于重力作用发生向下渗透作用，致使试样上部水分少于下部分。并且在冻结过程中，水分会向冷源迁移，进一步导致上部水分减少。下部水分较多，故水平方向冻胀力较大。

由于预留有冻胀空间，2 号试样在产生冻结之前，单元土体首先向四周滑移，上部土与冻胀约束仪之间的距离增大，故 Z 轴向冻胀力明显低于 X 轴向和 Y 轴向冻胀力，且 Z 轴向冻胀力产生较为缓慢。

同样，3 号试样在冻结前已经发生滑移，且由于 3 号试样体积冻胀空间为 13.62%，远远大于其自由冻胀率，故试样 Z 轴向冻胀力为 0。由于开始冻结后试样表层冻结，已冻结表层强度增加，因冻胀引起的竖向位移受限，土体向侧面冻胀，故仍可以测量到其侧面冻胀力。从能量角度考虑，冻胀后土体受到约束产生能量。可以发生形变的空间愈大，则土的冻胀力愈小[119]。

4～6 号试样分别用于研究刚性约束条件下冻胀力随含水率的变化规律。从测试结果看，含水率愈高冻胀力越大。冻结过程中，水分发生相变，由液相变为固相，形成冰晶。含水率愈高，形成的冰晶体积占比就愈大，土体产生的变形量就愈大。由于受到冻胀约束仪的约束作用，故含水率愈高冻胀力愈大。

4. 冻胀力的发展阶段

基于冻胀力的变化过程，有限约束条件下冻胀力的发展可分为三个阶段：缓慢增加阶段、快速增长阶段和稳定阶段。缓慢增加阶段主要是外侧土体冻结产生的体积变化，未冻水含量较高，部分水分向外侧迁移，此时内部土体还未冻结，形变向内部发展，冻结引起的冻胀力较小。在冻胀力快速增长阶段，随着温度继续降低，未冻水含量快速减小，水分冻结产生的冰晶体总体积增加引起土体体积增加，造成冻胀力快速增大，阶段后期未冻水含量减小速率变慢，冻胀力增加减缓。在稳定阶段，有限约束单元土体水分基本冻结完全，由温度变化产生的温度应力相对较小，故冻胀力基本不变。

5. 不同冻结试验中冻胀力存在极值

以1号试样的试验结果为例，可以确定随着温度的不断降低，有限约束单元土体冻胀力增长速度相对减缓。当温度降低至−20℃时，冻胀力增长速度降低至最慢，冻胀力逐渐趋于稳定。此时含水率为30%的单元土体冻胀力最大，大小约为320kPa，故此冻胀力大小可以看作单元土体冻胀力的极值。但由于土体的物理性质以及所处状态不同，土体冻胀的极值大小也有所变化。

10.5.5　冻胀力的影响因素

1. 冻胀量对冻胀力的影响

根据试验结果，可以得到冻胀力与冻胀量的关系，如图10-7所示。

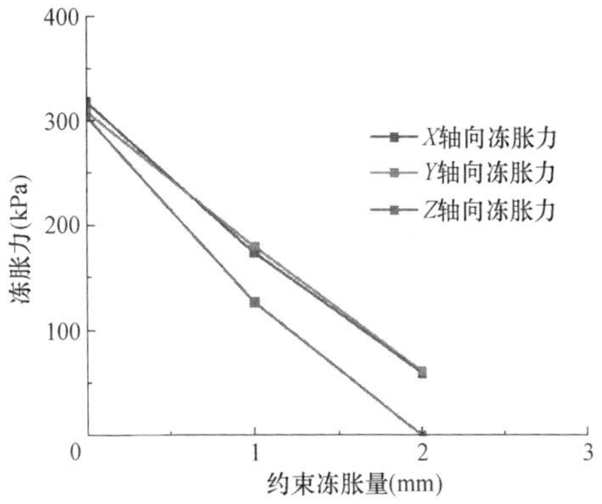

图10-7　冻胀力与冻胀量的关系

从能量角度考虑，冻结时土体若受约束作用，则发生的形变越大土体的冻胀应力就越小。由于没有水源补充，试验中土的冻结膨胀完全是由水相变成冰晶体过程中的冻胀引起的[120]。3号试样体积给定的允许冻胀空间为13.62%，而其冻胀量较小，所以即使在冻胀完成后，土试样也没有接触到顶部钢板上的土压力测点，从而导致顶部冻胀力没有测到数据。

2. 含水率对冻胀力的影响

根据试验结果，绘制了冻胀力随冻胀量的关系曲线，如图 10-8 所示。显然，随含水率增大，冻胀力稳步逐渐增加。

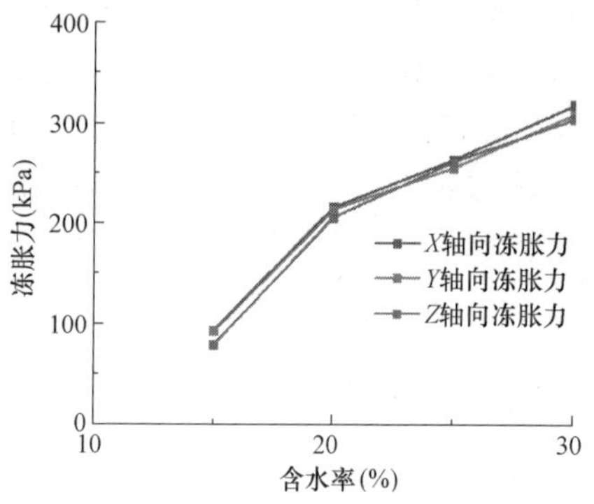

图 10-8 冻胀力随含水率的变化

土中水包括自由水、结合水、毛细水。冷冻开始后，自由水首先冻结成冰晶体。当土中含水率增加时，实际上增加的是自由水含量。因此，冻结后产生的冰晶体数量明显增加，故冻胀力会明显增大。当含水率较小时，冻胀力随含水率增大其变化不大，这可能是因为土体过于疏松所致。当超过一定界限后，随含水率的增长，冻胀力逐渐趋于线性增大。一般而言，含水率在 30%以内时，随含水率增大冻胀力逐渐增大。

10.6 有限约束土体冻胀模拟

为进一步研究有限约束条件下，冻结法施工中冻胀变形和冻胀力的普遍规律，有必要在前文基础上进行更为普遍的一般性数值模拟。

10.6.1 模型建立及参数确定

基于有限元软件 ABAQUS，对冻结过程中温度场和冻胀应力场的演变过程即热力耦合进行研究。

1. 几何模型

使用用户自定义单位，其中长度单位为 m，时间单位为 s，质量单位为 kg。土体饱和，模型尺寸与试验原型一致，尺寸为 0.2m×0.2m×0.2m，如图 10-9 所示。

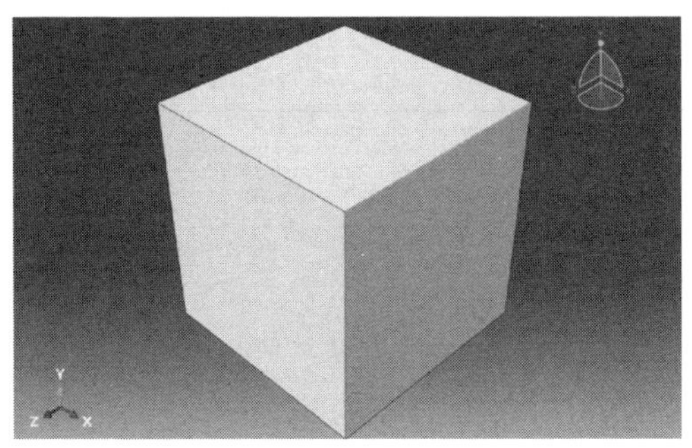

图 10-9　热力耦合分析模型

2. 物理属性

采用瞬态导热过程。土的弹性模量 E、泊松比 ν、导热系数 λ、密度 ρ、热膨胀系数 α、比热容 C 等参数按前文测试得到，见表 10-2。

物理参数　　表 10-2

材料	干密度(kg/m^3)	泊松比 ν	孔隙率(%)
粉质黏土	1662.5	0.3	29.6

为研究含水率的冻胀效应，共设置了 4 个不同含水率的试样，如表 10-3 所示。

不同含水率下单元土体密度　　表 10-3

含水率(%)	15	20	25	30
密度(kg/m^3)	1911.88	1995	2079.13	2161.25

由于土体发生膨胀，水分冻结成冰，冻土的弹性模量 E 会随着温度的不断降低而改变。不同含水率情况下，弹性模量的取值不同。由于土中水大部分在 −5～0℃之间冻结成冰晶体，故弹性模量

在−5～0℃变化较大。初始弹性模量以及最终弹性模量取值参考相关文献，中间温度对应的弹性模量线性取值，具体取值如表 10-4 所示。

不同含水率、温度时的弹性模量（MPa）　　表 10-4

含水率(%)	温度(℃)				
	0	−1	−2	−3	−5
15	6.8	41.1	57.5	72.6	100.1
20	9.2	97.6	135.7	171.4	272.7
25	9.9	111.8	155.5	196.4	293.3
30	5.6	131.2	182.4	230.3	320.0

黏土的颗粒较小，颗粒之间的咬合能力极小。在冻结过程中，主要由胶结力以及冻胀力控制形变。故黏土不会像砂土一样容易破裂，所以其泊松比随冻胀发展变化不大，可以忽略温度引起的泊松比变化。取泊松比为 0.3。

3. 冻胀系数

多数物质都有热胀冷缩的性质，而土体由于水的存在，在冻结过程中体积会膨胀，即冻胀。由于膨胀是由水冰相变引起的，因此冻胀只发生在结冰过程中或结冰之后。可根据沙际德等的试验测试的冻土热膨胀系数 α 计算冻胀系数（热膨胀系数为负），即：

$$\alpha=\frac{\eta}{T} \tag{10-1}$$

式中　η——自由冻胀率；

T——温度。

为了使问题简化分析，η 取最大值，T 取最小值。由于试验所有试样均冻结至−30℃，故 T 取值为−30℃。根据试验数据测得的冻胀率大小不同，得到不同试样的热膨胀系数也是不同的，具体如表 10-5 所示。

4. 导热系数和比热容

导热系数和比热容都与含水率相关，采用不考虑相变潜热和温度变化的黏土导热系数和比热容的研究，如表 10-6 所示。

不同试样的热膨胀系数 表 10-5

试样编号	自由冻胀率(%)	温度(℃)	热膨胀系数(1/℃)
1	4.37	−30	-1.46×10^{-3}
2	4.37	−30	-1.46×10^{-3}
3	4.37	−30	-1.46×10^{-3}
4	0.98	−30	-3.27×10^{-4}
5	2.19	−30	-7.3×10^{-4}
6	2.92	−30	-9.73×10^{-4}

不同含水率时的导热系数和比热容 表 10-6

含水率(%)	比热容[J/(kg·℃)]	导热系数[W/(m·K)]
15	1050	1.50
20	1149	1.59
25	1270	1.74
30	1500	1.96

10.6.2 结果提取及分析

模型建立、材料属性确定、边界条件确定、荷载施加以及网格划分后，开始提交作业进行计算。在开始计算界面有一个监控选项，可实时监控计算进度。若模型不收敛，则计算会终止，需要更改网格划分尺寸以及分析步时长。

计算结束之后，通过查看结果选项，即可查看结果云图并可根据需要提取数据。通过提取数据，可进一步研究温度和冻胀力发展过程，分析不同时刻冻胀力大小和规律。在此基础上，与室内试验结果进行比对，可进一步确定有限约束条件下的冻胀力发展规律。

1. 温度分析

1 号试样的温度如图 10-10 所示，限于篇幅，其余试样的温度云图略去。

提取了数值模型中与试验测点对应位置的温度，并进行了对比，如图 10-11 所示。

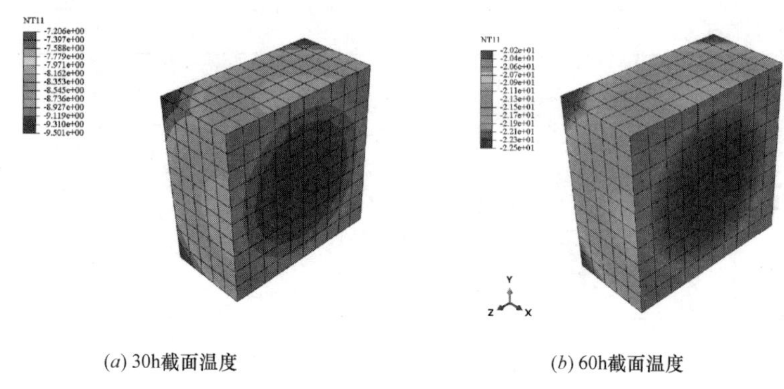

(*a*) 30h截面温度

(*b*) 60h截面温度

图 10-10　1 号试样温度云图

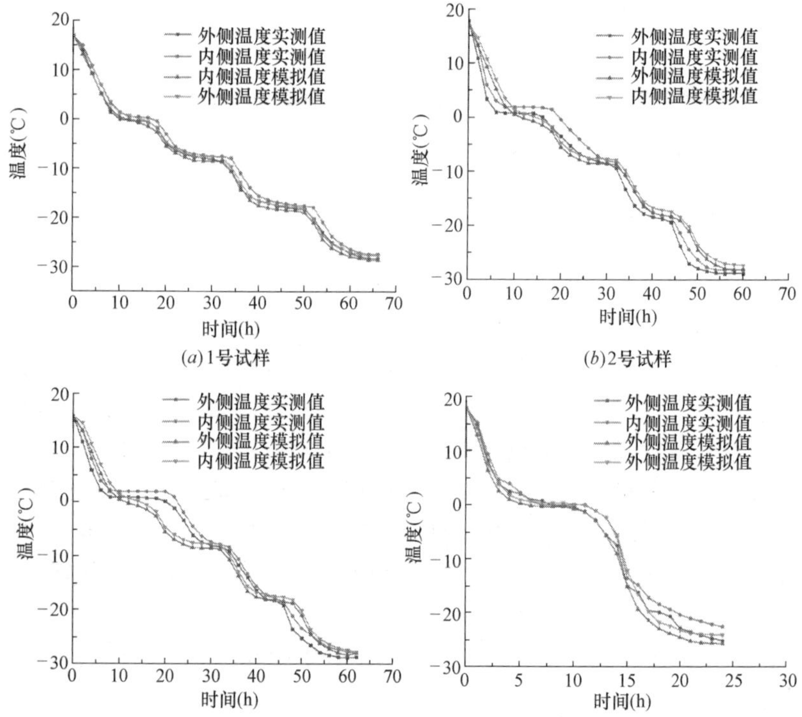

(*a*) 1号试样

(*b*) 2号试样

(*c*) 3号试样

(*d*) 4号试样

图 10-11　温度实测值与模拟值的对比（一）

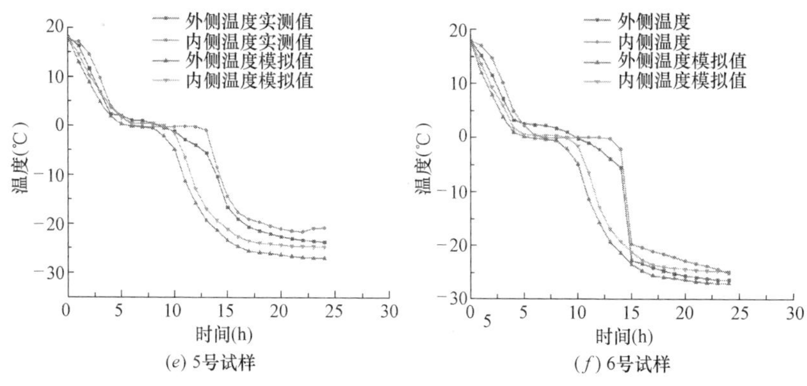

(e) 5号试样　(f) 6号试样

图 10-11　温度实测值与模拟值的对比（二）

可见，试样内部温度相对较高，即冻结首先在外侧发生。图 10-10 表明，实测温度与计算温度基本一致，温度场相互吻合。

2. 冻胀力分析

根据数值计算得到了 6 个试样的冻胀力云图。表现出来的普遍规律是，这 6 种情况的云图分布相同，但数值大小不同。限于篇幅，这里截取了 1 号试样的冻胀力分布，如图 10-12 所示。

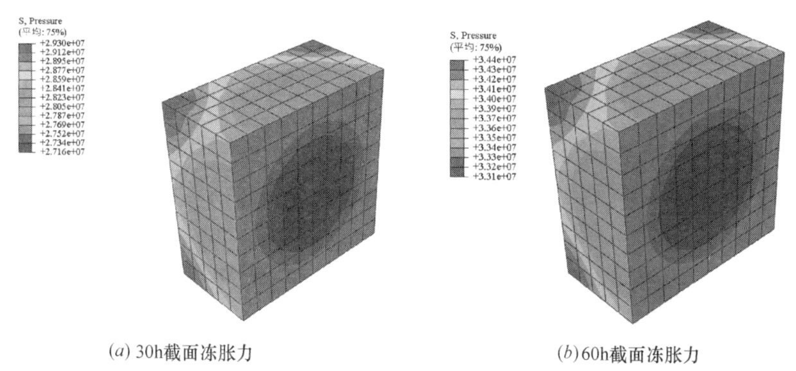

(a) 30h截面冻胀力　(b) 60h截面冻胀力

图 10-12　1 号试样冻胀力云图

由于模型中材料的设置是各向同性的，所以三个方向的冻胀力一致，这里只给出了 X 方向的冻胀力，冻胀力实测值与模拟值的对比如图 10-13 所示。

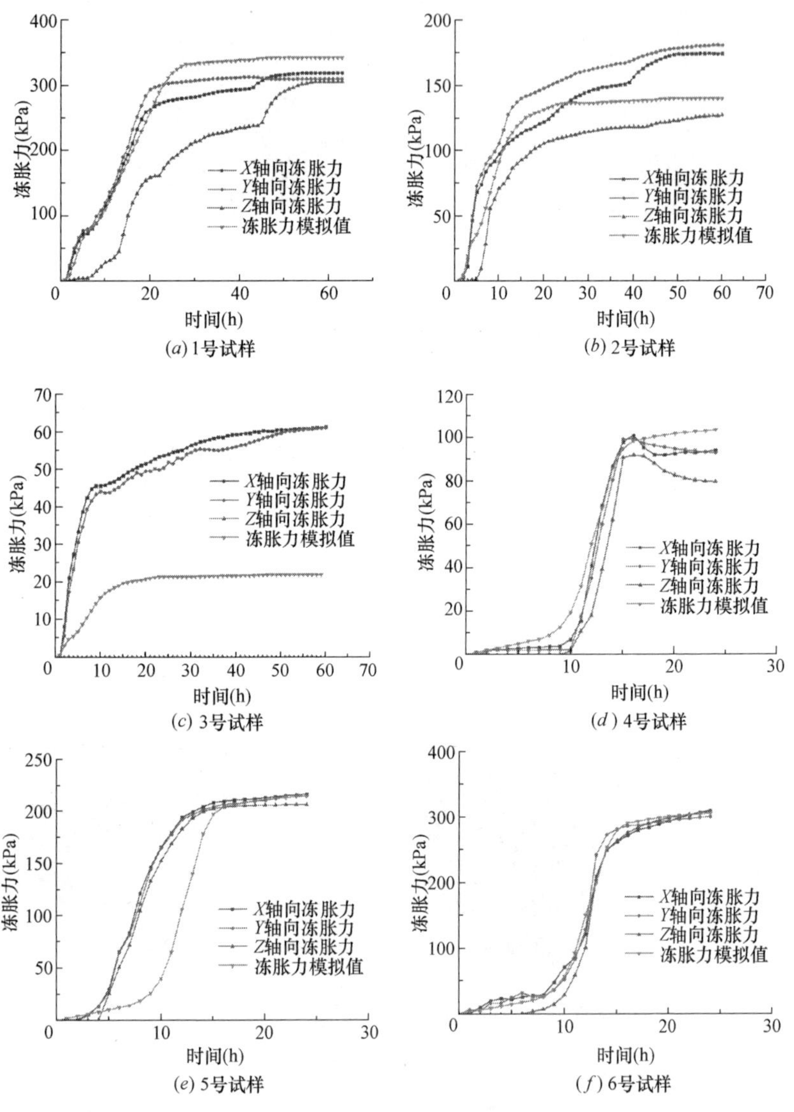

图 10-13 冻胀力实测值与模拟值的对比

图 10-13（a）中冻胀力实测值与模拟值较为吻合，而图 10-13（b）、图 10-13（c）中冻胀力实测值与模拟值有一定差距，且图 10-13（c）差距较大。1 号试样冻胀力模拟值最终为 341.74kPa，与实测值较为一致。2、3 号试样由于冻结前发生了一定程度的形变坍塌，数值有一定差距。随着约束冻胀量增大，差距越来越大，2 号、3 号试样冻胀力模拟值均小于水平方向冻胀力（即 X、Y 轴向冻胀力）实测值，模拟值大小更趋近于 X、Y、Z 三个轴向冻胀力的均值。图 10-13（d）～图 10-13（f）揭示了单元土体在约束冻胀力为 0 时，随着饱和度不同，冻胀力模拟值与实测值大小及变化趋势基本一致。

10.7　冻结法施工中的冻胀效应

冻胀效应随温度的降低而不断发展。在冻结法施工中，某一冻结部位的约束条件不像结构壁处那么明确，冻结与非冻结的边界有时也不是明确或明显的。因此，冻结效应往往存在较大的模糊性和不确定性。

10.7.1　冻胀力计算模型

将人工冻结法施工过程中冻胀力计算分为冻胀完成阶段冻胀力以及开挖支护完成阶段冻胀力两个部分分别计算。在冻胀完成阶段，冻结壁不断降温。假定冻结与非冻结边界分明，则围岩可分为冻结区和未冻结区。在开挖支护阶段，假定支护及时，冻结区围岩不会发生值得考虑的位移，但随时间延续，支护结构会受力形变。

1. 冻胀完成阶段

与热胀冷缩相反，围岩的冻结过程可以视为冷胀热缩现象。在冻结过程中，冻结区的土体发生膨胀，但周围未冻结区域的土体会阻碍其膨胀，因此产生相互作用并引起冻结区的冻胀应力和未冻结区应力的变化。这种作用的后果是，冻结区的膨胀量较自由冻胀明显偏小，冻胀力明显增大；而未冻结区的应力和应变都会有一定程度的发展[121]。因此，这一过程可以看作是冻结区土体在有限约束条件下的冻结过程。随土体温度降低，冻结区域不断扩大，冻胀力和应变的分布也发生变化。由于围岩冻结，材料的物理力学性质也会发生变化，冻结区的弹性模量 E_1、泊松比 ν_1 和未冻结区的弹性模量 E_2、泊松比 ν_2 都明显不同[122]。

在单管冻结和竖井工程中，可以将冻结区视为均匀的圆柱体，因此该问题属于轴对称问题，其模型计算简图见图 10-14。

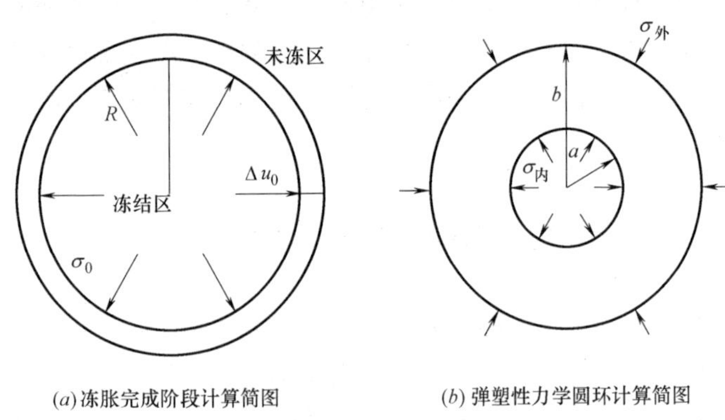

(a) 冻胀完成阶段计算简图　(b) 弹塑性力学圆环计算简图

图 10-14　模型计算简图

根据弹性力学厚壁圆筒理论，将围岩视为均匀膨胀。在冻胀完成后以及开挖前，冻结区为内径为 0、外径为 R 的圆环，未冻结区可以视为含圆孔的无限大弹性体，如图 10-14（b）所示。冻结区外壁受到约束产生冻胀力 σ_0，同时未冻区圆孔壁同样受到冻胀力的作用。

假设冻结区土体在无约束条件下的形变量为 Δa_1，冻胀区与未冻区接触面土体向外侧位移量分别为 u_1 和 u_2，由于冻结区与未冻区相互接触，故接触面位移满足 $\Delta u_0=u_1=u_2$。

根据弹塑性力学理论，无穷远处的各点位移为 0，未冻区和冻结区是完全接触的，平面应变状态下未冻区各点的径向位移为：

$$u_2(r)=\frac{1+v_2}{E_2 r}\sigma_0 R^2 \tag{10-2}$$

式中　R——冻结区半径；

σ_0——冻胀应力；

r——围岩至冻结区圆心的距离。

冻结面 $r=R$，代入式（10-2）得到冻结锋面的径向位移为：

$$u_2(R)=\frac{1+v_2}{E_2}\sigma_0 R \tag{10-3}$$

此时，未冻结区内各点的应力为：

$$\sigma_2(r)=-\frac{R^2}{r^2}\sigma_0 \tag{10-4}$$

冻胀造成冻结区域外径增大，冻结圈围岩径向冻胀位移为：

$$u_1=\frac{\Delta V_1}{2\pi R}=\frac{\eta R}{2} \tag{10-5}$$

式中　η——隧道围岩冻胀率；

ΔV_1——冻结截面的膨胀面积。

由于未冻区与冻结区相互接触，根据 $u_1=u_2$，可以得到冻胀阶段的冻胀力 σ_0，即：

$$\sigma_0=\frac{\eta E_2}{2(1+v_2)} \tag{10-6}$$

2. 开挖支护完成阶段

在开挖支护完成前，假定冻结区围岩尚未发生形变位移。支护完成后，围岩发生形变位移，支护结构受力也发生向已开挖面的位移。此时，隧洞围岩及支护结构可简化为三部分，即未冻区、冻结区、支护结构。未冻区只受冻结区的冻胀力作用，因此视为含圆孔的无限大弹性体，无穷远处各点应力、应变为 0。冻结区受到未冻区以及支护结构的共同作用。

根据弹性理论，将三部分应力、应变计算当作弹性力学中的厚壁圆筒问题，即轴对称弹性受力结构，图 10-15 所示是开挖支护完成后冻胀力计算简图。因联络通道都为圆形截面，故可取其中任意截面进行分析。设 a、b、c 分别为支护结构内径、支护结构外径及冻结区土体外径，假设联络通道周围土体发生冻胀时向联络通道衬砌和未冻结土体方向发生的冻胀位移分别为 Δh_1 和 Δh_2，σ_1 及 σ_2 分别为冻结土体作用在联络通道衬砌和未冻结土体上的冻胀力。

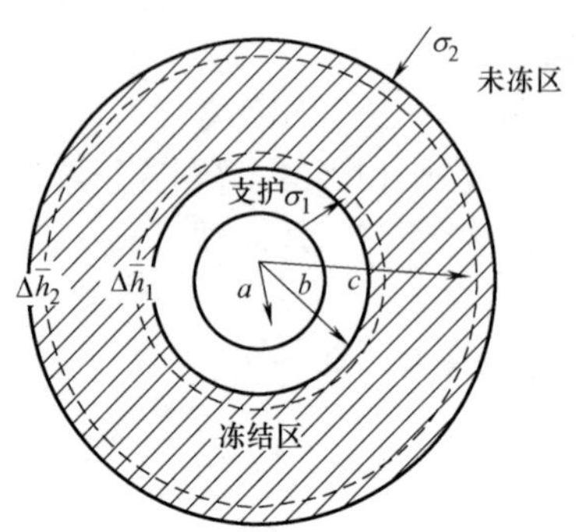

图 10-15　开挖支护完成阶段冻胀力计算简图

因此，在冻胀力 σ_1 作用下，隧道围岩支护结构的径向位移为：

$$u_1'(r)=-\frac{b^2\sigma_1}{E_3(b^2-a^2)}\left[(1-2v_3)(1+v_3)+\frac{(1+v_3)a^2}{r}\right] \tag{10-7}$$

式中　E_3、v_3——分别为隧道围岩支护结构的弹性模量和泊松比。

在支护外径处，即 $r=b$ 处，其位移为：

$$\delta_1=-\frac{b\sigma_1}{E_3(b^2-a^2)}(1+v_3)[(1-2v_3)+a^2] \tag{10-8}$$

冻结土体围岩可以等效为同时受到 σ_1 和 σ_2 作用的轴对称问题，其位移为：

$$u_2'(v)=\frac{(1-2v_1)(1+v_1)(b^2\sigma_1-\sigma_2c^2)r}{E_1(c^2-b^2)}+\frac{(1+v_1)(\sigma_1-\sigma_2)b^2c^2}{E_1(c^2-b^2)r} \tag{10-9}$$

在冻结区围岩内壁处，即 $r=b$ 处其位移为：

$$\delta_{11}=\frac{(1-2v_1)(1+v_1)(b^2\sigma_1-\sigma_2c^2)b}{E_1(c^2-b^2)}+\frac{(1+v_1)(\sigma_1-\sigma_2)bc^2}{E_1(c^2-b^2)} \tag{10-10}$$

在冻结区围岩外壁处，即 $r=c$ 处其位移为：

$$\delta_{12}=\frac{(1-2v_1)(1+v_1)(b^2\sigma_1-\sigma_2c^2)c}{E_1(c^2-b^2)}+\frac{(1+v_1)(\sigma_1-\sigma_2)bc^2}{E_1(c^2-b^2)} \tag{10-11}$$

对于未冻结区，土体可等效为仅受内壁 σ_2 作用的轴对称厚壁圆筒，其内壁位移为：

$$\sigma_2=\frac{c}{E_2}(1+v_2)\sigma_2 \tag{10-12}$$

假设隧道、联络通道和周围土体为均匀且各向同性的连续介质，在衬砌和冻结土体接触面及土体冻结区和未冻结区接触面应满足以下条件：

$$\begin{cases}-\delta_1+\delta_{11}=\Delta h_1\\ \delta_2-\delta_{12}=\Delta h_2\end{cases} \tag{10-13}$$

式中　Δh_1——冻结区与围岩支护接触面的位移量；

Δh_2——冻结区与未冻区围岩接触面的位移量，即：

$$\Delta h_1=\frac{\Delta V_1}{2\pi b}=\frac{\eta\pi\left[\left(\frac{b+c}{2}\right)^2-b^2\right]}{2\pi b}=\frac{\eta\left[\left(\frac{b+c}{2}\right)^2-b^2\right]}{2b} \tag{10-14}$$

$$\Delta h_2=\frac{\Delta V_2}{2\pi c}=\frac{\eta\pi\left[c^2-\left(\frac{b+c}{2}\right)^2\right]}{2\pi c}=\frac{\eta\left[c^2-\left(\frac{b+c}{2}\right)^2\right]}{2c} \tag{10-15}$$

式中　ΔV_1、ΔV_2——分别为冻结区围岩与支护处及未冻区土体接触面的冻结膨胀量。因此，冻结土体冻胀力为：

$$\sigma=\frac{A}{B} \tag{10-16}$$

其中，$A=A_1+A_2+A_3$

$$A_1=\frac{\eta bc(1+v_1)(1-2v_1)}{2E_1(c^2-b^2)k}\left[c^2-\left(\frac{b+c}{2}\right)^2\right] \tag{10-17}$$

$$A_2=\frac{\eta bc(1+v_1)}{2E_1(c^2-b^2)k}\left[c^2-\left(\frac{b+c}{2}\right)^2\right] \tag{10-18}$$

$$A_3=\frac{\eta}{2b}\left[\left(\frac{b+c}{2}\right)^2-b^2\right] \tag{10-19}$$

其中，$B=B_1+B_2+B_3+B_4$

$$B_1=\frac{(1+v_2)b[(1-2v_1)b^2+c^2]}{E_1(c^2-b^2)} \tag{10-20}$$

$$B_2=-\frac{(1+v_2)^2b^3c^3[(1-2v_1)^2+1]}{E_1^2(c^2-b^2)k} \tag{10-21}$$

$$B_3=-\frac{2(1+v_2)^2b^3c^3}{E_1^2(c^2-b^2)^2k} \tag{10-22}$$

$$B_4=\frac{(1+v_3)b[(1-2v_3)b^2+a^2]}{E_3(c^2-a^2)} \tag{10-23}$$

其中，

$$k=\frac{c}{E_2}(1+v_2)+\frac{(1+v_1)(1-v_1)c^3}{E_1(c^2-b^2)}+\frac{(1+v_1)b^2c}{E_1(c^2-b^2)} \tag{10-24}$$

因此，冻结区土体冻胀力大小不仅和支护内外径、冻结区大小有关，还和支护结构的弹性模量 E_3、泊松比 v_3 以及冻结前后围岩的弹性模量、泊松比有关。

10.7.2 地应力场

地应力在地下工程设计中具有重要作用，是造成地下隧道、地下建筑物发生位移、变形甚至破坏的主要原因之一。因此，精准地探测、计算地应力分布规律及其变化情况，是进行围岩安全稳定分析以及安全开挖的前提。

由于人工冻结法施工，使隧道围岩发生位移形变，产生冻胀力，致使隧道开挖区域地应力发生重分布现象。计算冻结后地应力变化规律，对结构安全支护具有重要作用。下文首先确定初始地应力，然后根据冻胀计算变化后的地应力场，分析冻胀对地应力的影响[123]。

1. 初始地应力

土层中的初始地应力场，一般只需要考虑上部覆盖岩土层的重量引起的应力即可。可忽略由邻近建筑物传递过来的构造应力。即将隧道围岩视为浅层堆积和破碎岩体。如图 10-16 所示，以地表平缓、内部均匀一致的岩土层为研究对象，研究冻胀前的地应力分布。

假设在离地面深度为 H 的 O 处开挖隧道，仅考虑周围岩层的

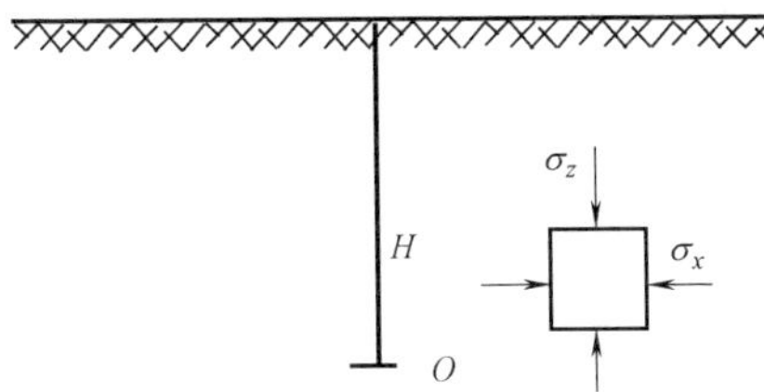

图 10-16 初始地应力计算模型

自重应力，那么在 O 处初始应力的垂直分量和水平分量分别为：

$$\sigma_z = \gamma H \tag{10-25}$$

$$\sigma_x = \lambda \sigma_z \tag{10-26}$$

$$\lambda = \frac{\mu}{1-\mu} \tag{10-27}$$

式中 σ_z——垂直应力；

σ_x——水平应力；

γ——上覆岩土层的重度；

H——上覆岩土层的厚度；

λ——侧压力系数；

μ——上覆及周围岩土层的泊松比。

2. 冻胀后地应力的重分布

在人工冻结法施工中，岩土层受冷膨胀，对周围岩土层产生作用，使岩土层地应力发生变化，并发生重分布现象。在地应力重分布之后，可以将未冻区围岩视为内壁受力且含圆孔的无限大弹性体。在未开挖时，内壁受力为 σ_0；在开挖支护之后，内壁受力为 σ。地应力重新分布后，其应力状态为初始地应力与含圆孔的无限大弹性体所受冻胀力的叠加[124]。

1）冻结完成阶段

假定冻胀引起的应力只有垂直于冻结面的分量。将开挖前冻结区外壁受力模式代入到式（10-12）中得到冻胀力对围岩产生方向为 θ 的应力，即：

$$\sigma_1(r) = \frac{R^2 E_2 \eta}{2r^2(1+v_2)} \tag{10-28}$$

将其与初始地应力叠加，得到重分布后方向 θ 的地应力，即：

$$\sigma_r=\frac{\sigma_x+\sigma_z}{2}\left(1-\frac{R^2}{r^2}\right)+\frac{\sigma_x+\sigma_z}{2}\left(1+\frac{3R^4}{r^4}-\frac{4R^2}{r^2}\right)\cos 2\theta+\frac{R^2E_2\eta}{2r^2(1+v_2)} \tag{10-29}$$

$$\sigma_\theta=\frac{\sigma_x+\sigma_z}{2}\left(1+\frac{R^2}{r^2}\right)-\frac{\sigma_x-\sigma_z}{2}\left(1+\frac{3R^4}{r^4}\right)\cos 2\theta \tag{10-30}$$

$$\tau_{r\theta}=-\frac{\sigma_x-\sigma_z}{2}\left(1-\frac{3R^4}{r^4}+\frac{2R^2}{r^2}\right)\sin 2\theta \tag{10-31}$$

式中 σ_r——土层中一点与隧道轴线方向一致的地应力分量；

σ_θ——地应力垂直于角 θ 方向的应力分量；

$\tau_{r\theta}$——切应力分量。

2）支护开挖完成阶段

将开挖后冻结区外壁的受力条件带入，得到冻胀力对围岩产生的反向为 θ 的应力，即：

$$\sigma_2(r)=\frac{R^2}{r^2}\sigma \tag{10-32}$$

重分布后方向 θ 的地应力为：

$$\sigma_r=\frac{\sigma_x+\sigma_z}{2}\left(1-\frac{R^2}{r^2}\right)+\frac{\sigma_x+\sigma_z}{2}\left(1+\frac{3R^4}{r^4}-\frac{4R^2}{r^2}\right)\cos 2\theta+\frac{R^2}{r^2}\sigma \tag{10-33}$$

$$\sigma_\theta=\frac{\sigma_x+\sigma_z}{2}\left(1+\frac{R^2}{r^2}\right)-\frac{\sigma_x-\sigma_z}{2}\left(1+\frac{3R^4}{r^4}\right)\cos 2\theta \tag{10-34}$$

$$\tau_{r\theta}=-\frac{\sigma_x-\sigma_z}{2}\left(1-\frac{3R^4}{r^4}+\frac{2R^2}{r^2}\right)\sin 2\theta \tag{10-35}$$

第11章

工程案例

本章介绍三个冻结法施工案例，从一般冻结法中的温度场演变、开挖效应到基于封水目的的微冻结技术开发应用，对全书的主要内容进行了拓展、推广和应用。

11.1 天津地铁某联络通道

针对联络通道冻结法施工，研究了热力耦合条件下冻结温度场的发展情况。将计算结果与现场实测进行对比，发现温度场的变化规律在误差允许范围内。

11.1.1 工程概况

天津地铁2号线机场延长线1号联络通道，是比较典型的直墙圆拱地下结构。冻结过程中，该工程存在温度场显著变化和冻胀应力应变耦合问题。该联络通道中心标高－12.5m，地面标高＋3.60m，埋深在13～19m之间。1号联络通道包括水平通道、与隧道管片相接的喇叭口与泵站三部分，其冻结管、测温管、泄压孔等主要设施的布置如图11-1所示。

11.1.2 温度场计算

根据联络通道周围土层的分布情况，结合冻结管的布置（忽略冻结管偏斜的影响）建立模型，如图11-2所示。其中，联络通道冻结法施工中，冻结管的布置如图11-3所示。考虑到冻结管分布

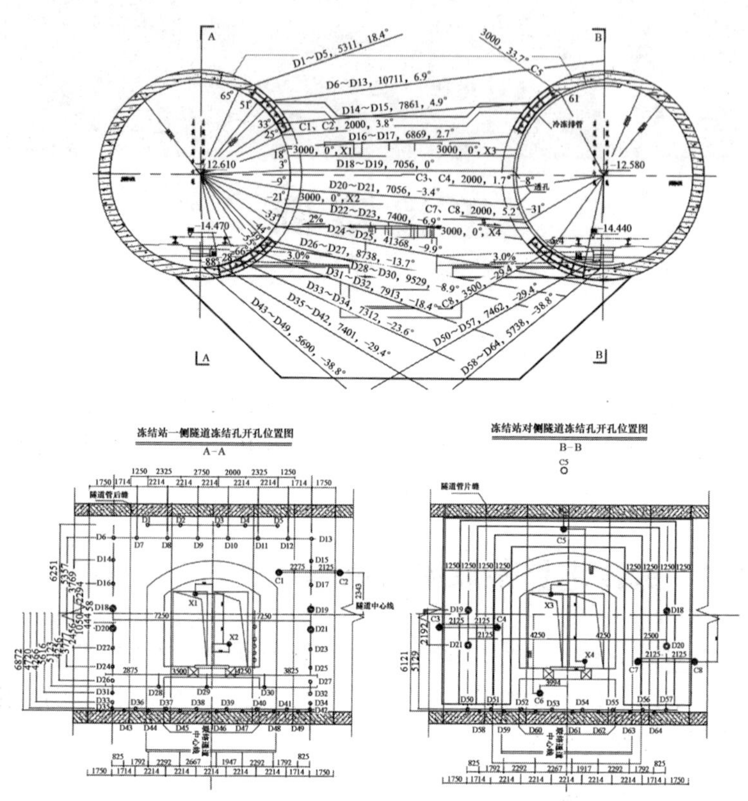

图 11-1 联络通道冻结管布置图

复杂，若完全按照实际布置建立模型，则计算非常耗时且其收敛性可能难以满足。为克服这些问题，这里忽略冻结管的偏斜影响，将所有冻结管按管壁面积等效为水平布置，并据此计算其温度场。为研究不同数值方法的差异性，分别建立了有限元模型和有限差分模型。

该直墙圆拱形联络通道冻结温度场结果如图 11-4 所示，由图可以研究其温度场发展规律。

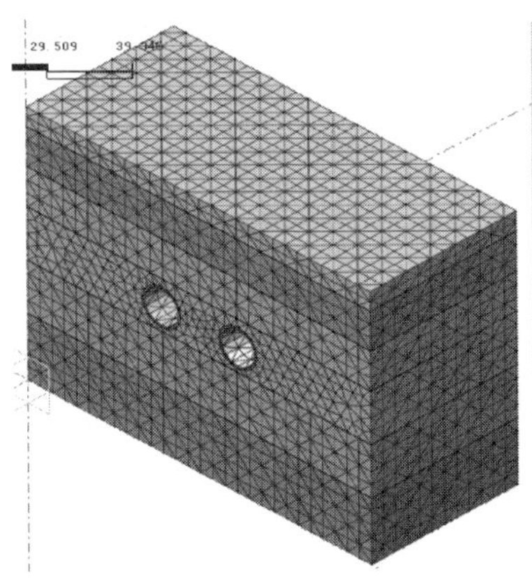

(a) Midas/GTS联络通道冻结热力耦合模型

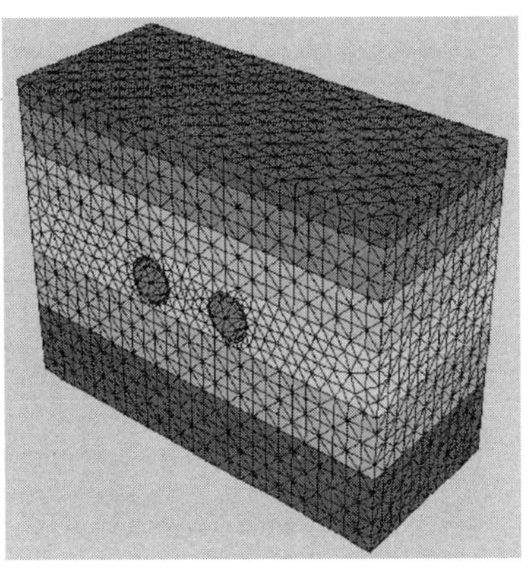

(b) FLAC^{3d}联络通道冻结热力耦合模型

图 11-2 多排管冻结热力耦合模型

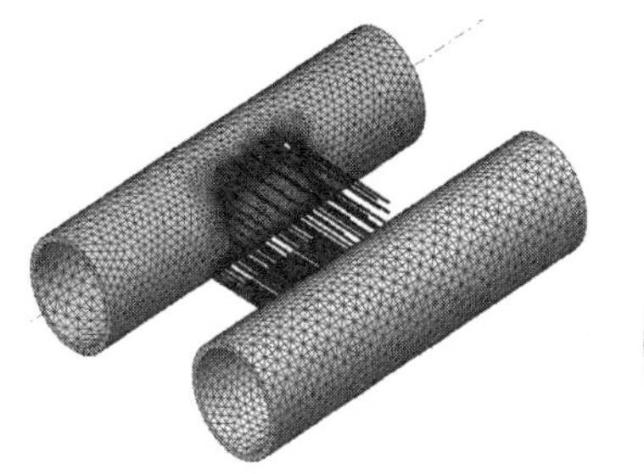

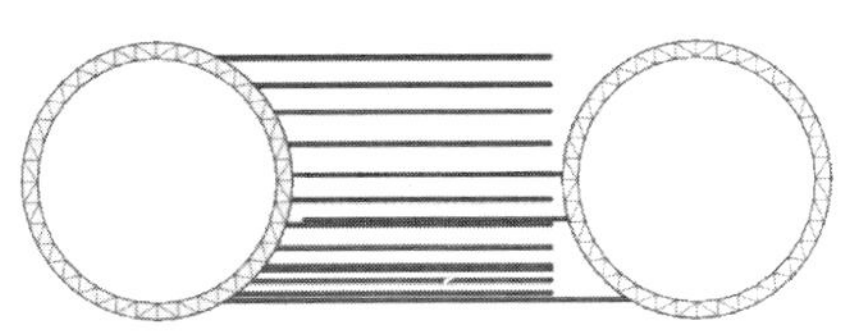

图 11-3 冻结管的面积等效布置

由图 11-4 可以得出，联络通道冻结施工过程中的温度场发展规律，与冻结管的分布位置和间距密切相关。根据联络通道的开挖形状，在垂直于冻结管的截面上，冻结管呈直墙圆拱形布置。两侧及底部的温度场发展规律与前述多排管的冻结温度场发展规律类似，分为单管冻结阶段和平板冻结阶段。对于上部拱形布置的冻结管，由于冻结管间距变小，交圈时间有明显缩短。而且，交圈后冻结帷幕继续发展，分为向拱外发展与向拱内发展两种不同情况，向拱内发展的部分很快达到平均温度后发展速度变缓。向拱外发展的部分则不然，只要保持持续不断的冷量供给，冻结帷幕会一直发展下去。

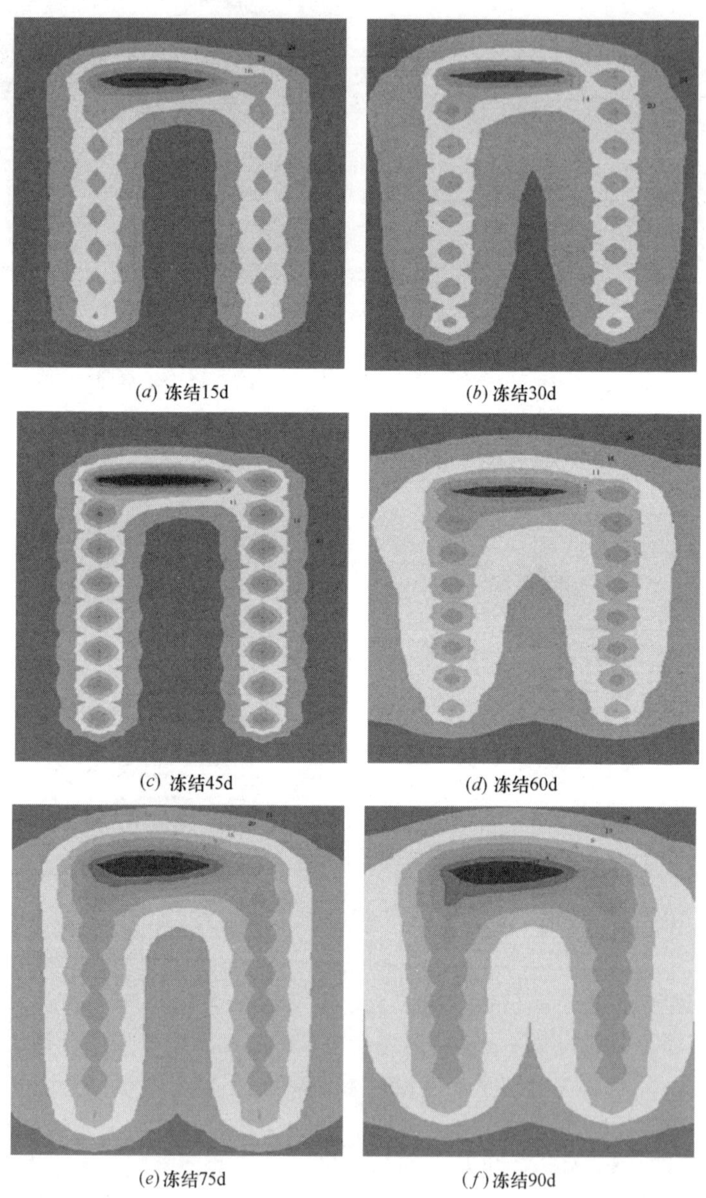

(*a*) 冻结15d　(*b*) 冻结30d

(*c*) 冻结45d　(*d*) 冻结60d

(*e*) 冻结75d　(*f*) 冻结90d

图 11-4　冻结温度场的演变（一）

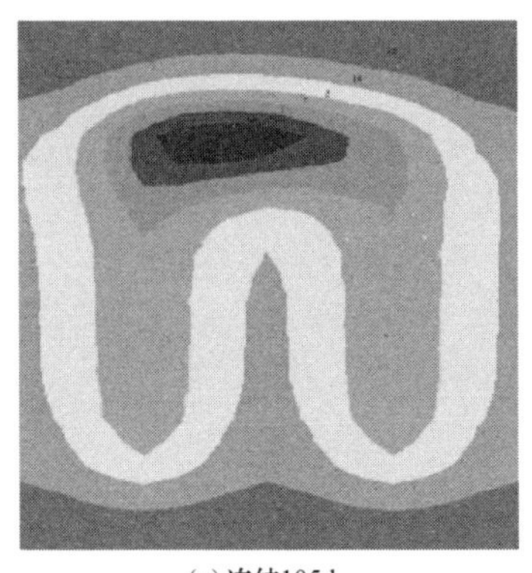

(g) 冻结105d

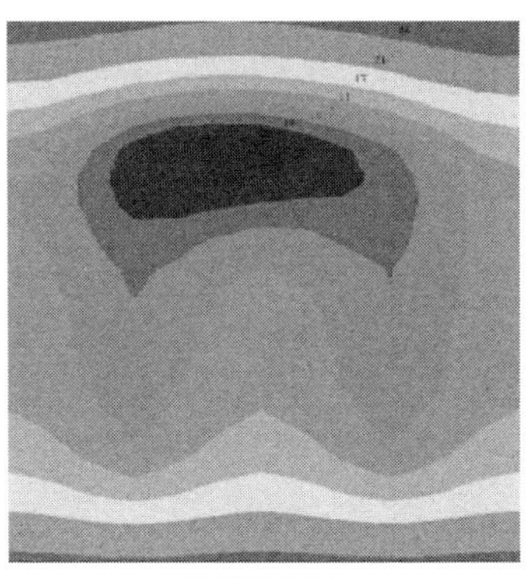

(h) 冻结123d

图 11-4 冻结温度场的演变（二）

需要强调的是，对于联络通道冻结施工，靠近隧道管片的部位属于喇叭口，该部位通常为冻结的薄弱区域。因此，在布置冻结管时，应将喇叭口附近的冻结管间距减小[125]。从温度场云图可以看出，在喇叭口附近密布冻结管效果较为显著，喇叭口位置的冻结管在15～30d内即可交圈，直墙位置的冻结管交圈大约在75d，到冻结结束123d时，达到冻结帷幕温度场平均温度−10℃的要求。

11.1.3 温度计算值与测试值的比较

将数值模拟所得温度随时间变化曲线与现场实测温度变化曲线进行对比，如图11-5～图11-10所示。

对测温孔的测温数据进行分析，可以得到冻结过程中温度场分布和发展规律。经进一步计算得到冻结锋面发展速度最慢为22mm/d。截至冻结123d，最小冻土半径为955.0mm。利用式(11-1)、式(11-2)进行冻结温度场计算可以得到冻结壁内平均温度为−15.49℃，低于冻结设计要求的平均温度−10℃。

$$T_c = t_{oc} + 0.25 t_n \tag{11-1}$$

$$t_{oc}=t_b\left(1.135-0.352\sqrt{l}-0.875\frac{1}{\sqrt[3]{E}}+0.266\sqrt{\frac{l}{E}}\right)-0.466 \tag{11-2}$$

式中 t——冻土平均温度；

t_b——盐水温度；

l——孔间距；

E——冻土厚度；

t_B——开挖面温度。

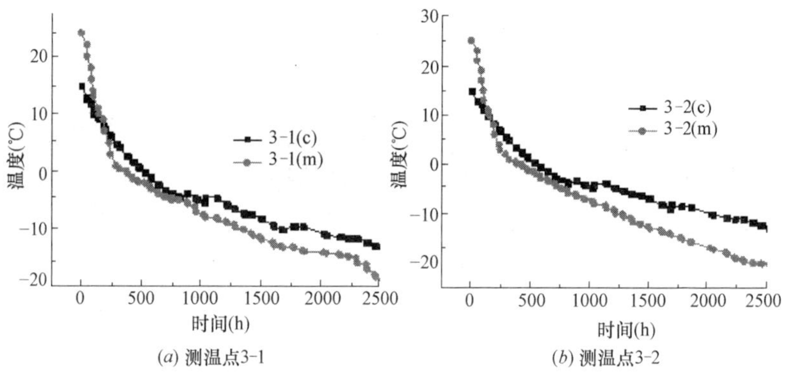

(*a*) 测温点3-1　　(*b*) 测温点3-2

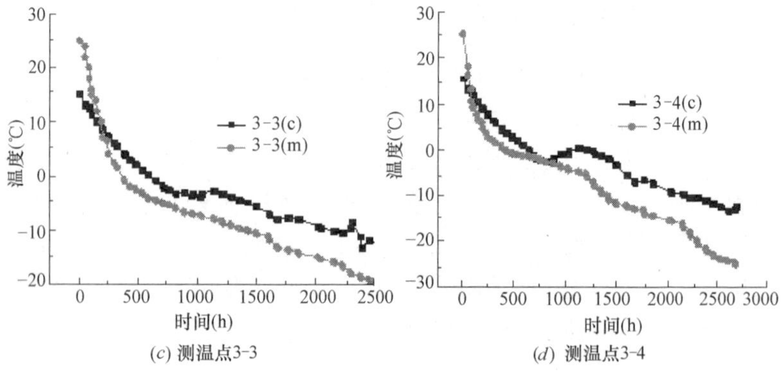

(*c*) 测温点3-3　　(*d*) 测温点3-4

图 11-5　联络通道 3 号孔冻结温度随时间变化曲线

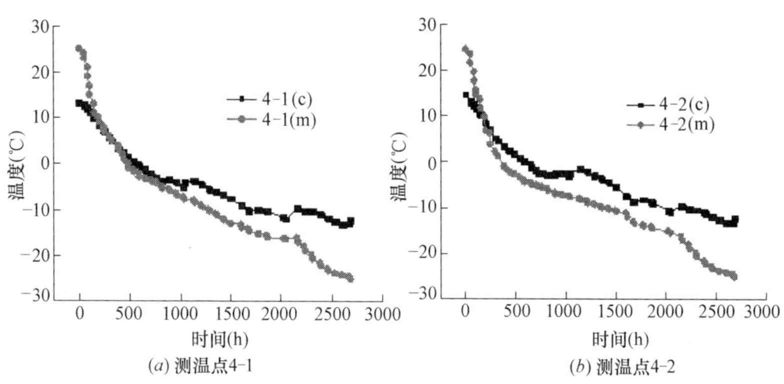

(*a*) 测温点4-1　　(*b*) 测温点4-2

图 11-6　联络通道 4 号孔温度随时间变化曲线

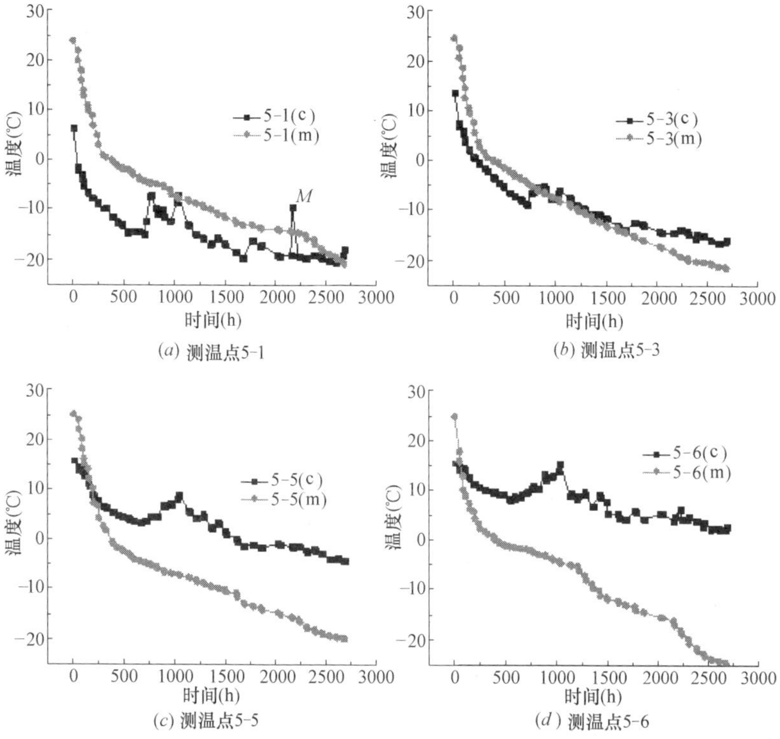

(*a*) 测温点5-1　　(*b*) 测温点5-3

(*c*) 测温点5-5　　(*d*) 测温点5-6

图 11-7　联络通道 5 号孔冻结温度随时间变化曲线

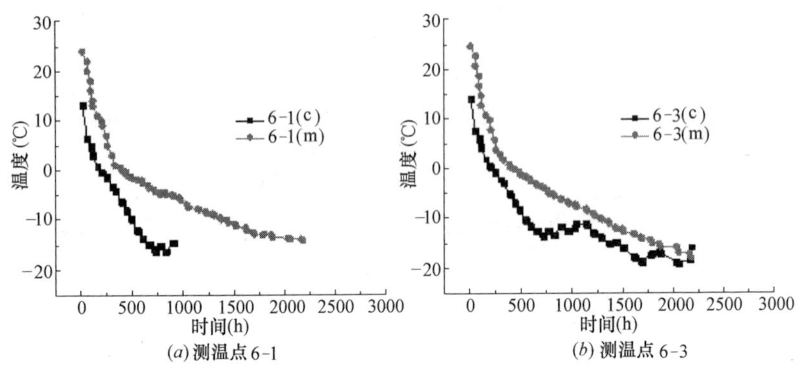

(a) 测温点6-1　　(b) 测温点6-3

图 11-8　联络通道 6 号孔冻结温度随时间变化曲线

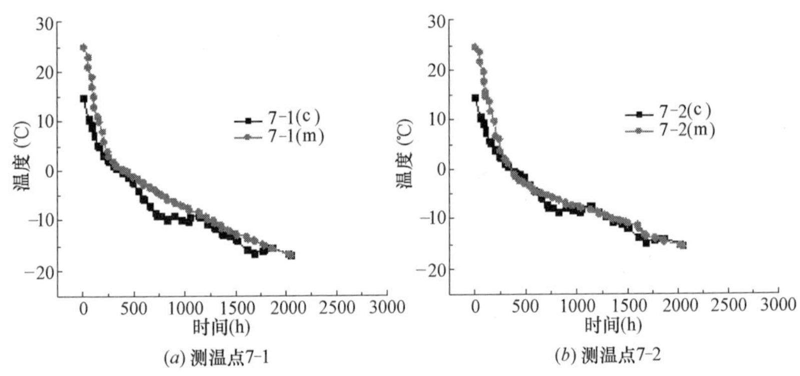

(a) 测温点7-1　　(b) 测温点7-2

图 11-9　联络通道 7 号孔冻结温度随时间变化曲线

由对比图可以看出，相对于模型冷冻试验温度场分析结果，数值模拟结果与现场实测结果较为吻合，验证了所建立模型的正确性。从侧面说明了模型试验与现场相比还有较大差距，有待进一步改进。比如应加强保温措施和补水设施的健全和优化布置。

联络通道的模拟结果与现场实测结果对比显示，虽然变化趋势一致，有些测点的数据吻合较好，但是大部分测点数据有较大差距[126]。分析原因，数值模拟中所建立模型仅为热力耦合，没有考虑水分的迁移和散热等问题。因此，这方面的工作有待进一步研究和完善。

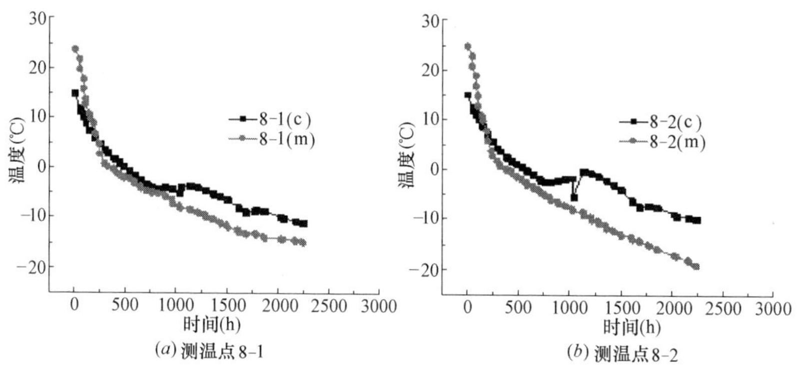

图 11-10 联络通道 8 号孔冻结温度随时间变化曲线

11.2 冻结法施工中的冻胀和开挖效应

11.2.1 工程概况

天津地铁 4 号线北段天穆站位于天津北辰区京津路主干道上，C 出入口为连接车站段的矩形结构。隧道连接段上方为京津路，车流量较大，地面下管线较多，各类管线共计 19 条。因此，隧道施工难度较大，普通的隧道施工方法不适用此类情况，隧道开挖位置图如图 11-11 所示。

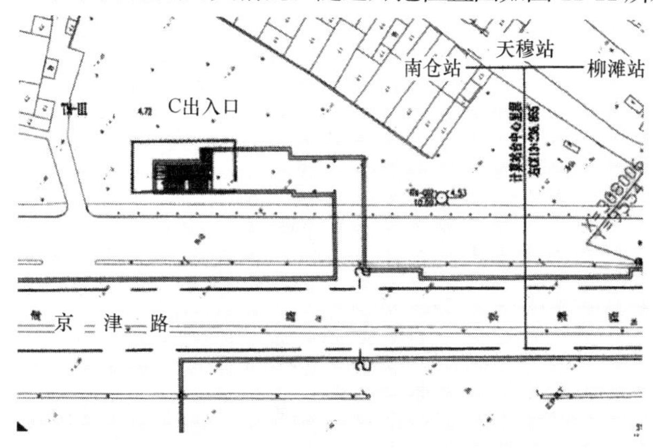

图 11-11 隧道开挖位置及周围建筑物

天穆站 C 出入口施工时，考虑管线切改时间较长、难度大，施工车站 C 出入口拟采用管棚加冻结法进行加固，矿山暗挖法进行施工。车站 C 出入口连接车站段为矩形结构，结构断面尺寸为 9.2m×4.7m，长度为 19.15m，结构厚度侧墙 600mm，顶板和底板 700mm；拟开挖尺寸断面为 9.8m×5.3m，初衬为 300mm 喷射混凝土。开挖量约 850m^3，隧道截面尺寸如图 11-12 所示。

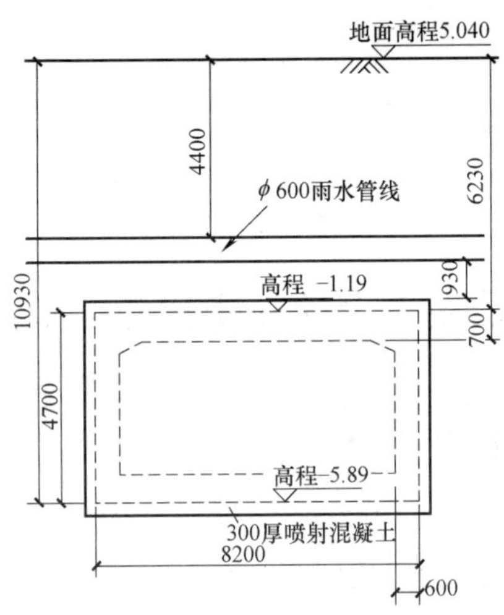

图 11-12　隧道开挖段剖面图

天穆站 C 出入口连接段顶覆土约 6.23m，底部埋深 10.93m。隧道施工穿越地层主要为①$_1$ 层、①$_2$ 层、⑥$_1$ 层、⑥$_3$ 层。地层特征如表 11-1 和图 11-13 所示。在隧道冻结法施工中，关注地层围岩分布情况能够避免安全事故的发生。

地层特征表　　　　**表 11-1**

层号	岩性特征
①$_1$	杂填土：主要由碎石、砖块及黏性土组成，土质不均
①$_2$	素填土：以黏性土为主，夹少量灰渣及砖块，土质不均
⑥$_1$	粉质黏土：含贝壳碎屑、有机质，夹较多淤泥质土，土质不均
⑥$_3$	黏质粉土夹粉质黏土：含云母，夹黏性土，土质不均

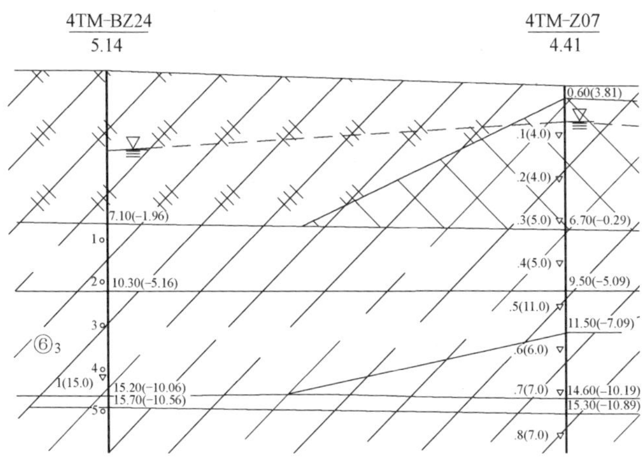

图 11-13 地层分布及土质情况

11.2.2 施工方案

天穆站 C 出入口连接段隧道施工方案包括以下内容：左右侧及底部冻结范围内土体注浆；管棚、冻结孔、测温孔、液压孔施工；开机积极冻结；防护门安装；监测及分析冻结达到设计开挖条件；凿除防护门内混凝土；土体开挖及初衬施工；二衬混凝土结构施工；凿除开口段地连墙，浇筑后浇带；衬砌型钢立柱，割除横撑；停止冻结，冻结孔封孔；冻结壁停冻，融沉注浆。本论文主要研究隧道冻结过程温度场的发展以及冻胀力结果。

人工冻结施工的主要目的为通过对隧道围岩施加冷源，使围岩形成封闭的冻结帷幕，增加强度，为隧道的开挖提供条件。冻结壁不仅承受周围围岩压力，冻结也使得冻结壁产生冻胀力[127]。冻结壁过厚会产生大变形，对上部道路以及管线产生影响，故需要控制冻结帷幕厚度。天穆站 C 出入口连接段隧道冻结壁侧墙厚度为 2.0m，底部为 2.5m，顶部冻土厚度为 0.8m。底部及侧墙平均温度不高于−10℃，顶部冻土平均温度不高于−8℃。

工程采用圆形冻结管进行冻结，冻结施工前，隧道开挖段布 3 组冷冻机组。管棚设计共采用 28 根 ϕ273mm×10mm 冻结管，管

棚内采用 ϕ89mm×5mm 冻结管，其余冻结管均采用 ϕ89mm×8mm，冻结孔共 82 个。打孔方向垂直于地连墙，冻结管要求如表 11-2 及图 11-14、图 11-15 所示。

冻结孔及冻结管要求　　表 11-2

孔号	深度(m)	孔数(个)	总孔深(m)	型号
G1～G28	19.5、15.9、17.5	28	485.6	273×10
D1～D82	19.5、15.9、17.5	82	1449.6	89×8
C1～C11	17.5	11	192.5	89×8
X1～X6	4	6	24	89×8

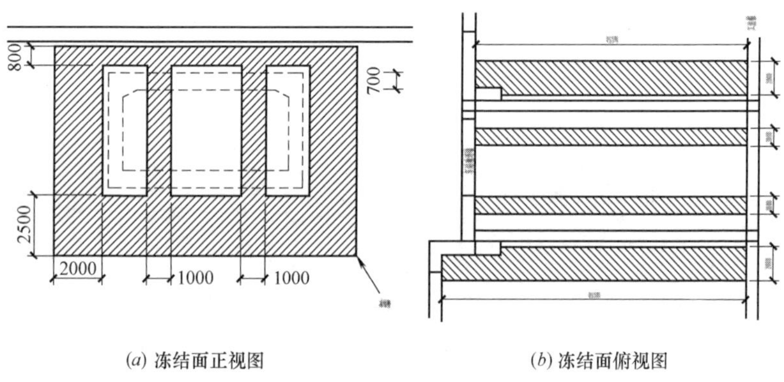

(a) 冻结面正视图　(b) 冻结面俯视图

图 11-14　冻结壁厚度剖面图

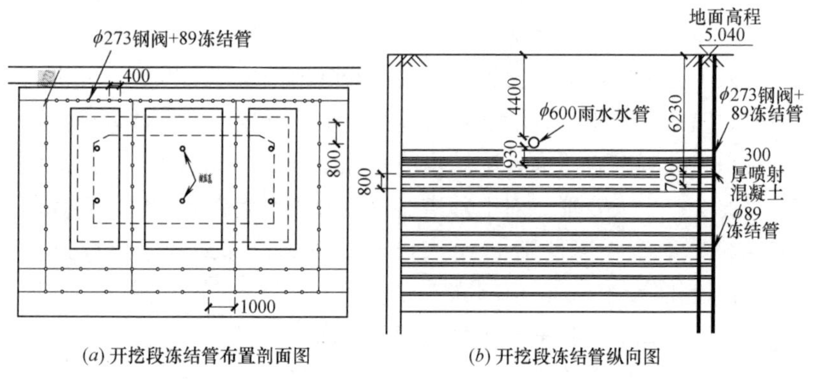

(a) 开挖段冻结管布置剖面图　(b) 开挖段冻结管纵向图

图 11-15　冻结管布置

11.2.3 热力耦合模型的建立

根据隧道人工冻结法施工实际工况，使用 ABAQUS 软件建立平面二维计算模型。如图 11-16 所示，计算模型宽 16m，高 20m，隧道的截面尺寸依据实际尺寸确定。为简化计算，隧道及其围岩的模型共分为 6 层土体，自上而下分别为杂填土、素填土、黏性粉土、粉质黏土。根据工程资料，得到各层土体物理力学参数如表 11-3、表 11-4 以及图 11-16 所示。

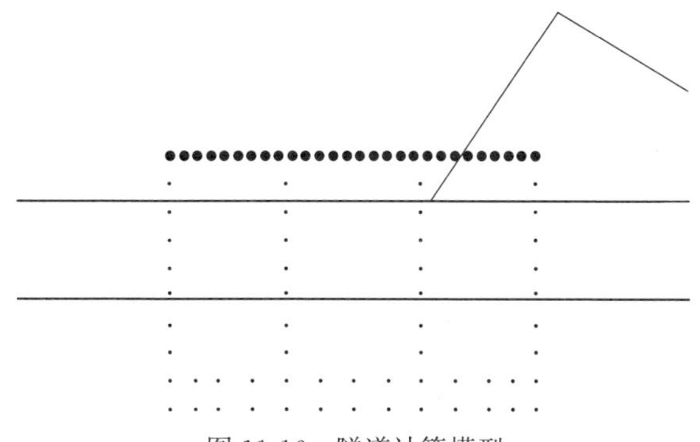

图 11-16 隧道计算模型

土层热物理参数 表 11-3

土层		比热容 [kJ/(kg·K)]	导热系数 [W/(m·K)]	密度(kg/m^3)
杂填土	未冻土	1395.79	1.52	1870
	冻土	1349.26	1.95	
素填土	未冻土	1427.34	1.32	1743
	冻土	1364.91	1.86	
粉质黏土	未冻土	1563.24	1.80	2005
	冻土	1475.84	2.11	
黏性粉土	未冻土	1559.73	1.76	1890
	冻土	1463.78	2.03	

根据隧道积极冻结施工前土体的平均温度，确定模型土层的初始温度为 15℃，假定土体冻结温度为−0.5℃。冻结温度荷载设置

土层力学参数　　表 11-4

土层		弹性模量(MPa)	泊松比
杂填土	0℃	25	0.29
	−10℃	63.34	0.25
	−20℃	105.83	
素填土	0℃	20	0.3
	−10℃	55.43	0.26
	−20℃	95.67	
黏性粉土	0℃	26	0.3
	−10℃	74.96	0.29
	−20℃	143.25	
粉质黏土	0℃	28	0.31
	−10℃	89.45	0.30
	−20℃	166.03	

于冻结管壁上，温度荷载取值为冻结管内设定温度，即−30℃。在冻结完成后，冻结壁不再发生变化，不考虑路面行车荷载以及周围建筑荷载。

模型力学边界条件：底部不发生位移，模型上部竖向不受限制，只考虑竖向位移；模型热学边界条件：不考虑模型边界的热传递，为绝热边界，边界法向热流密度为0，满足 $q_s(x, y, z, t)=0$，属于温度场第二类边界条件[128]。

11.2.4　温度场演变

隧道围岩积极冻结开始后，土体温度逐渐降低，土中水分开始冻结，冻结管周围开始形成一层冻结壁。此时，伴随着围岩土体冻结形变，隧道冻胀力增加。隧道围岩温度变化如图 11-17 所示。

图 11-17 给出了隧道模型的温度变化云图。从图中可以看出，随着积极冻结的进行，隧道土体发生了不同程度的冻结，具体表现为温度云图颜色的变化。隧道顶部及底部由于冻结管布设密度以及直径较大，冻结壁厚度大于侧面。冻结管直径以及间距影响温度场

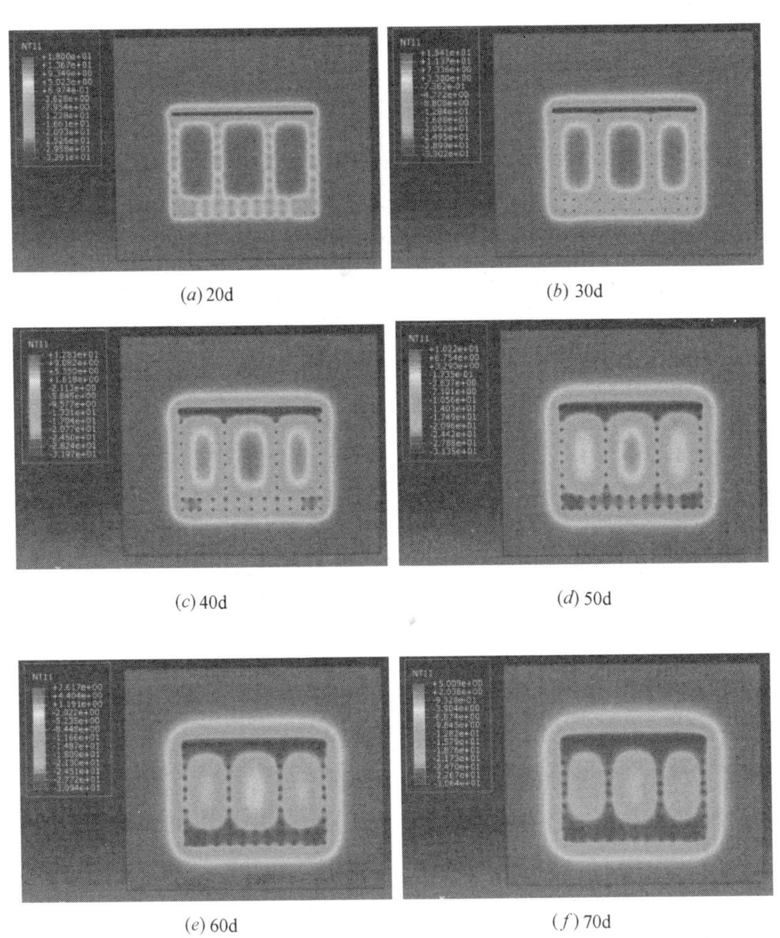

(*a*) 20d　(*b*) 30d

(*c*) 40d　(*d*) 50d

(*e*) 60d　(*f*) 70d

图 11-17　温度模拟结果云图

发展，在冻结管直径大、间距小的位置，温度场发展较快[129]。故侧面需要增加冻结管的数量，以提高冻结壁的厚度，增加侧面冻结壁的强度。

11.2.5　冻胀应力演变

随着围岩冻结的不断进行，隧道截面受力产生冻胀力，冻胀力在不断增大。隧道围岩冻胀力变化如图 11-18 所示。

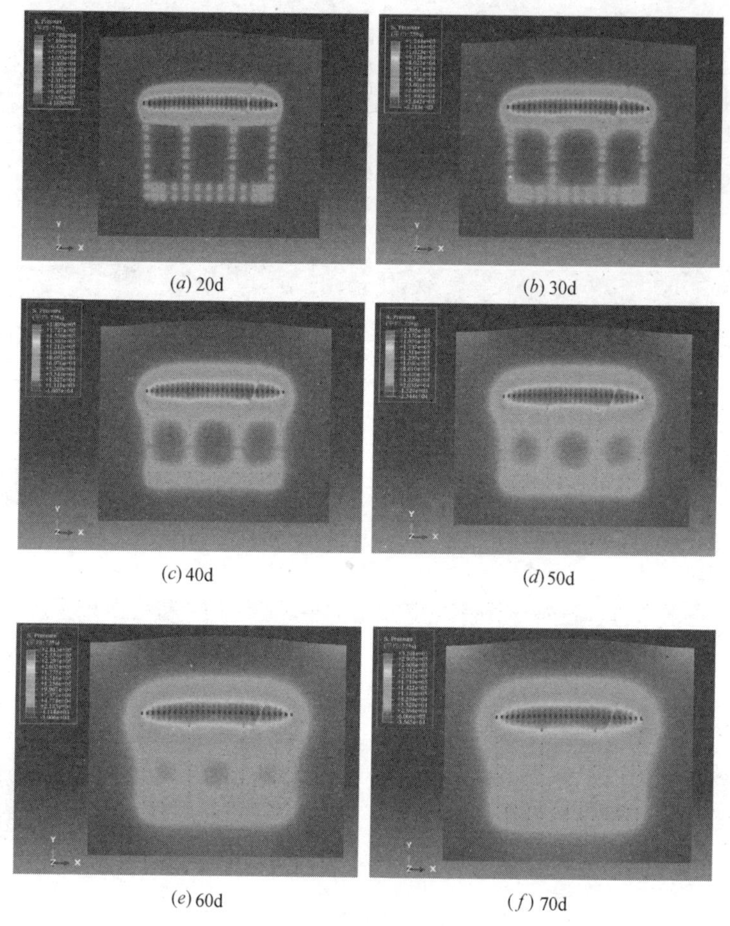

(a) 20d　(b) 30d　(c) 40d　(d) 50d　(e) 60d　(f) 70d

图 11-18　冻胀力模拟结果云图

图 11-18 给出了隧道模型积极冻结期的冻胀力云图。从图中可以看出，随着冻结的深入，围岩冻胀力逐渐增加。可以明显地发现在土层变化界面的冻胀力不同。

根据图 11-18 所示，围岩冻胀力较大区域主要分布于上侧冻结管的水平方向，较大值可达 320.1kPa，较小值为 290.5kPa，位于隧道正上方。这是因为上侧冻结管分布密度以及管径较大，热传导速率较高，温度降低速度快，水分加速冻结，冻胀力快速发展。下侧冻结管分两层布置，分布较密，冻结壁的冻胀力为 82.4～112.6kPa。但是两侧冻结管只布置一层，冻结壁厚度较低，冻胀力较小。图 11-18 中顶部冻结管由于密度大，温度降低迅速，冻结管周围土体冻结后会产生相互作用，冻胀力会相应地增加。

只对冻胀阶段计算公式进行验证。通过冻胀力计算公式计算隧道底部以及侧面冻结管周围冻胀力，得到：

$$\sigma_0=\frac{\eta E_2}{2(1+\nu_2)}=323.07\text{kPa} \tag{11-3}$$

将计算值与模拟值相比较，发现计算值与模拟值最大值相符合，但比其他区域冻胀力大。顶部冻结管分布较密，冻结管间距远远小于冻结管直径，冻结管周围冻胀力相互影响严重，且冻结管尺寸效应严重，土体冻结较为彻底；底部冻结管排列相对稀疏，土体没有完全冻结，还存在未冻水，而推导的理论公式是假定冻结区均匀一致，不存在未冻水。故对于冻结管排列稀疏区域（即冻胀不完全区域），依据公式得到的冻胀力计算结果需进行修正。

通过图 11-18 所示，上侧冻结管直径为 273mm，间距为 400mm；侧面及底部冻结管直径为 89mm，间距为 800mm。上侧冻结管间距与冻结管直径之比为 1.47，侧面及底部冻结管间距与冻结管直径之比为 9.99。可知冻胀力大小和冻结管间距与冻结管直径之比有关，与其成反比关系。

根据以上分析，按冻胀力较小值添加修正系数 ξ：在冻结管间距与冻结管直径之比为 1.47～9.99 时，修正系数 ξ 值的大小为 0.8992～0.2550，中间修正系数按线性插值的方法进行取值。假设冻胀阶段与开挖支护阶段的冻胀力计算公式修正系数一致，可得修正后的冻胀力计算公式分别为：

$$\sigma_0=\frac{\xi\eta E_2}{2(1+\nu_2)} \tag{11-4}$$

$$\sigma=\xi\frac{A}{B} \tag{11-5}$$

11.2.6 冻胀位移

以模型整体为对象，分析土体冻结过程对于周围土体位移的影响，探究冻胀产生的位移趋势。

图 11-19 和图 11-20 所示分别为温度场为 0℃时土体冻结阶段位移云图和施工总位移云图。可以看出，最大沉降值约为 182.7mm，地铁出入口地表沉降呈现出“中间大，两端小”的态势。而在施工结束后地铁出入口底部由于土体的卸荷作用，而产生隆起，最大隆起量约为 175.5mm。

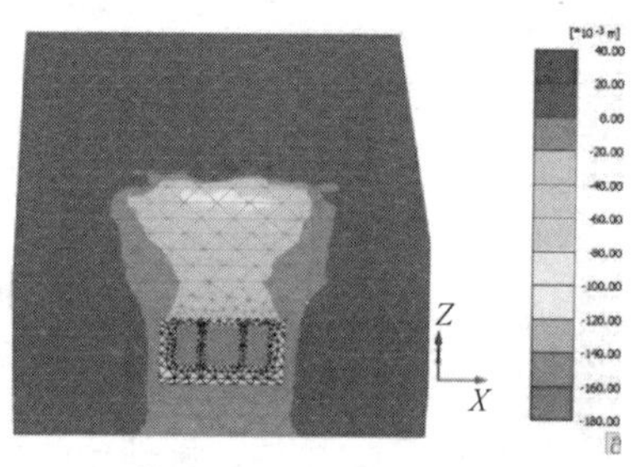

图 11-19 土体冻结阶段位移云图（单位：mm）

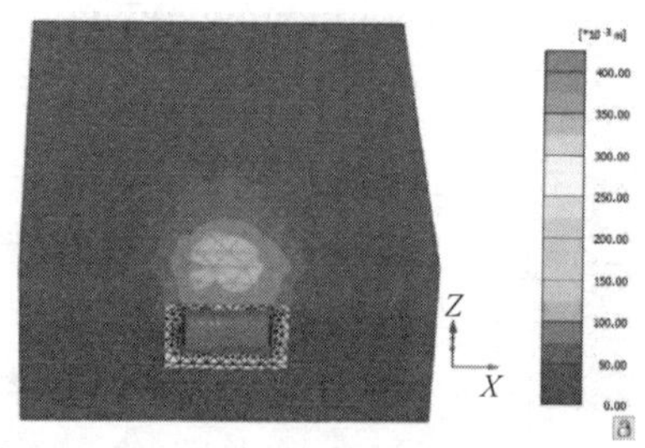

图 11-20 施工后总位移云图（单位：mm）

图 11-21 与图 11-22 所示分别为 0℃和－20℃条件下出入口通道冻结阶段横向中轴地表隆起图，中轴处地表隆起位移最大，随着中心点向两边扩散，地表隆起数值逐渐减小。出入口通道冻结实际上是将冻土帷幕作为整体来进行模拟，所以冻胀引起的位移是受到了两侧侧墙的约束，造成了中轴地表隆起最大，伴随着离冻土帷幕的距离增加，隆起量减少。从图中可以看出，当温度由 0℃降至

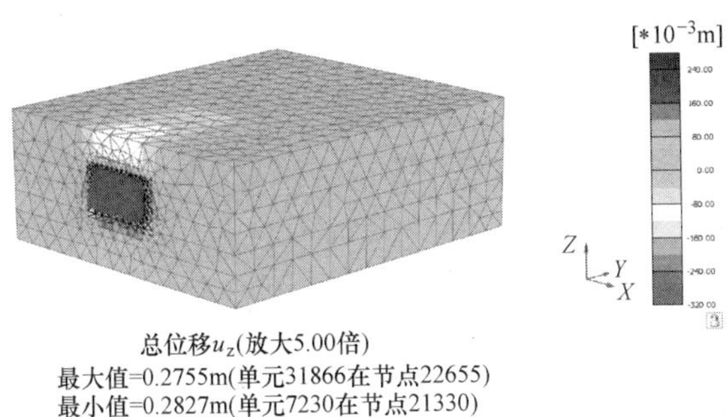

图 11-21 0℃条件下位移云图（单位：mm）

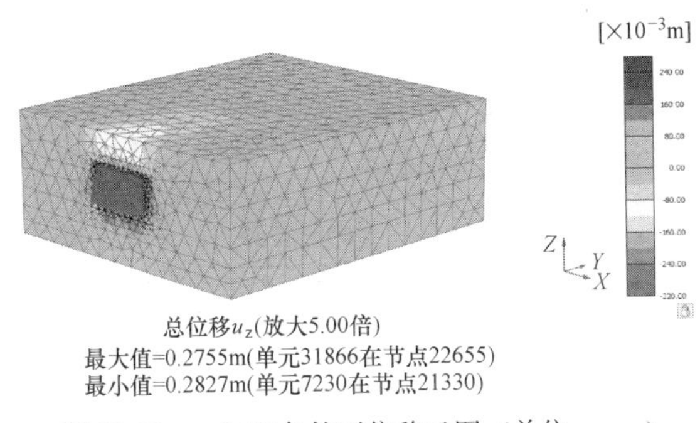

图 11-22 －20℃条件下位移云图（单位：mm）

－20℃时，出入口外侧土体沉降量由 182.7mm 降至 81.63mm，出入口内土体隆起量由原来的 175.55mm 降至 107.5mm。这是由于温度降低引起土体冻胀变形，在一定的时间内形成了冻结壁，带来的后果是土体的体积膨胀，同时土体的强度也得到了提高。

结合以上分析，可知土体冻结过程对于周围土体位移的影响，主要原因是冻结壁因冻胀向周围扩展，周围未冻土体受挤压产生变形，且埋深越小的土层其位移量越大，这主要是因为垂直荷载对冻胀有抑制作用，土层埋深小，其上覆土层重量也就越小，因而位移量也就越大。

11.2.7 开挖和构筑

采用 PLAXIS 3D 进行开挖构筑过程模拟，模型尺寸越大，计算结果精度越高，适用性越好，但计算耗费的时间越长。已有相关理论分析和工程实践表明，隧道开挖后的应力、应变仅在隧洞周围距洞顶中心 3～5 倍宽度或高度范围内存在影响，且在 3 倍宽度处的应力、应变一般在 10%以下，在 5 倍宽度处一般为 3%。且由于冻结法对于围岩的加固作用，开挖构筑过程对于周围土体的影响范围也会相应减小[130]，因此，在本次有限元数值模拟计算中，模型尺寸选取长宽高为 30m×30m×20m 较为合适。

将冻结壁、喷射混凝土、二衬混凝土结构设置为板单元，型钢支架设置为梁单元，土体设置为实体单元。经室内试验得到，冻土单轴抗压强度为 3.6MPa，弯折强度为 1.8MPa，抗剪强度为 1.5MPa。

未冻土的本构关系采用摩尔—库仑弹塑性模型，其他材料设置为弹性。主要参数如表 11-5 所示。

土体物理力学参数 **表 11-5**

参数	杂填土	素填土	粉质黏土	黏性粉土	冻土
E（MPa）	25	20	28	26	95.7
ν	0.29	0.3	0.31	0.3	0.26
c'(MPa)	8	8	20.5	12.47	—
φ'(°)	0	6	11.92	15.21	—

首先计算初始地应力，使其达到平衡状态之后进行土体冻结，并将位移清零。每个开挖步（共 26 个）分中、左、右三个开挖分步完成。每个开挖分步完成之后都要进行包括喷射混凝土＋H200 型钢支架的初支，每个开挖步结束之后都要进行二衬混凝土结构施工，并在割除初支中的型钢支架之后，修补二衬混凝土结构，图 11-23 所示为开挖、初支、二衬、钢支架移除与修补二衬。

根据上述原则，共建立了 106 个工况，如表 11-6 所示。

开挖构筑的工况组成 **表 11-6**

开挖步	工况	完成的工作
准备	1	地应力平衡
	2	土体冻结(位移清零)

续表

开挖步	工况	完成的工作
开挖步 1	3	中间开挖(喷射混凝土和钢支架)
	4	左侧开挖(喷射混凝土和钢支架)
	5	右侧开挖(喷射混凝土和钢支架)
	6	二衬混凝土结构施工
开挖步 3～26	11、15、…、103	中间开挖(喷射混凝土和钢支架)
	12、16、…、104	左侧开挖(喷射混凝土和钢支架)
	13、17、…、105	右侧开挖(喷射混凝土和钢支架)
	14、18、…、106	二衬混凝土结构施工

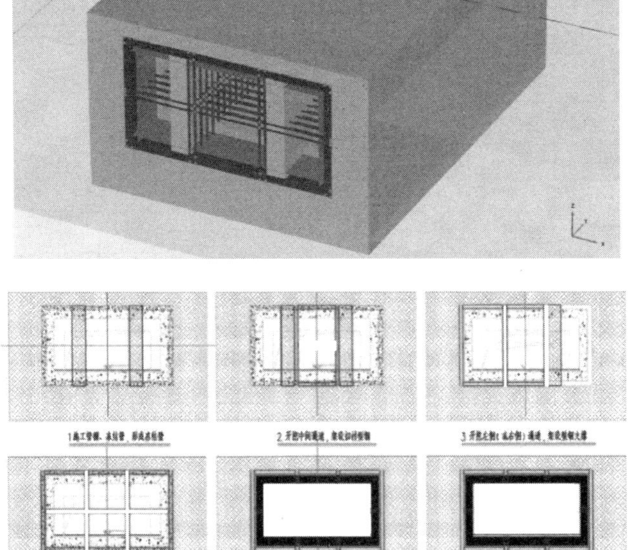

图 11-23　开挖、初支、二衬、钢支架移除与修补二衬

11.2.8　开挖效应

为了能够进一步研究分步开挖过程中土体的变形情况，且保证

所选断面的普遍性和代表性，现选取第三个开挖步中 $Y=2.0\text{m}$ 截面来进行分析。

在分步开挖过程中，土体竖向（Z 向）位移云图如图 11-24 所示，在开挖 1 过程结束后隧道顶最大沉降量为 15.01mm，隧道底最大隆起量为 9.60mm，在开挖 2 过程结束后隧道顶最大沉降量为 55.30mm，隧道底最大隆起量为 17.37mm，在开挖 3 过程结束后隧道顶最大沉降量为 59.96mm，隧道底最大隆起量为 19.68mm，在衬砌过程结束后隧道顶最大沉降量为 61.79mm，隧道底最大隆起量为 16.56mm，分步开挖施工结束后，地表的最大沉降量为 26.12mm。整体趋势在空间上表现为：由中间向两端沉降量和隆起量逐渐减小。在时间上表现为：从开挖 1 到开挖 3 过程中，隧道周围的土体沉降和隆起位移量随着开挖的土方量增大而不断增大，分析认为这是由于土体开挖的卸荷作用导致开挖面土体产生位移，

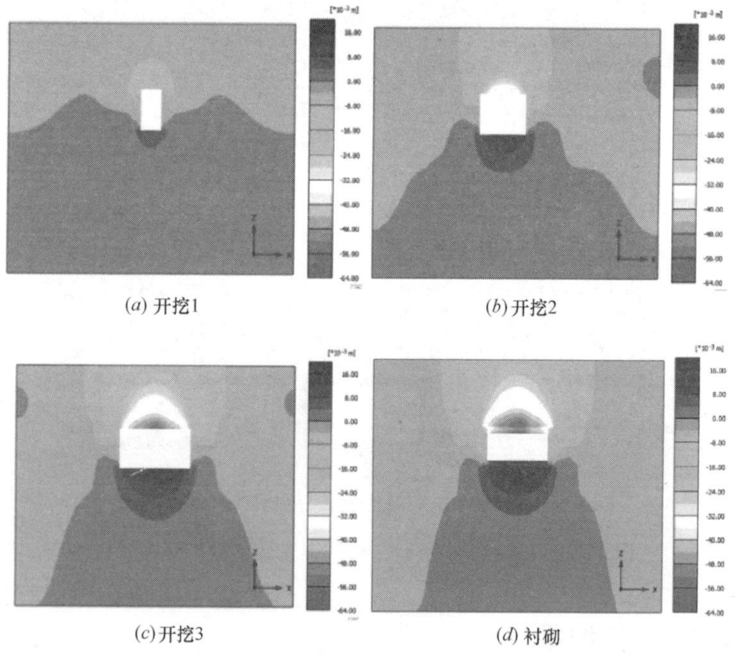

(a) 开挖1　(b) 开挖2　(c) 开挖3　(d) 衬砌

图 11-24　各施工阶段竖向位移结果（单位：mm）

而开挖 3 结束到衬砌结束的过程中，隧道顶的沉降量略微增大，推测原因为衬砌过程由于喷射混凝土等人为操作引起的土体扰动；而隧道底隆起量略微减小，推测原因为混凝土衬砌的重力作用抵消了一部分已经产生的隆起。

在分步开挖过程中，土体水平（X 向）位移云图如图 11-25 所示，其中 X 方向位移以水平向右为正，反之为负。从图中可以看出，在开挖 1 结束后，隧道左侧最大位移量为－17.69mm，隧道右侧最大位移量为 17.37mm，在开挖 2 结束后隧道左侧最大位移量为－26.50mm，隧道右侧最大位移量为 14.49mm，在开挖 3 结束后隧道左侧最大位移量为－19.69mm，隧道右侧最大位移量为 19.08mm，在衬砌过程结束后隧道左侧最大位移量为－20.90mm，隧道右侧最大位移量为 20.16mm。整体趋势在空间上表现为：最大位移量均在隧道净高 1/2 处，且位移量由此高度向上下两个方向

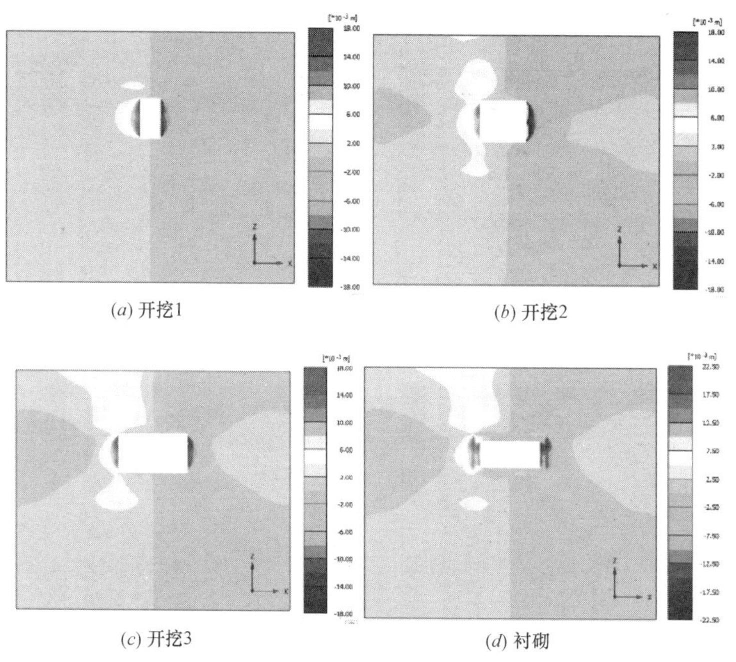

(a) 开挖1　(b) 开挖2　(c) 开挖3　(d) 衬砌

图 11-25　各施工阶段水平位移结果（单位：mm）

逐渐减小。在时间上表现为：整体上位移量随开挖过程的推进而不断增大，且左右两侧开挖面水平位移量大致相等，其中开挖2过程结束后左右两侧位移量有所差异，推测原因为开挖面在空气中暴露时间不同，以及前段开挖产生的应力场扰动导致。

在分步开挖过程中，土体沿隧道轴向（Y向）位移云图如图11-26所示，其中Y方向位移以垂直纸面向外为正，反之为负。从图中可以看出，在整个开挖过程中，土体四周沿Y方向位移均不超过6.4mm，影响较小，几乎可以忽略，$Y=2.0$截面图（图11-26a～图11-26c）对比模型实体正视图（图11-26d）可以发现，Y方向位移主要发生在隧道开挖的掌子面，掌子面中心为位移最大点，位移值为40.93mm，且掌子面上位移量的空间分布趋势为由中心向四周逐渐减小，分析认为这是由于土体开挖的卸荷作用导致掌子面土体产生位移，而边墙面和拱顶面土体位移较小，分析其原因为开挖部分土体对其边墙面产生的卸荷作用主要体现在X方向

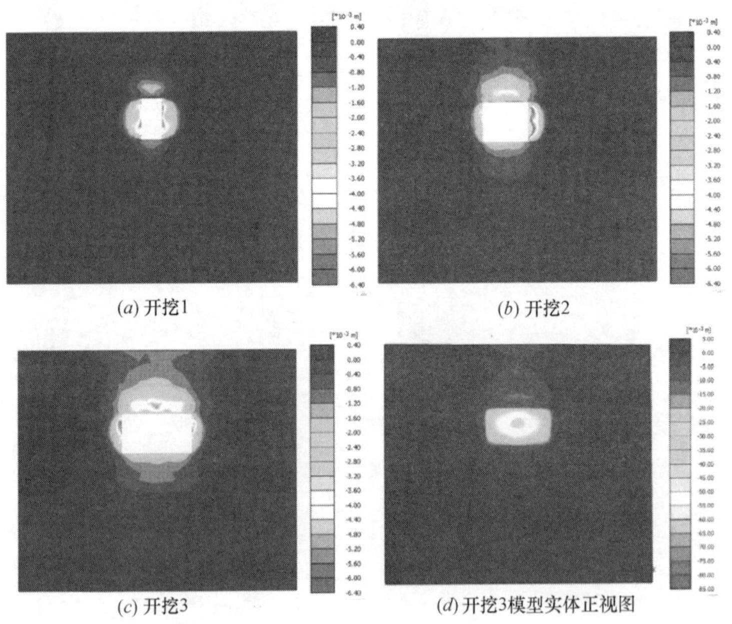

图11-26　各施工阶段隧道轴向位移结果（单位：mm）

上，而对拱顶面产生的卸荷作用主要体现在 Z 方向上。

结合以上对于 X、Y、Z 三个方向的土体位移的分析，可知模拟结果能基本反映土体位移演变的客观规律，与以往工程经验相契合，但由于参数设置以及模拟工况均与实际工程有一定偏差，故模拟结果在数值上仍有一定误差。

11.3 微冻结盾构施工

基于天津地铁 10 号线沙柳南路站区间盾构接收工程，针对盾构机接收井原位保护特点，展开洞门保护、井壁防渗及管片支护技术研究与应用工作，总结形成完整微冻结施工技术及微冻结管片设计制造工艺成果，为我国城市地铁盾构接收工程提供一种创新性的、安全经济的及适用性广泛的新方法、新思路。

11.3.1 微冻结管片制作与施工

管片混凝土强度等级 C50，抗震等级为三级，见图 11-27、图 11-28。冻结管需根据模具及预埋管道尺寸，经现场放样后进行加工，钢筋笼定位预埋后进行混凝土浇筑，养护后微冻结管片成型。冻结方管埋入管片前后应进行打压试验，要求试验压力不小于 0.8MPa，经试压 30min 压力下降不超过 0.05MPa，再延续 15min 压力不变则为合格。无问题后进行混凝土浇筑，待整环管片强度合格后，进行管片试拼装，进行第二次打压试验，确保管片及冻结管路质量。

图 11-27 微冻结管片钢筋笼

图 11-28　微冻结管片混凝土浇筑

环向相邻的两管片通过环向螺孔进行螺栓环向连接，纵向相邻的两管片通过纵向螺孔进行螺栓纵向连接，使管片拼装成整体刚性管环衬砌，微冻结管片外直径为 6.2m，厚 0.35m。在环向连接缝有止水橡胶条，可以防止管片支护后拼接缝处的地下水渗漏。管片拼装完成并脱离盾尾后，将相邻冻结管管口采用软管连接，连接完成后再次进行打压试验。同时，在每个进、出口位置安装球阀，进行打压试验。

测试合格后，开启微冻结设备使冻结液在微冻结管环中循环。微冻结管片本体径向内环面中央有一圆注浆孔，可以通过注浆孔进行同步注浆和测温。具体施工步骤如下：

（1）拼装前对微冻结管片的安装位置进行校核，确保整环管片均在冻结加固体内。

（2）当盾构拼装完成微冻结管片后，延长冻结管路，通过软管与微冻结管片连接（图 11-29），同时在每个进、出口位置安装球阀，再次进行打压试验。试验压力为冻结工作面盐水压力的 2 倍（或者不小于 0.8MPa），经过 30min 压力下降不超过 0.05MPa，再延续 15min 压力不变，视为合格。当微冻结管片拼装完成后，在盾尾设置第二道止水环箍，采用双液浆。

（3）因盐水管路较长，提前开启冻结设备（图 11-30），提前让盐水充满冻结管路，微冻结管片环推进完成，当整环管片完全脱出盾尾后，打开球阀进行管片微冻结。

（4）防止水泥固化散热影响微冻结效果施工，当微冻结管片环逐渐脱出盾尾，在盾尾同步注浆浆液采用膨润土+砂，来填充微冻结管片与土体之间的环形空间，有效快速地形成止水环箍；同时在微冻结加固区利用吊装孔，布置不少于 3 个测温孔，测温长度 520mm，进入原状冻土体长度不少于 100mm。

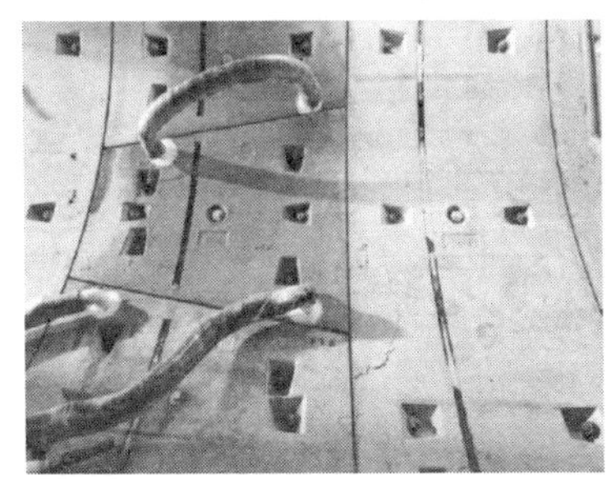

图 11-29　微冻结管环连接

图 11-30　冷冻设备

11.3.2　水平冻结施工

本工程中，冻结地层采用氨（氟利昂）—盐水（氯化钙溶液）冻结系统，它采用氨循环系统相变循环实现制冷，再以盐水作为冷媒剂将地层中的热量带出至冷却水循环系统，冷却水系统再将热量释放到大气中。

制冷循环一般包括 4 个过程：压缩—冷凝—降压—蒸发。冻结设备包括冻结站和冻结管，冷冻站负责提供源源不断的冷媒剂，冷媒剂与冻结管连通，冻结管埋入土层钻孔中通过热传导带走土层中的热量实现土体的冻结。冻结站安装与钻孔施工同时进行，钻孔施工结束即可转入冻结器安装和冻结阶段，冻结设备施工顺序见图 11-31。

冻结孔共计 57 个，其中 D301～D332 向隧道外偏斜 0°～1°，长度为 15m，其余冻结管为水平布置，长度为 3m。冻结管选用 ϕ89mm×8mm（20 号）低碳钢无缝钢管，采用丝扣连接加焊接，冻结孔位置见图 11-32。

测温孔是用于放置测温管以测量土层温度的钻孔，目的主要是测量冻结帷幕范围不同部位的温度发展状况，以便综合采用相应控

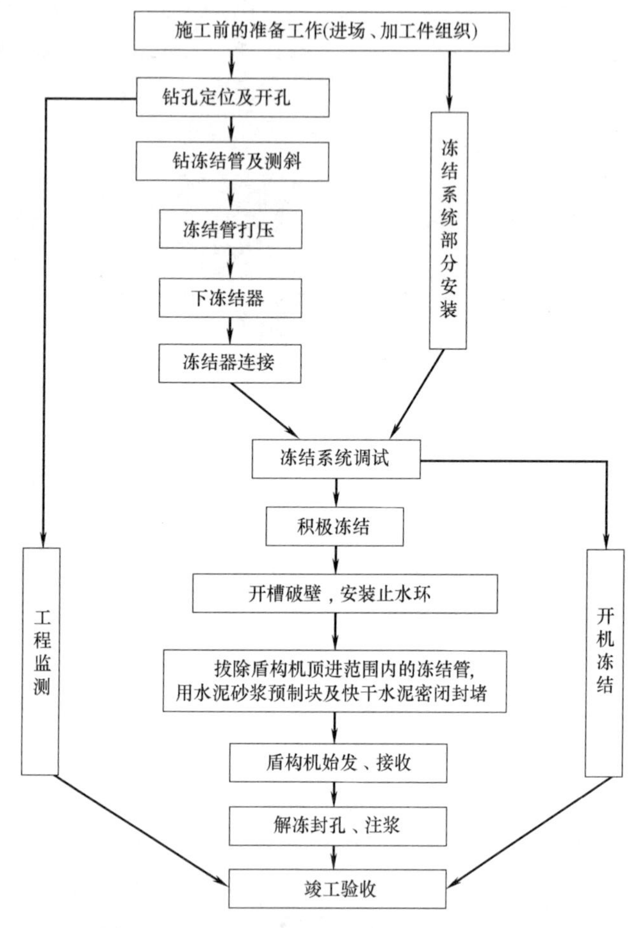

图 11-31　冻结设备施工流程

制措施，确保施工的安全。盾构推进截面上共布置 5 个测温孔，深度为 16.7m、3.7m 不等，测温孔管材选用 ϕ32mm×3mm（20 号）低碳钢无缝钢管。

水平冻结孔钻孔施工较为复杂，工序为：定位开孔及孔口管安装→孔口装置安装→钻孔→测量→封闭孔底部→打压试验。

根据设计在主体结构上定好各孔位置。首先确定孔位，再用开孔器（配金刚石钻头取芯）按设计角度开孔，开孔直径 150mm，

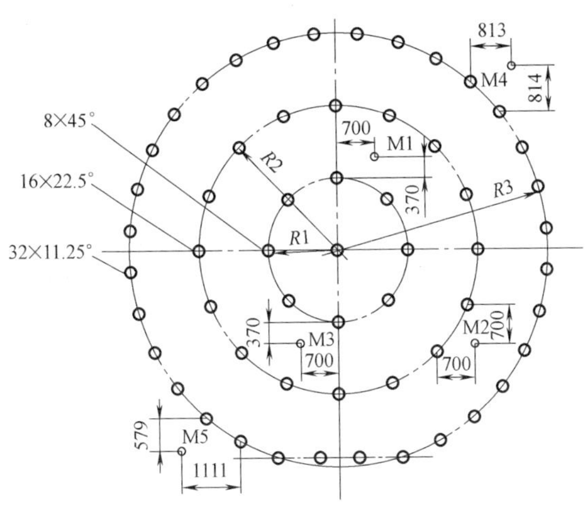

图 11-32 冻结孔剖面图

当开到深度 1000mm 时停止 150mm 孔的取芯钻进，安装孔口管。孔口管的安装方法为：首先将孔口处凿平，安好四个膨胀螺栓，而后在孔口管的鱼鳞扣上缠好螺栓，涂抹密封物后将孔口管砸进去，用膨胀螺栓上紧，上紧后，装上 DN150 闸阀，再将闸阀打开，用开孔器从闸阀内开孔，一直将混凝土墙开穿，这时，如地层内的水砂流量大，就及时关好闸门。

用螺栓将孔口装置装在闸阀上，注意加好密封垫片。施工中当第一个孔开通后，没有涌水涌砂，可继续开孔施工，但继续开孔仍要装孔口装置，防止突发涌水涌砂现象出现；若涌水涌砂较厉害，还应当进行注水泥浆（或双液浆）止水及地层补浆，详见图 11-33。

按设计要求调整好钻机位置，并固定好，将钻头装入孔口装置内，在孔口装置上接上 1.5 寸阀门，并将盘根轻压在盘根盒内，首先采用干式钻进，当钻进费劲、不进尺时，从钻机上进行注水钻进，同时打开小阀门，观察出水、出砂情况，利用阀门的开关控制出浆量，保证地面安全，不出现沉降。钻机选用 MD-60A 型锚杆钻机，钻机扭矩 3000N·m，推力为 25kN。

利用经纬仪结合灯光对每个成孔进行测斜，偏斜控制在

150mm 以内，不宜内偏，最大终孔间距不大于 1500mm。

用丝堵封闭好孔底部，具体方法是，利用接长杆将丝堵上到孔的底部，利用反扣在卸扣的同时将丝堵上紧。

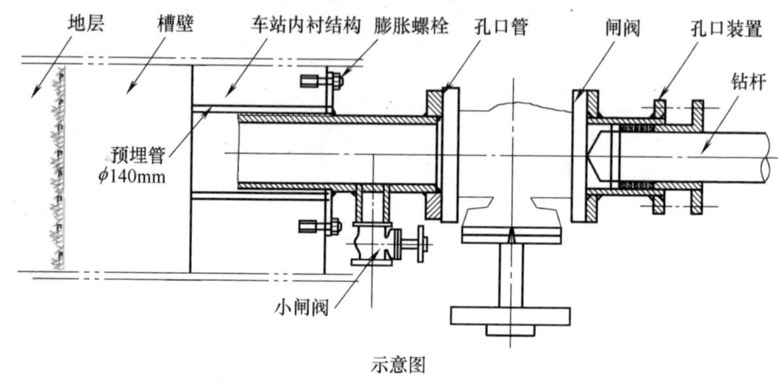

图 11-33　孔口密封装置

将成孔管内注水进行冻结管密封试验，试验压力控制在 0.8MPa，前 30min 内掉压在 0.05MPa 以内，后 15min 压力无变化为合格。

11.3.3　冻结帷幕界面推进施工

待水平冻结达到设计要求后，根据施工计划的安排，进行盾构接收。在微冻结区安装微冻结管片，冻结设备位于盾构机中。

盾构机总长 73.62m，同时刀盘距离加固杯壁 30m，则台车后距离冻结加固区为 103.62m，此时在台车后搭设施工平台，安装冻结设备。连接冻结管路冻结设备长 5250mm，宽 1500mm，冻结设备安装不影响盾构水平运输（图 11-34）。盾构机开挖直径为 6450mm，管片外径为 6200mm，通过计算可知管片与冻结体之间的间隙为 125mm，微冻结体单侧的冻结速度为 32mm/d，双侧同时发展的速度为 64mm/d，在不考虑其他因素影响的条件下，需要 2d 微冻结体可以全部交圈。

259～263 环推进示意见图 11-35，过程如下：

（1）盾构推进 259 环时，刀盘开始进入水平冻结加固范围内。

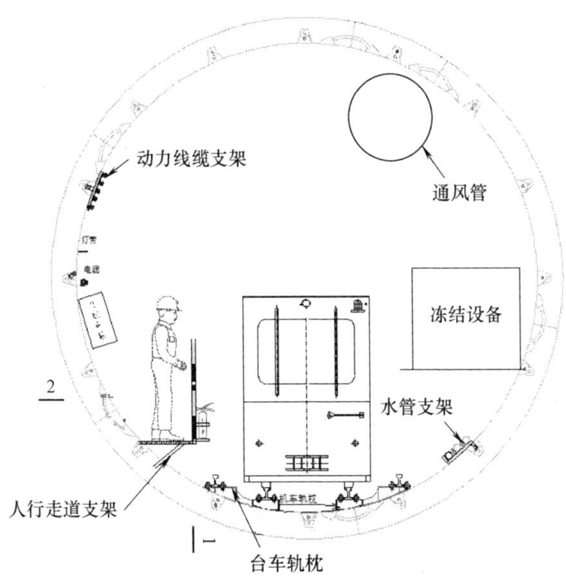

图 11-34 冻结设备立面布置图

根据洞门测量数据调整好盾构姿态，确保盾构水平、垂直姿态与洞门实际测量数值坐标相符，密切注意刀盘扭矩变化，加大土体改良力度。

（2）盾构推进 261 环过程中，中盾径向注浆孔进入“杯壁”，盾尾安装油脂泵，中盾注浆孔全部进入冻结加固区后，通过径向注浆孔，向盾体外压注盾尾油脂，减小盾构机与冻结土体之间的摩擦力，有效防止盾体被冻结，同时形成第一道止水环箍。

（3）根据施工计划安排，洞门破除后 259～263 环推进过程中，此时“杯底”范围内的冻结管内热循环，进行杯底冻结管拔出工作，冻结管拔出后及时回填低温黏土球或者混凝土柱，迅速回冻，同时盾构机继续向前推进，拼装过程中保持刀盘转动。

（4）盾构推进 259～263 环，密切注意刀盘扭矩和推力变化及土体改良情况，控制盾构姿态，土压力控制在 0.7～1.0MPa，推进速度控制在 15mm/min 以内，盾尾油脂及时注入，配齐应急物资，应急人员就位。

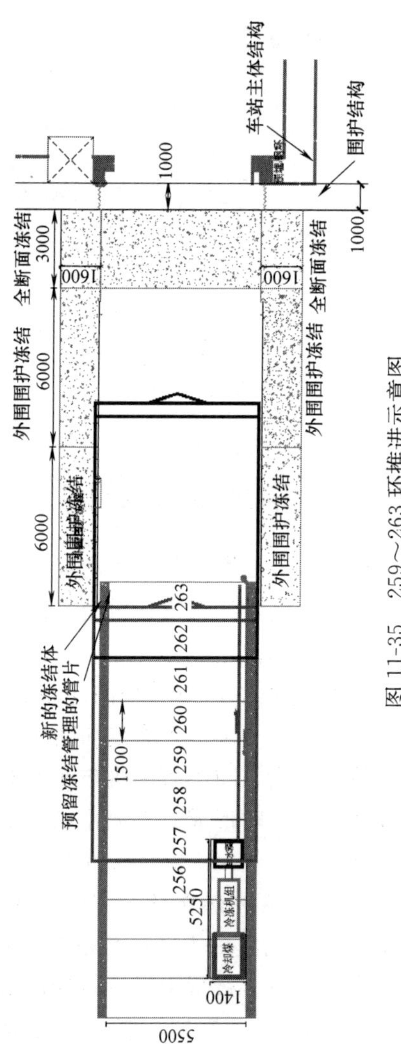

图 11-35　259～263 环推进示意图

11.3.4 杯壁加固区推进施工

杯壁加固区推进施工（图 11-36）过程如下：

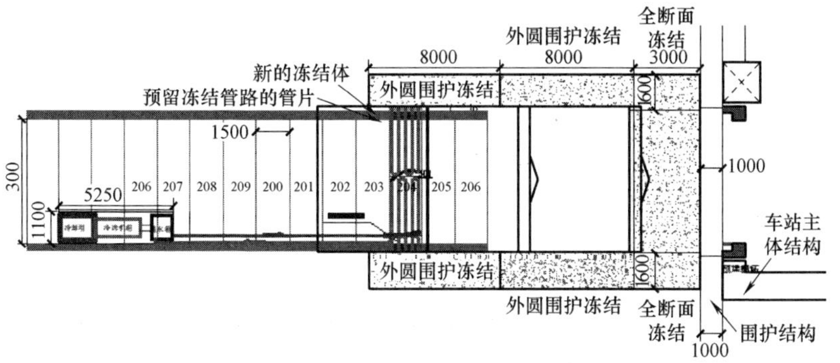

图 11-36 264～266 环推进示意图

（1）根据隧道排环，264 环整环位于冻结加固区内，拼装前对可冻结管片的安装位置进行校核，确保整环管片均在冻结加固体内。

（2）当盾构拼装完成 264 环后（特殊管片），延长冻结管路，通过软管与微冻结管片连接，同时在每个进、出口位置安装球阀，再次进行打压试验。试验压力为冻结工作面盐水压力的 2 倍（或者不小于 0.8MPa），经过 30min 压力下降不超过 0.05MPa，再延续 15min 压力不变，视为合格。当微冻结管片拼装完成后，在盾尾（260、261、262 环），设置第二道止水环箍，采用双液浆。

（3）因盐水管路较长，提前开启冻结设备，提前让盐水充满冻结管路，微冻结管片 266 环推进完成，264 环管片完全脱出盾尾后，打开球阀进行管片微冻结。

（4）防止水泥固化散热影响微冻结效果施工，当 266 环推进时，264 环逐渐脱出盾尾，在盾尾同步注浆浆液采用膨润土＋砂，来填充微冻结管片与土体之间的环形空间，有效快速地形成止水环箍；同时在微冻结加固区利用吊装孔，布置不少于 3 个测温孔，测温长度 520mm，进入原状冻土体长度不少于 100mm。

（5）在根据“微冻结管片设计及冻结设备选择”中计算得出的

管片外侧环形空间内至少布置 2 个监测点，用于监测微冻结加固效果。

（6）盾构进入外圈围护冻结管片内，刀盘转速控制在 0.6rpm，推进速度控制在 15mm/min 以内，土压由 0.07MPa 降至 0.04MPa，刀盘扭矩控制在 1800kN·m，推力 15000kN，同时控制盾构姿态。

11.3.5 全断面加固区推进施工

267、268 环推进（图 11-37）过程如下：

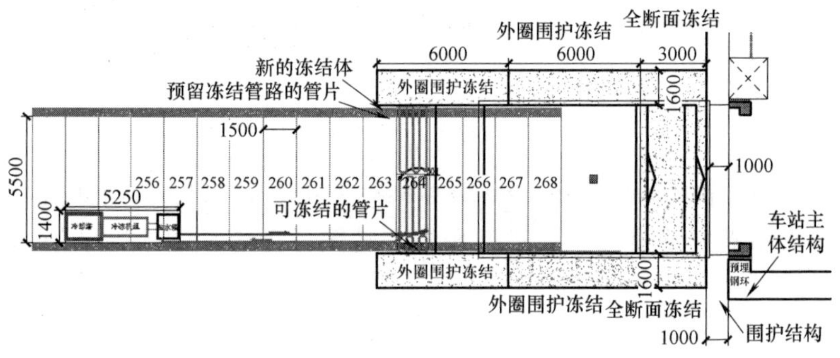

图 11-37　267、268 环推进示意图

（1）267 环开始推进过程中，刀盘进入全断面加固区，267、268 环推进中刀盘转速控制在 0.6rpm，推进速度控制在 5mm/min，土压由 0.04MPa 降至 0MPa，时刻关注刀盘扭矩；每环推进过程中通过中盾径向注浆孔注入盾尾油脂形成止水环，同步注浆浆液换成商品砂浆。

（2）267 环推进完成后，盾构机停止推进，刀盘保持匀速转动防止盾构机被动，提前准备盐水、蒸汽等解冻措施。

（3）268 环推进 936mm 时，刀盘中心刀刀尖距离地连墙 200m 装拉紧装置，在 265～267 环间吊装孔连接 14b 槽钢，并在吊装孔位置焊接牢固。割除剩余地连墙钢筋，在弧形钢板内填充海绵条。

（4）待 268 环拼装完成后，刀盘中心刀全部露出地连墙 335mm，同时采用双液浆对 265、266 环进行注浆。开始接收掘进施工时密切关注洞门情况，防止渗漏和涌水、涌砂，保持盾构机操作室、地面监控室和接收端头通信畅通，应急人员、设备到位。

11.3.6 一次接收

一次接收推进示意图见图 11-38，推进过程如下：

（1）269 环推进过程中通过径向注浆孔注入油脂。

（2）270 环推进前，在导轨上涂抹黄油，减少摩擦阻力，必要时开启铰接功能，让盾构机顺利上导轨，密切注意前导轨、接收架变形情况，如有变形，立即加固，同时观察洞门情况，防止洞门渗漏。

（3）272 环拼装完成后停止推进，立即焊接弧形钢板密封盾构与洞门圈之间缝隙，并采用快硬水泥密封。即时用双液注浆泵在盾尾（267～270 环）注入双液浆，初凝后，采用单液浆补强。

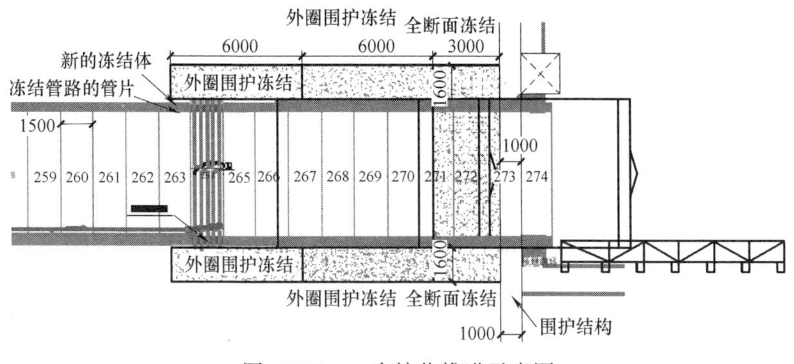

图 11-38 一次接收推进示意图

11.3.7 二次接收

图 11-39、图 11-40 所示为二次接收示意图，过程如下：

（1）待一次接收浆液初凝后，进行二次接收，在下部安装 B 块，依靠底部千斤顶将盾体继续向前推进，将盾尾全部推出洞门钢圈，二次接收完成，立即拉紧折页板，采用钢筋对折页板焊死，并采用快硬水泥密缝，密封完成后通过预留注浆孔立即注浆补强。

（2）保持盾构机操作室、地面监控室和接收端头通讯畅通；应急物资和人员到位。

（3）考虑到接收端头井水平冻结加固，后期环梁施工风险增大，待接收完成后，尽快进行盾构机拆除吊装工作，同时进行环梁施工前准备，待盾构机吊装出井后，尽快进行环梁施工。通过后几环管片调整，使接收井环梁形式为外置环梁，降低环梁施工风险。

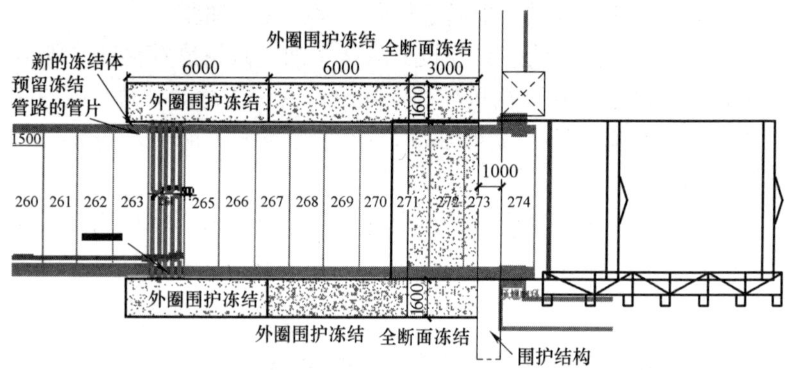

图 11-39　二次接收推进示意图（一）

图 11-40　二次接收推进示意图（二）

参考文献

［1］ 陈湘生，付艳斌，陈曦，等. 地下空间施工技术进展及数智化技术现状［J］. 中国公路学报，2022，35（1）：1-12.

［2］ 刘祥，赵玉善，解文杰，等. 水平冻结法在无锡地铁站盾构始发与接收洞门加固中的应用［J］. 城市轨道交通研究，2022，25（1）：75-79，85.

［3］ 向亮，王飞，靳宝成，等. 红砂岩地层联络通道冻结法施工温度场分布研究［J］. 土木工程学报，2020，53（S1）：306-311.

［4］ 张虎，张建明，张致龙，等. 冻结状态青藏粉质黏土的渗透系数测量研究［J］. 岩土工程学报，2016，38（6）：1030-1035.

［5］ 潘旭东，白云龙，白云飞，等. 富水地层冻结法施工渗流场对温度场的影响规律研究［J］. 现代隧道技术，2021，58（5）：122-128.

［6］ 张志强，何川. 用冻结法修建地铁联络通道施工力学研究［J］. 岩石力学与工程学报，2005，24（18）：3211-3217.

［7］ 王军，纪洪广，隋智力. 深厚表土层人工冻结法凿井技术研究进展［J］. 中国矿业，2008，17（7）：93-95.

［8］ 李顺群，张勋程，陈之祥，等. 岩土的非线性冻结模型试验和相似准则［J］. 工程力学，2019，36（1）：192-199.

［9］ 王晖，竺维彬. 软土地层地铁盾构隧道联络通道冻结法施工控制技术研究［J］. 现代隧道技术，2004，41（3）：17-21.

［10］ HU R，LIU Q，XING Y. Case study of heat transfer during artificial ground freezing with groundwater flow［J］. Water，2018，10（10）：1322.

［11］ 陈瑞杰，程国栋，李述训，等. 人工地层冻结应用研究进展和展望［J］. 岩土工程学报，2000（1）：43-47.

［12］ 李方政. 人工地层冻结的环境效应及其工程对策［J］. 公路交通科技，2004（3）：67-70.

［13］ 薛珂，温智，张明礼，等. 土体冻结过程中基质势与水分迁移及冻胀的关系［J］. 农业工程学报，2017，33（10）：176-183.

［14］ 丁智，张孟雅，魏新江，等. 地铁冻结法工后融土微观结构试验研究［J］. 铁道工程学报，2016，33（11）：106-112.

［15］ 董建华，吴晓磊，师利君，等. 水平冻结施工浅埋隧道对邻近正交路基的作用分析［J］. 岩石力学与工程学报，2020，39（11）：

2365-2376.

［16］ 查甫生，崔可锐，吴燕开．冻结法施工冻融作用对土的工程性质影响研究［J］．路基工程，2008（6）：30-31.

［17］ 王天亮，岳祖润．细粒含量对粗粒土冻胀特性影响的试验研究［J］．岩土力学，2013，34（2）：359-364，388.

［18］ 彭丽云，刘建坤，田亚护．粉质黏土的冻胀特性研究［J］．水文地质工程地质，2009，36（6）：62-67.

［19］ AHMED M，MENG-MENG Z，ZAKI A M．Optimization of artificial ground freezing in tunneling in the presence of seepage flow［J］．Computers and geotechnics，2016，75：112-125.

［20］ 张翻，李顺群，夏锦红，等．基于热参数和土水势变化的冻土冻结势研究［J］．工业建筑，2019，49（7）：82，97-101.

［21］ 曹蜀生．特殊的地层稳定及控水技术：冻结法施工［J］．施工技术，2003，32（8）：31-32.

［22］ 曹红林．地铁隧道冻结法施工融沉控制方案及实施［J］．地下空间与工程学报，2010，6（2）：387-390.

［23］ 夏锦红，张勋程，夏元友，等．基于 MATLAB PDE 工具箱的土体冻结温度场模拟［J］．广西大学学报（自然科学版），2017，42（1）：190-195.

［24］ 王彦洋，唐华瑞，李顺群．考虑温度梯度变化的地铁联络通道冻结法施工三维数值模拟［J］．现代隧道技术，2015，52（6）：135-140，162.

［25］ 李林，徐兵壮，赵根全，等．冻结法凿井中局部冻结技术对已成井壁保护的温度场分析［J］．煤炭工程，2012（2）：27-29.

［26］ 杨玉贵，赖远明，李双洋，等．冻结粉土三轴压缩变形破坏与能量特征分析［J］．岩土力学，2010，31（11）：3505-3510.

［27］ ARENSON L U，SPRINGMAN S M．Triaxial constant stress and constant strain rate tests on ice-rich permafrost samples［J］．Canadian geotechnical journal，2005，42：412-430 .

［28］ 杨平，陈明华，张维敏，等．冻结壁形成及解冻规律实测研究［J］．冰川冻土，1998，20（2）：128-132.

［29］ 李海鹏，杨维好，黄家会，等．双圈管黏土冻结壁形成过程冻胀力模型试验研究［J］．冰川冻土，2011，33（4）：801-806.

［30］ 程桦，王彬，赵久良，等．富水砂卵石地层冻结壁缺口致因及弥合技

术研究［J］. 煤炭工程，2021，53（10）：1-8.

［31］ 毕贵权，程形燕，石磊，等. 地铁隧道水平冻结法施工冻结壁温度场影响参数分析［J］. 兰州理工大学学报，2009，35（3）：121-126.

［32］ 吉植强，劳丽燕，李海鹏，等. 渗流速度对砂土人工冻结壁的影响［J］. 科学技术与工程，2018，18（2）：130-138.

［33］ 罗飞，何俊霖，朱占元，等. 寒区冻结冰碛土的变形特性与非线性本构模型研究［J］. 防灾减灾工程学报，2018，38（5）：801-808.

［34］ ARENSON L U，SPRINGMAN S M. Mathematical descriptions for the behaviour of ice-rich frozen soils at temperatures close to 0℃［J］. Canadian geotechnical journal，2005，42：431-442.

［35］ 张树明，蒋关鲁，杜登峰，等. 新型桩板结构路基在季节冻土区的适用性［J］. 西南交通大学学报，2021，56（3）：541-549.

［36］ 孙星亮，汪稔，胡明鉴，等. 低围压下冻结粉质黏土的三轴强度及变形分析［J］. 岩土力学，2005，26（10）：1623-1627.

［37］ 杨成松，何平，程国栋，等. 含盐冻结粉质黏土应力—应变关系及强度特性研究［J］. 岩土力学，2008，29（12）：3282-3286.

［38］ 肖东辉，冯文杰，张泽，等. 冻融循环作用下黄土渗透性与其结构特征关系研究［J］. 水文地质工程地质，2015，（4）：43-49.

［39］ 李海鹏，林传年，张俊兵，等. 饱和冻结黏土在常应变率下的单轴抗压强度［J］. 岩土工程学报，2004，26（1）：105-109.

［40］ 李顺群，高凌霞，柴寿喜. 冻土力学性质影响因素的显著性和交互作用研究［J］. 岩土力学，2012，33（4）：1173-1177.

［41］ 傅鹤林，张加兵，伍毅敏，等. 低温冻结条件下板岩破坏类型及单轴抗压强度试验研究［J］. 中南大学学报（自然科学版），2017，48（11）：3051-3059.

［42］ ANDERSON D M，TICE A R. The unfrozen interfacial phase in frozen soil water systems［J］. Ecol. stud.，1973（4）：107-124.

［43］ 王凯，李顺群，陈之祥，等. 正冻黏土瞬态温度场计算方法改进与试验验证［J］. 深圳大学学报（理工版），2017，34（2）：157-164.

［44］ 王岩松. 塑性对冻土未冻水含量影响的核磁共振试验研究［D］. 北京：北京建筑大学，2020.

［45］ 刘波，李东阳. 人工冻结粉土未冻水含量测试试验研究［J］. 岩石力学与工程学报，2012，31（S2）：3696-3702.

［46］ 郭从洁，时伟，杨忠年，等. 冻融作用下初始含水率对膨胀土边坡稳

定性的影响研究 [J]. 西安建筑科技大学学报（自然科学版），2021，53 (1)：69-79.

[47] 陈之祥，李顺群，夏锦红，等. 基于未冻水含量的冻土热参数计算分析 [J]. 岩土力学，2017，38 (S2)：67-74.

[48] 胡俊，杨平. 大直径杯型冻土壁温度场数值分析 [J]. 岩土力学，2015，36 (2)：523-531.

[49] 姚晓亮，齐吉琳，余帆. 冻土静止侧压力系数的试验研究 [J]. 地下空间与工程学报，2011，7 (6)：1108-1113.

[50] 徐斅祖，王家澄，张立新. 冻土物理学 [M]. 北京：科学出版社，2001.

[51] 李顺群，陈之祥，夏锦红，等. 冻土导热系数的聚合模型研究及试验验证 [J]. 中国公路学报，2018，31 (8)：39-46.

[52] 李顺群，王杏杏，夏锦红，等. 基于混合量热原理的冻土比热容测试方法 [J]. 岩土工程学报，2018，40 (9)：1684-1689.

[53] MILLER R D. Freezing and heaving of saturated and unsaturated soils [J]. Highway research record，1972 (393)：1-11.

[54] 陈新瑞，宋玲，孙雯，等. "开敞系统"下单向冻融试验装置的研制与应用 [J]. 水文地质工程地质，2020，47 (3)：69-78.

[55] 陈之祥，李顺群，夏锦江，等. 冻土导热系数测试和计算现状分析 [J]. 建筑科学与工程学报，2019，36 (2)：101-115.

[56] XU G M，NG C W W. Dimensional analysis and centrifuge modeling of quay wall of large-diameter bottomless cylinders [J]. Chinese journal of geotechnical engineering，2007，29 (10)：1544-1552.

[57] 张明礼，温智，董建华，等. 多年冻土活动层浅层包气带水—汽—热耦合运移规律 [J]. 岩土力学，2018，39 (2)：561-570.

[58] 宋勇军，杨慧敏，张磊涛，等. 冻结红砂岩单轴损伤破坏 CT 实时试验研究 [J]. 岩土力学，2019 (S1)：152-160.

[59] JOHANSEN O. Thermal conductivity of soils [D]. Trondheim：University of Trondheim，1975.

[60] 李顺群，吴琼，张翻，等. 含水率对土体导热系数的影响 [J]. 工业建筑，2021，51 (9)：177-180.

[61] BUTTERFIELD R. Dimensional analysis for geotechnical engineers [J]. Geotechnique，1999，49 (3)：357-366.

[62] 朱占元，凌贤长，胡庆立，等. 动力荷载长期作用下冻土振陷模型试

验研究 [J]. 岩土力学，2009，30 (4)：955-959.

[63] BUTTERFIELD R. Scale-modelling of fluid flow in geotechnical centrifuges [J]. Soils and foundations，2000，40 (6)：39-45.

[64] 姜雄. 多年冻土区高温冻土导热系数试验研究 [D]. 徐州：中国矿业大学，2015.

[65] 李顺群，于珊，张少峰，等. 砂土、粉土和粉质黏土的导热系数确定方法：201510195398.3 [P]. 2015-08-12.

[66] 原喜忠，李宁，赵秀云，等. 非饱和（冻）土导热系数预估模型研究 [J]. 岩土力学，2010，31 (9)：2689-2694.

[67] ZHU M. Modeling and simulation of frost heave in frost-susceptible soils [D]. University of Michigan，2006.

[68] WIENER O. Abhandl math-phys [M]. Leipizig：Klasse. Sachs Akad. Wiss，1912：509.

[69] 谭贤君，褚以惇，陈卫忠，等. 考虑冻融影响的岩土类材料导热系数计算新方法 [J]. 岩土力学，2010，31 (S2)：70-74.

[70] 周家作，韦昌富，魏厚振，等. 线热源法测量冻土热参数的适用性分析 [J]. 岩土工程学报，2016，38 (4)：681-687.

[71] 黄星，李东庆，明锋，等. 冻土的单轴抗压、抗拉强度特性试验研究 [J]. 冰川冻土，2016，38 (5)：1346-1352.

[72] 邴慧，马巍. 盐渍土冻结温度的试验研究 [J]. 冰川冻土，2011，33 (5)：1106-1113.

[73] 陈之祥，李顺群，王杏杏，等. 热参数对冻土温度场的影响及敏感性分析 [J]. 水利水电技术，2017，48 (5)：136-141.

[74] 杨高升，姚晓亮，周攀峰，等. 冻土试验低温恒温箱温度均匀性试验研究 [J]. 中国测试，2017，43 (9)：134-138.

[75] 董西好，叶万军，杨更社，等. 温度对黄土热参数影响的试验研究 [J]. 岩土力学，2017，38 (10)：2888-2894，2900.

[76] 刘振亚，刘建坤，李旭，等. 非饱和粉质黏土冻结温度和冻结变形特性试验研究 [J]. 岩土工程学报，2017，39 (8)：1381-1387.

[77] 周晓敏，苏立凡，贺长俊，等. 北京地铁隧道水平冻结法施工 [J]. 岩土工程学报，1999 (3)：63-66.

[78] 徐士良，汪仁和. 人工地层冻结温度场试验台设计和研究 [J]. 低温建筑技术，2004，26 (5)：66-67.

[79] 林璋璋，杨俊杰. 3 排冻结管冻土壁温度场分析 [J]. 建井技术，

2003，24（3）：21-24.

[80] 崔建军. 多圈管冻结壁冻结温度场数值计算研究［J］. 低温建筑技术，2011，33（11）：80-81.

[81] 芮易，尹玫，李晓军. 软土地层单排管冻土帷幕温度场分析［J］. 地下空间与工程学报，2010，6（2）：260-265.

[82] 刘建刚，李宗春，路遥. 单排水平冻结工程温度场数值模拟［J］. 勘察科学技术，2011（1）：10-13.

[83] 刘兴彦. 冻结法在封堵主副井基岩段超大裂隙水中的应用［J］. 中州煤炭，2006（1）：37-38.

[84] KRUSE A M，DARROW M M. Adsorbed cation effects on unfrozen water in fine-grained frozen soil measured using pulsed nuclear magnetic resonance［J］. Cold regions science & technology，2017，142：42-54.

[85] FAROUKI O T. The thermal properties of soils in cold regions［J］. Cold regions science & technology，1981，5（1）：67-75.

[86] 汪承维. 人工冻结盐渍土导热系数试验研究及其应用［D］. 淮南：安徽理工大学，2014.

[87] CHUILIN Y M，YAZYNIN O M. Frozen soil macro and microstructure formation［C］//Proceedings of 5th International Conference on Permafrost. Trondheim：Tapir Publishers，1988：320-323.

[88] 夏锦红，李顺群，夏元友，等. 一种考虑显热和潜热双重效应的冻土比热容计算方法［J］. 岩土力学，2017，38（4）：973-978.

[89] 唐益群，洪军，杨坪，等. 人工冻结作用下淤泥质黏土冻胀特性试验研究［J］. 岩土工程学报，2009（5）：772-776.

[90] 张升，颜瀚，滕继东，等. 一个冻土的渗透系数模型及其验证［J］. 岩土工程学报，2020，42（11）：2146-2152.

[91] 李顺群，张少峰，柴寿喜，等. 具有多物理场测试功能的冻土模型试验系统［J］. 工业建筑，2017，47（9）：81-89.

[92] 肖东辉，冯文杰，张泽，等. 冻融循环对兰州黄土渗透性变化的影响［J］. 冰川冻土，2014，36（5）：1192-1198.

[93] 晏启祥，何川，曾东洋. 寒区隧道温度场及保温隔热层研究［J］. 四川大学学报（工程科学版），2005（3）：24-27.

[94] 郭威，姚艳斌，刘大锰，等. 基于核磁冻融技术的煤的孔隙测试研究［J］. 石油与天然气地质，2016，37（1）：141-148.

[95] VLODEK R T, BERNHARD W. On the prediction of hydraulic conductivity of frozen soils [J]. Canadian geotechnical journal, 1996, 33: 176-180.

[96] AKGAWA S. A method for controlling stationary frost heaving [A]//Proceedings of 9th International Symposium on Ground Freezing and Frost Action in Soils, Vol. 1. Rotterdam: A A Balkema, 2000: 63-68.

[97] 关辉，王大雁，顾同欣，等. 高压条件下土的冻融试验装置研制及应用 [J]. 冰川冻土，2014，36 (6)：1496-1501.

[98] CHAMBERLAIN E J, GOW A J. Effect of freezing and thawing on the permeability and structure of soils [J]. Engineering geology, 1979, 13 (4) : 73-92.

[99] 黄建华. 考虑卸压孔卸荷作用的人工冻土冻胀特性研究 [J]. 工程力学，2010 (12)：141-148.

[100] ClARK J I, PHILLIPS R. Centrifuge modelling of frost heave of arctic gas pipelines [C]//Proceedings of the 8th International Permafrost Conference. Zurich: [s. n.], 2003: 21-24.

[101] YANG D, GOODINGS D J. Predicting frost heave using FORST model with centrifuge models [J]. Journal of cold regions engineering, 1998, 12 (2): 64-83.

[102] GOODINGS D J, STRAUB N A. Physical modeling of frost jacking [C]//Pipeline Engineering and Construction International Conference. [S. l.]: [s. n.], 2003.

[103] 冯瑞玲，王鹏程，吴立坚. 硫酸盐渍土路基盐冻胀变形量计算方法探讨 [J]. 岩土力学，2012，33 (1)：238-242.

[104] KETCHAM S A, BLACK P B, PRETTO R. Frost heave loading of constrained footing by centrifuge modeling [J]. Journal of geotechnical and geoenvironmental engineering, 1997, 123 (9): 874-880.

[105] 蔡正银，吴志强，黄英豪，等. 冻土单轴抗压强度影响因素的试验研究 [J]. 冰川冻土，2015，37 (4)：1002-1008.

[106] 陈国庆，万亿，裴本灿，等. 冻融循环作用下砂岩蠕变特性及损伤模型研究 [J]. 工程地质学报，2020，28 (1)：19-28.

[107] ZHANG M H, WAN H, YANG Y, et al. Construction technology of the freezing method for the connecting-passage in the subway [J].

IOP Conference Series: Earth and Environmental Science, 2019: 384.

[108] 蔡海兵，荣传新. 考虑相变潜热的冻结温度场非线性分析 [J]. 低温建筑技术，2009，31（2）：43-45.

[109] 李顺群，张翻，王彦洋，等. 冻土导热系数骨架模型研究 [J]. 深圳大学学报（理工版），2020，37（2）：165-172.

[110] 赵安平，王清，张中琼. 土体微观结构对冻胀影响的灰色关联及粗糙集评价 [J]. 吉林大学学报（地球科学版），2011，41（3）：791-798.

[111] 王松鹤，刘奉银，齐吉琳. 考虑冻融的粉质黏土统计损伤本构关系研究 [J]. 西北农林科技大学学报（自然科学版），2016，44（12）：226-234.

[112] 许健，牛富俊，牛永红，等. 冻结过程路基土体水分迁移特征分析 [J]. 重庆大学学报，2013，36（4）：150-158.

[113] 金佳旭，李世旺，梁冰，等. 冻融循环作用下尾矿坝的力学响应特征 [J]. 土木与环境工程学报（中英文），2019，（4）：19-25.

[114] KOZO E. Artificial soil freezing method for subway construction [J]. Civil engineering in Japan，1969.

[115] 胡怡然，许飞，梁爽，等. 颗粒尺寸对土壤冻胀特性影响的实验研究 [J]. 工程热物理学报，2020，41（10）：2524-2529.

[116] 罗栋梁，金会军，吕兰芝，等. 黄河源区多年冻土活动层和季节冻土冻融过程时空特征 [J]. 科学通报，2014（14）：1327-1336.

[117] ALKIRE B D，MORRISON J M. Change in soil structure due to freeze-thaw and repeated loading [C]//62nd Annual Meeting of the Transportation Research Board-Transportation Research Record. Washington D. C.：Jane Starkey，1983：15-21.

[118] 楚亚培，张东明，王满，等. 基于核磁共振技术和压汞法的液氮冻融煤体孔隙结构损伤演化规律试验研究 [J]. 岩土力学与工程学报，2022，41（9）：1820-1831.

[119] CAI H B，LI M K，L X F，et al. Analytical solution of three-dimensional heaving displacement of ground surface during tunnel freezing construction based on stochastic medium theory [J]. Advances in civil engineering，2021：1-16.

[120] 马宏岩，张锋，冯德成，等. 土体冻胀试验系统的研制与应用 [J].

北京工业大学学报，2017，43（9）：1381-1387.

［121］ 安玉科，佴磊. 冻融循环作用下节理岩体锚固性能退化机理和模式［J］. 吉林大学学报（地球科学版），2012，42（2）：462-467.

［122］ 李洪升，刘增利，梁承姬. 冻土水热力耦合作用的数学模型及数值模拟［J］. 力学学报，2001，33（5）：621-629.

［123］ Jun Hu，Yong Liu. Hong Wei，Kai Yao. Wei Wang. Finite-element analysis of the heat transfer of the horizontal ground freezing method in Shield-driven tunneling［J］. International Journal of Geomechanics. ASCE，2017，17（10）：1-11.

［124］ 夏才初，王岳嵩，吕志涛，等. 单向冻结条件下裂隙岩体冻胀特性试验［J］. 同济大学学报（自然科学版），2019，47（9）：1268-1276.

［125］ 刘万福，石强，王俊生，等. 黏质粉土冻胀过程中水分重分布和密度变化规律［J］. 科学技术与工程，2018，18（34）：215-220.

［126］ HARLAN R L. Analysis of coupled heat-fluid transport in partially frozen soil［J］. Water resources research，1973，9（5）：1314-1323.

［127］ YONG R N，BOONSINSUK P. Alteration of soil behavior after cyclic freezing and thawing［A］//Proc. of Fourth International Symposium on Ground Freezing. Sapporo：［s. n.］，1985.

［128］ 李阳，李栋伟，陈军浩. 人工冻结黏土冻胀特性试验研究［J］. 煤炭工程，2015，47（2）：126-129.

［129］ 周扬，周国庆. 土体一维冻结问题温度场半解析解［J］. 岩土力学，2011，32（S1）：309-313.

［130］ 张世民，冯婷，李哲辉，等. 下穿地铁深基坑开挖影响的监测分析［J］. 武汉大学学报（工学版），2016，49（5）：674-682.